U0142203

幾何光學—
光學原理與設計應用
Geometrical Optics and Lens design

張榮森 著

五南圖書出版公司 印行

序

這幾年光電產品突然增加，市面上電子的書籍很多，但光學方面且同時專注在原理及實際演練應用方面的課本或參考書籍卻是不多。

本書以快速簡潔的方式直接切入原理與應用，使初學者能夠在讀完本書後，立刻明瞭實際光學設計技巧並能使用。

本書深入淺出，適用於大學及研究所課程，亦可適用於產業界或光電公司之產品研發如：液晶顯示器、LED、太陽能、手機、照相機等光學設計課程。

《幾何光學-光學原理與設計應用》一書章節目錄簡介如下：

第一篇-鏡頭設計的種類。

第二篇-變焦鏡頭自動調焦機的光學系統。

傻瓜相機往變焦鏡頭發展後，在工廠生產線發生了調焦作業費時、不準確的種種問題，為解決此問題，於是開發出自動的調焦機，只要將照相機放置在調焦機上，全自動地把清晰的成像調到焦面上，使作業簡單迅速符合生產的要求。

第三篇-新型變焦鏡頭設計。

對於近軸的變焦光學系統的設計已經有許多篇相關文獻討論過。Yamaji、Clark、Tao、Oskotsky 等人提出很多變焦系統的初階設計方法。

在本文中，運用兩組式（two-optical-component）方法求解變焦系統的分析。將變焦系統視為兩個組份（component），每一個組份可視為一個組合單位。換言之，一個變焦系統可能有很多數目的透鏡，但不論數目多少都可以簡化為組合透鏡，最後將系統簡化成為兩群式的鏡組。我們求解組合單位（combined unit）的主平面，調整其間距以得到變焦系統的高斯解。利用此方法可以快速且易懂的得到變焦系統的初階設計。

第四篇-輕薄短小的 DLP 變焦投影鏡頭之設計探討。

投影機很可能是台灣產業繼掃描器之後，下一個電腦周邊的明星產品。其中又以使用 DMD 的 DLP 投影機，在結構上易於輕型化，能配合多媒體傳遞而盛行。本篇由規格的訂定開始、初階的配置、使用 Zemax 實際做設計、性能評價到公差分析為止，探討如何開發出輕薄短小而又能符合產品性能的變焦鏡頭。

第五篇-Double Cassegrain 紅外線熱成像鏡頭之研究。

Double Cassegrain 延伸自 Cassegrain，為反射式之紅外線鏡頭，在相同之設計規格與條件下，將設計「Doublet 折射式鏡頭」、「Cassegrain 反射式鏡頭」以及「Double Cassegrain 反射式鏡頭」三種鏡頭，並比較其優缺點。

第六篇-利用光扇理論建構初階鏡頭模型與五百萬畫素手機鏡頭設計。

本文的目標是藉由現有的 CMOS 五百萬畫素的數位相機鏡頭規格，回頭訂製出合理的五百萬畫素手機鏡頭規格後再進行鏡頭的設計。但設計的方法我們由基礎的薄透鏡理論研究開始出發，藉由折射力、薄透鏡的形狀因子、共軛因子及像差與光扇理論，藉由控制光扇值來求得形狀因子值，並且利用求得的形狀因子值與利用初階像差求到的每片透鏡的折射力來解聯立方程式，進而求得每一面的曲率半徑的初始值，之後在使用光學模擬軟體進行參數的優化，以便得到更好的光扇與 MTF 的特性。

第一篇先簡潔介紹幾何光學原理，隨後各章舉出各種實例，並以 zemax、tracepro 等光學軟體逐步演示，使讀者可以藉實例演作而徹底了解幾何光學之應用。本書為一系列光學設計書籍之第一本主要內容為序列光學，隨後將出版光學量測系統，光學元件之製作與量測、品質與分析以及非序列光學方面的背光模組設計與應用。

本書內容為作者及其學生多年來的研究之總整理，在此感謝我的學生陳柏川，林永昌，李介仁，簡百鴻，李孝文及洪卿舜同學的努力。

國立中央大學光電系教授

張榮森

2011.04

目　錄

第三篇　新型變焦鏡頭設計

第五篇　Double Cassegrain 紅外線熱成像鏡頭之研究

鏡頭設計的種類

鏡頭設計的種類

　　本書以快速簡潔的方式直接切入原理與應用，使初學者能夠很快切入主題，快速明瞭實際光學設計的技巧並能運用，下面先直接切入鏡頭設計的種類，本書以後使用的鏡頭大部分是被包含在本篇之內：

I.基本型鏡片 basic types

A.simple meniscus and rapid rectilinear

(1)Wollaston meniscus：如果搭配上一個很小的有效孔徑（aperture）stop，Wollaston meniscus lens 幾乎沒有像散和慧差，這種型式的透鏡，球面像差是不可避免的，結果導致相對的有效孔徑必須很小，Wollaston 的這個發明在使用角度的影像幾乎沒有色差，這種型式的透鏡具有 f/11 或 f/16 的有效孔徑，而且 semi-angular field of view 大約 20°，所以仍然被使用來當簡單的 boxcameras 和便宜的 folding cameras。如圖 3（特性編碼：V_001）。

圖 1.1 ☼　wollaston meniscus

(2)Achromatic meniscus：早期為了消色差這種透鏡，但在球面像差沒有改善，而且產生更嚴重的像散問題。如圖 4（特性編碼：V_002）。

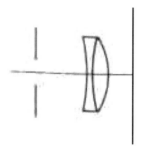

圖 1.2 ☼　Achromatic meniscus

(3)Rapid rectilinear：meniscus 的更進一步的發展，便是 rapid rectilinear，當他在單位放大率時，沒有慧差、畸變和 lateral color，這種透鏡在 stop 兩邊的

doublet 會發散光線以修正球面像差，doublets 的外部表面也可以改善場曲和像散，相對應的有效孔徑也因場曲和像散而被焦點的深度限制，這類透鏡在 f/7 和 f/8 以及 25° semifield 工作時，有很大的改善。如圖 5（特性編碼：V_003）。

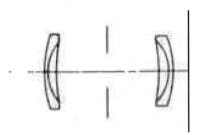

圖 1.3☼　**Rapid rectilinear**

B.The Petzval lens

(1)Petzval lens：使用兩組不相似的 doublets，一組相結合在一起，一組不相結合在一起，這兩個 doublets 中間間隔很大的空間。Petzval lens 的球面像差有很好的改善，它的有效孔徑大約是 f/3.5。如圖 6（特性編碼：V_004）。

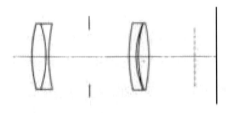

圖 1.4☼　**The Petzval lens**

(2)Lister lens：如果 Petzval lens 後面的 doublet 互相結合在一起，而且接觸面凹向前，這就是 Lister lens，這種結構很類似早期的顯微鏡。如圖 7（特性編碼：V_005）。

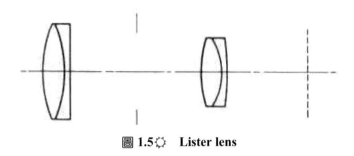

圖 1.5☼ Lister lens

C.anastigmats、double-anastigmats、convertible

(1)Anastigmats：因為它有平坦的焦平面，所以沒有像散，這類透鏡也可以修
正球面像差，並且具有 f/16 的有效孔徑。如圖 8（特性編 10 碼：V_006）。

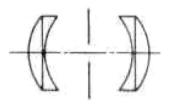

圖 1.6☼ Anastigmats

Zeiss Protar：藉由其中一個 doublet 取消另一個相同或不同的像差，球面像差
和場曲可被修正，它可以產生 35°的 semiangular 和 f/8 的有效孔徑。如圖 9。

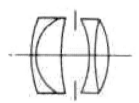

圖 1.7☼ Zeiss Protar

(2)Double anastigmat：如下面兩種 lens Zeiss convertible Protar lens：利用在 stop
兩邊緊密結合的 quadruplet。如圖 10。

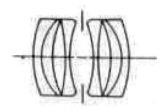

圖 1.8☼　Zeiss convertible Protar lens

Goerz Dagor lens：利用 triplet components，如同 Zeiss convertible Protar lens。如圖 11。

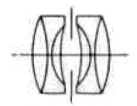

圖 1.9☼　Goerz Dagor lens

以上兩種 lens 均可修正球面像差，但局部區域的像差仍然很大，所以相對的有效孔徑必須被限制在大約 f/6（特性編碼：V_007）。

(3)Air-spaced double anastigmats：為了讓折射率差別變大，這種 lens 在每面之間隔著空氣，局部區域的球面像差減少，所以有效孔徑大約為 f/3.5。如圖 12（特性編碼：V_008）。

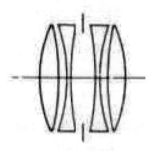

圖 1.10☼　Air-spaced double anastigmats

D.Double Gauss Objectives

(1)Homocentric：Gauss 或未接合型式的望遠鏡包括一個發散的透鏡和一個聚焦的透鏡，兩種透鏡在形狀上都是彎月形的，而且向前彎曲，Rodenstock 和 Busch 再 stop 的兩邊利用兩組這類型的透鏡組，並且具有 f/6.3 的有效孔徑和 30°的 semi-angular field，所以有充足的設計變數去修正像差。如圖 13 （特性編碼：V_009）。

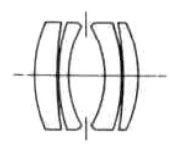

圖 1.11 ☼ **Homocentric**

(2)Compound Gauss objective：P. Rudolph 使用接合的 doublet 外加一個彎月形的透鏡組成這類透鏡，這類系統簡化了顏色修正的問題，但是因為是接合的，所以缺少了折射率的改變，因此沒有提供單色設計的空間，只有在相對的有效孔徑有輕微的改善。如圖 14（特性編碼：V_010）。

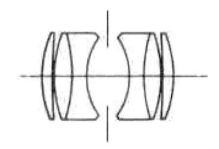

圖 1.12 ☼ **Compound Gauss objective**

E. Triplet and Tessar

(1)Cooke triplet：這類類型的透鏡具有 f/4.0 到 f/8.0 的有效孔徑，而且 semi-angular field 的範圍從 12°到 30°。如圖 15（特性編碼：V_011）。

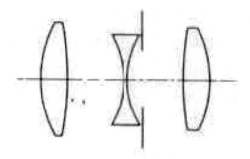

圖 1.13 ✿　**Cooke triplet**

(2)Tessar：這類型的透鏡很類似 triplet，而且它是 air-spaced doubleanastigmat 的演進，因為他代替前面部份之接合面為一色散鏡片，只留下後面的部份為接合的 doublet，Tessar 具有 f/5.6 的有效孔徑和 30°的 semi-angular field。如圖 16（特性編碼：V_012）。

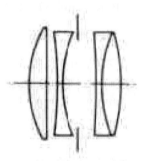

圖 1.14 ✿　**Tessar**

F.Telephoto

(1)The telephoto principle：這類系統包含一凸透鏡和凹透鏡望遠鏡的 power 是等效焦距對後焦距的比率，這個定義比較符合早期的系統，但是大於 1 的 power 沒有嚴格地定義望遠鏡的鏡頭，定義望遠鏡的效能的更新之趨勢是前端點和焦平面之距離對等效焦距之比率。如圖 17（特性編碼：V_013）。

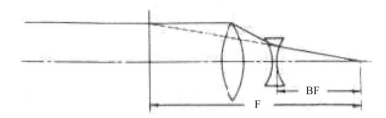

圖 1.15☼　The telephoto principle

(2)convertible telephoto：這類系統具有發散性的 doublet，此 doublet 在物鏡之
　　前，這類系統的有效孔徑被前面的物鏡之有效孔徑所限制，但是此系統的
　　doublet 成份沒有充足的設計變數去修正所有的像差而且表現功能是很差的
　　（對於現在的標準）。如圖 18（特性編碼：V_014）。

圖 1.16☼　convertible telephoto

(3)telephoto anastigmat：這類透鏡前面和後面的doublet都是接合在一起的，這
　　犧牲了多面性卻得到更高標準的表現。如圖 19（特性編碼：V_015）。

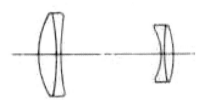

圖 1.17☼　telephoto anastigmat

II.基本型的衍生鏡片 Latter derivatives from early form

A.Double Gauss derivative

(1)f/2 Opic (Taylor Hobson)：這類透鏡和早期的 Planar lens 具有相同的結構，但是 Lee 改變了這個結構的對稱性並且選擇了不同的玻璃，以使在接觸面產生折射率的改變，利用這些設計的改變得到了 f/2.0 的透鏡和大約 20°的 semiangular field。如圖 20（特性編碼：V_016）。

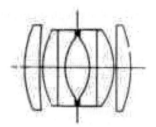

圖 1.18 ✿　**Opic（Taylor Hobson）**

(2)f/1.4 Biotar (Zejss)；Cine Ektar (Kodak)：Zeiss Biotar 和 Kodak Cire-Ektar 利用 doublet 的部份取代了 Opic lenses 後面單一的透鏡產生了 f/1.4 的有效孔徑。如圖 21（特性編碼：V_017）。

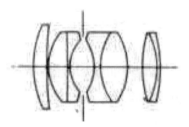

圖 1.19 ✿　**Biotar; Cine Ektar**

(3)f/1.4 (Taylor Hobson)：Taylor, Taylor and Hobson,和 Leitz 藉著分開 Biotar lens 或 Cine Ektar 後面的 doublet 成兩個透鏡產生 f/1.4 透鏡組。如下圖（特性編碼：V_018）。

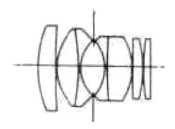

圖 1.20 ☼ **Taylor Hobson**

(4)f/0.95 SOM Berthiot：Berthiot 在 f/2 Opic lenses 的前後各增加一個透鏡產生
了 f/0.95 的有效孔徑。如圖 23（特性編碼：V_019）。

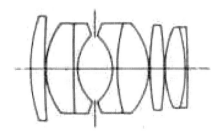

圖 1.21 ☼ **SOM Berthiot**

(5)f/0.95 Angenieux：Angenieux 在 f/2 Opic lenses 的前後各增加一個透鏡產生
f/0.95 的有效孔徑。如圖 24（特性編碼：V_020）。

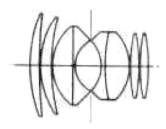

圖 1.22 ☼ **Angenieux**

B.Triplet derivatives

(1)f/2.9 Pentac (Dallmeyer)：這類透鏡是 Tessar lenses 的改進，它保留 Tessar

Lens後面的doublet，前面的鏡片則增加一片透鏡成為新的doublet，早期這類透鏡組的嘗試並不成功，直到最近才被廣泛地採用。如圖25（特性編碼：V_021）。

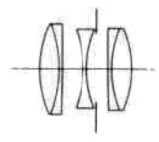

圖 1.23☼　Pentac

(2)f/2.5 Series X (Taylor Hobson)：這類透鏡是 Tessar Lenses 的改進，它分離後面 doublet 成為兩個有間隙的凸透鏡，藉著這類系統的使用有效孔徑增加為 f/2.5，但是區域的球面像差和像散限制了更進一步的發展。如圖 26（特性編碼：V_022）。

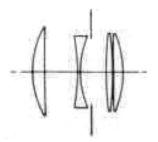

圖 1.24☼　Series X

(3)f/5.6 Aviar (Taylor Hobson)：這類透鏡是 Triplet 的中間透鏡分間成兩片發散的透鏡，雖然這類透鏡很類似 Air-spaced doubleanastigmat（Celor），但是它的 triplet 特性使它可以與 Tessars 有效地合成。如圖 27（特性編碼：V_023）。

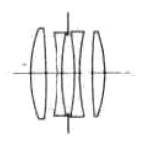

圖 1.25✿　Aviar

(4)f/2.0 lens (Ernemann)：這類透鏡是將 triplet 的前面之部份分成兩個有間隙的凸透鏡，它在有效孔徑為 f/2.0 或者更寬廣得到很好的球面像差之修正。如圖 28（特性編碼：V_024）。

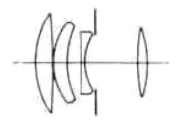

圖 1.26✿　Ernemann lens

(5)f/1.5 Emostar (Ememann)：這類透鏡有兩個緊密接合的表面，第一個表面是發散的，折射率差很大且彎曲很淺，第二個面是聚合的，折射率差很小且彎曲很深，這類透鏡的 aperture 大約為 f/1.6，但 semiangular 被限制為 15°。如圖 29（特性編碼：V_025）。

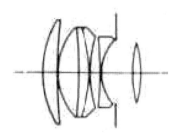

圖 1.27✿　Emostar

C.Wide-angle objective

(1)f/22 Hypergon (Goerz)：藉著增加這種透鏡組兩面的曲率，可得到場曲的修正，這是因為 Petzval field curvature 是各表面之 power 的函數，並且在系統中不考慮其位置。利用這兩各大大地彎曲的彎月型透鏡，它可以修正慧差和畸變。對斜射的光束而言，這種透鏡組使它在每個表面形成很小的入射角，並且允許大約 70°的 semi-angular field。但是這種大大地彎曲導致很嚴重的球面像差，然而相對的有效孔徑被限制在小於 f/22.0。如圖 30（特性編碼：V_026）。

圖 1.28✿　**Hypergon**

(3)Double Gauss wide-angle objective：藉由改變曲率和厚度，這種型式的系統之 semi-angular field 可以增加到 45°和 50°之間，但是有球面像差，這類透鏡組的 aperture 最小可低於 f/11。如圖 31（特性編碼：V_027）。

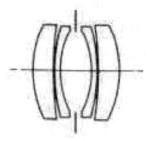

圖 1.29✿　**Double Gauss wide-angle objective**

(4)f/4.0 wide-angle Xpres (Ross)：這類系統是將接合的 triplet 分成一個在內部的凸透鏡和一個在外部的 doublet，這類系統提供外加的設計變數，使得

semi-angular field 可達到大約 35°，相對的有效孔徑可達到 f/4.0。如圖 32
（特性編碼：V_028）。

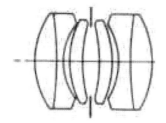

圖 1.30☼　wide-angle Xpres

(5)f/6.3 Topogon (Zeiss)：這類系統類似 four-component Double Gaussobjective，
它的表面具有較彎曲的曲率，提供類似於 Hypergon 的優點。這類結構在有
效孔徑為 f/6.3 時，具有大約 45°的 semi-angular field。如圖 33（特性編碼：
V_029）。

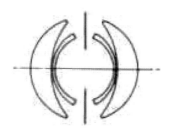

圖 1.31☼　Topogon

(6)f/5.6 Aviogon (wild)：這類系統在 f/5.6 的有效孔徑下，具有 45°的 semi-angu-
lar field，而且初階和高階畸變幾乎可被消除，其他像差也得到很好的修正。
如圖 34（特性編碼：V_030）。

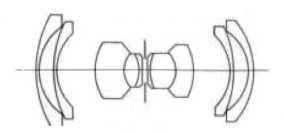

圖 1.32 ☼　　Aviogon

D.Inverted telephoto objectives

(1)Inverted telephoto principle：這類型式的系統包含一個發散式的透鏡，然後隔著空間，後面再接上一個聚合式的透鏡，這種結構產生後焦距大於等效焦距的現象，早期這種系統在透鏡和焦平面之間，使用菱鏡或其他機械裝置，因此需要很長的後焦距。如圖 35（特性編碼：V_031）。

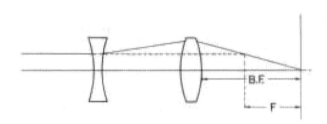

圖 1.33 ☼　　Inverted telephoto objectives

(2)Early sky lens (Hill)：此種系統將傾斜 90°折射入強烈發散的透鏡，然後經過 stop，再以可接受的角度，進入後面的系統，後面的系統將光線聚焦，並且減少光線傾斜的程度，為了使廣大的視角投影在平坦的表面上，畸變就變得很明顯，畸變是因為焦距的改變使得影像的邊緣和中心產生差異。如圖 36（特性編碼：V_032）。

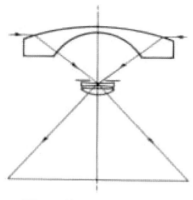

圖 1.34 ☼　**Early sky lens**

E.Petzval objectives

Petzval 和 Lister 兩者都具有高等級軸修正之能力，並且 Lister 的型式具有高等級球面像差之修正的能力，它相對的有效孔徑增加為 f/1.4，Petzval 場曲仍然保持很高，有效的視場由於焦點的深度之減少而被限制住（特性編碼：V_033）。

F.Telephoto objectives

(1)f/5.0 Distortionless telephoto：這種系統前面的部分包含一個 doublet 和一個單獨的透鏡，後面的部分是未接合的 doublet，這能產生較好的畸變修正。如圖 37（特性編碼：V_034）。

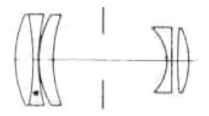

圖 1.35 ☼　**Distortionless telephoto**

(2)f/4.0 TelePanrotal：這種系統是這類型的結構較新的例子，這類望遠鏡原始結構的類似改變被許多製造者製造。如圖 38（特性編碼：V_035）。

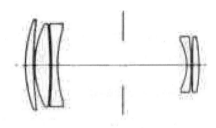

圖 1.36☼ **TelePanrotal**

(3)f/2.5 Panchrotal：這種系統前面的部分包含一個doublet和一個單獨的透鏡，後面的部分是未接合的doublet，這能產生較好的畸變修正。如圖39（特性編碼：V_036）。

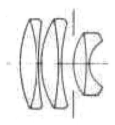

圖 1.37☼ **Panchrotal**

III.特殊物鏡 special objectives

A.soft-focus objective

這裡有兩種變焦系統的型式，第一種是在全有效孔徑時，它有最大的變焦，並且當目鏡被停下來時，變焦就會固定。第二種則是剛好在或低於全有效孔徑時，會在控制之下。第一種型式是 Kodak f/4.5 Portrait objective 和 Rodenstock Deep-Field Imagon。第二種形式是 f/3.5 Tessar-type objective of Dallmeyer 和 f/4.5 triplet construction of Taylor Hobson（特性編碼：V_037）。

B.Telecentric objectives

當光學系統的光欄位在前焦點上，焦欄狀況就成立，這種型式的系統在攝影上很少被使用，但是對於特別的目的，角度的視場對於影像面積之間的關係是很有用的，然而，視場覆蓋的限制，由於後面的部分之影響，仍然有一定的困難度

（特性編碼：V_038）。

IV.影印機物件 Copying objectives

A.Enlarging objectives

　　Enlarging objectives的一般型式的有效孔徑通常大約為在短焦距時的f/3.5至大面積時的 f/5.6，對在顏色的放大和顏色分別的工作，像差在廣大的頻譜裡必須好好地修正，所以Double Gauss type的系統因為放大率的改變不會超過太多，因此很適合 enlarging objectives（特性編碼：V_39）。

B.Process objectives

　　對 process objective的使用而言，衰減因子的範圍介於 10：1 和 1：1 之間，Tessar 結構例如：Zeiss f/9 Apotal 和 Taylar Hobson f/9 Apotal 常常被使用，在複製的度量之下，它被嚴格的限制住並且在減少和放大之間。在通過單位放大率的情況之下，結構對於 stop 的對稱被優先選擇，其中對稱性自動地給予彗差、畸變和 lateral color 準確的修正並且維持在大約 1 之間的放大率（特性編碼：V_040）。

　　以下是有關 lens design 的表格（表 1）：

表 1.1 ▎lens design 的表格

類別編碼 (Class Code)	類別 (Class)	子類別編碼 (Sub-Class Code)	子類別 (Sub-Class)	物件編碼 (Object Code)	物件 (Object)	特性編碼	特性 (Property)
I	evolution of basic types	A	simple meniscus and rapid rectilinear	1	wollaston meniscus	V_001	如果搭配上一個很小的 aperture stop，Wollaston meniscus lens 幾乎沒有像散和慧差，這種型式的透鏡，球面像差是不可避免的，結果導致相對的aperture 必須很小，Wollaston 的這個發明在使用角度的影像幾乎沒有色差，這種型式的透鏡具有 f/11 或 f/16 的 apertures，而且 semi-angular field of view 大約 20°，所以仍然被使

						用來當簡單的 boxcameras 和便宜的 folding cameras。
			2	achromatic meniscus	V_002	早期為了消色差這種透鏡，但在球面像差沒有改善，而且產生更嚴重的像散問題。
			3	rapid recti-linear	V_003	meniscus 的更進一步的發展，便是 rapid rectilinear，當他在單位放大率時，沒有慧差、畸變和 lateral color，這種透鏡在 stop 兩邊的 doublet 會發散光線以修正球面像差，doublets 的外部表面也可以改善場曲和像散，相對應的 aperture 也因場曲和像散而被焦點的深度限制，這類透鏡在 f/7 和 f/8 以及 25° emifield 工作時，有很大的改善。
	B	the petzval lens	1	Petzval lens	V_004	使用兩組不相似的 doublets，一組相結合在一起，一組不相結合在一起，這兩個 doublets 中間間隔很大的空間。Petzval lens 的球面像差有很好的改善，它的 aperture 大約是 f/3.5。
			2	Lister lens	V_005	如果 Petzval lens 後面的 doublet 互相結合在一起，而且接觸面凹向前，這就是 Lister lens，這種結構很類似早期的顯微鏡。
	C	anasti-gmatsdoubleanast-igmatsconvertible	1	anastig-mats	V_006	因為它有平坦的焦平面，所以沒有像散，這類透鏡也可以修正球面像差，並且具有 f/16 的 aperture。
			2	double-anastig mats	V_007	如下面兩種 lens：Zeiss convertible Protar lens：利用在 stop 兩邊緊密結合的 quadruplet。

							Goerz Dagor lens：利用 triplet components，如同 Zeiss convertible Protar lens。
							以上兩種 lens 均可修正球面像差，但局部區域的像差仍然很大，所以相對的 aperture 必須被限制在大約 f/6。
				3	air-spaced double anastignat	V_008	為了讓折射率差別變大，這種 lens 在每面之間隔著空氣，局部區域的球面像差減少，所以 aperture 大約為 f/3.5。
		D	double Gauss objectives	1	homocentric	V_009	或未接合型式的望遠鏡包括一個發散的透鏡和一個聚焦的透鏡，兩種透鏡在形狀上都是彎月形的，而且向前彎曲，Rodenstock 和 Busch 再 stop 的兩邊利用兩組這類型的透鏡組，並且具有 f/6.3 的 aperture 和 30° 的 emi-angular field，所以有充足的設計變數去修正像差。
				2	compound Gauss objective	V_010	P.Rudolph 使用接合的 doublet 外加一個彎月形的透鏡組成這類透鏡，這類系統簡化了顏色修正的問題，但是因為是接合的，所以缺少了折射率的改變，因此沒有提供單色設計的空間，只有在相對的 aperture 有輕微的改善。
		E	triplet and Tessar	1	Cooke triplet	V_011	這類類型的透鏡具有 f/4.0 到 f/8.0 的 aperture，而且 semi-angular field 的範圍從 12°到 30°。

				2	Tessar	V_012	這類型的透鏡很類似 trip-let，而且它是 air-spaced double anastigmat 的演進，因為他代替前面部份之接合面為一色散鏡片，只留下後面的部份為接合的 doublet，Tessar 具有 f/5.6 的 aperture 和 30° 的 semi-angular field。
		F	Telephoto	1	the telephoto principle	V_013	這類系統包含一凸透鏡和凹透鏡望遠鏡的 power 是等效焦距對後焦距的比率，這個定義比較符合早期的系統，但是大於 1 的 power 沒有嚴格地定義望遠鏡的鏡頭，定義望遠鏡的效能的更新之趨勢是前端點和焦平面之距離對等效焦距比率。
				2	convertible telephoto	V_014	這類系統具有發散性的 doublet，此 doublet 在物鏡之前，這類系統的 aperture 被前面的物鏡之 aperture 所限制，但是此系統的 doublet 成份沒有充足的設計變數去修正所有的像差而且表現功能是很差的（對於現在的標準）。
				3	telephoto anastigmat	V_015	這類透鏡前面和後面的 doublet 都是接合在起的，這犧牲了多面性卻得到更高標準的表現。
II	Later derivatives from early form	A	double Gauss derivatives	1	f/2 Opic (Taylor Hobson)	V_016	這類透鏡和早期的 Planar lens 具有相同的結構，但是 Lee 改變了這個結構的對稱性並且選擇了不同的玻璃，以使在接觸面產生折射率的改變，利用這些設計的改變得到了 f/2.0 的透鏡和大約 20° 的 semiangular field。

			2	f/1.4 Biotar (Zeiss); Cine Ektar (Kodak)	V_017	Zeiss Biotar 和 Kodak Cire-Ektar 利用 doublet 的部份取代了 Opic lenses 後面單一的透鏡產生了 f/1.4 的 aperture。
			3	f/1.4 (Taylor Hobson)	V_018	Taylor, Taylor and Hobson, 和 Leitz 藉著分開 Biotar lens 或 Cine Ektar 後面的 doublet 成兩個透鏡產生 f/1.4 透鏡組。
			4	f/0.95 SOM Berthiot	V_019	Berthiot 在 f/2 Opic lenses 的前後各增加一個透鏡產生了 f/0.95 的 aperture。
			5	f/0.94 Angenieux	V_020	Angenieux 在 f/2 Opic lenses 的前後各增加一個透鏡產生 f/0.95 的 aperture。
	B	triplet derivatives	1	f/2.9 Pentac (Dallmeyer)	V_021	這類透鏡是 Tessar lenses 的改進，它保留 Tessar Lens 後面的 doublet，前面的鏡片則增加一片透鏡成為新的 doublet，早期這類透鏡組的嘗試並不成功，直到最近才被廣泛地採用。
			2	f/2.5 series X (Taylor Hobson)	V_022	這類透鏡是 Tessar Lenses 的改進，它分離後面 doublet 成為兩個有間隙的凸透鏡，藉著這類系統的使用 aperture 增加為 f/2.5，但是區域的球面像差和像散限制了更進一步的發展。
			3	f/5.6 Aviar (Taylor Hobson)	V_023	這類透鏡是 Triplet 的中間透鏡分間成兩片發散的透鏡，雖然這類透鏡很類似 Air-spaced double anastimat (Celor)，但是它的 triplet 特性使它可以與 Tessars 有效地合成。

					4	f/2.0 lens (Ernem-ann)	V_024	這類透鏡是將 triplet 的前面之部份分成兩個有間隙的凸透鏡，它在 aperture 為 f/2.0 或者更寬廣得到很好的球面像差之修正。
					5	f/1.5 Emo-star (Erne-mann)	V_025	這類透鏡有兩個緊密接合的表面，第一個表面是發散的，折射率差很大且彎曲很淺，第二個面是聚合的，折的率差很小且彎曲很深，這類透鏡的 aperture 大約為 f/1.6，但 semi-angular 被限制為 15°。
		C	wide angle objec-tives		1	f/22 Hy-p e r g o n (Goerz)	V_026	藉著增加這種透鏡組兩面的曲率，可得到場
								曲的修正，這是因為 Petz-val fieldcurvature 是各表面之 power 的函數，並且在系統中不考慮其位置。利用這兩各大大地彎曲的彎月型透鏡，它可以修正慧差和畸變。對斜射的光樹而言，這種透鏡組使它在每個表面形成很小的入射角，並且允許大約 70°的 emi-angular field。但是這種大大地彎曲導致很嚴重的球面像差，然而相對的 aperture 被限制在小於 f/22.0。
					2	double Ga-uss wide angle ob-jective	V_027	藉由改變曲率和厚度，這種型式的系統之 semi-angular field 可以增加到 45°和 50°之間，但是有球面像差，這類透鏡組的 aperture 最小可低於 f/11。

				3	f/4.0 wide angle Xpres (Ross)	V_028	這類系統是將接合的 triplet 分成一個在內部的凸透鏡和一個在外部的 doublet，這類系統提供外加的設計變數，使得 semi-angular field 可達到大約 35°，相對的 aperture 可達到 f/4.0。
				4	f/6.3 Topogon (Zeiss)	V_029	這類系統類似 four-component DoubleGauss objective，它的表面具有較彎曲的曲率，提供類似於 Hypergon 的優點。這類結構在 aperture 為 f/6.3 時，具有大約 45°的 semi-angular field。
				5	f/5.6 Aviogon (Wild)	V_030	類系統在 f/5.6 的 aperture 下，具有 45°的 semi-angular field，而且初階和高階畸變幾乎可被消除，其他像差也得到很好的修正。
	D	inverted telephoto objective		1	inverted telephoto principle	V_031	類型式的系統包含一個發散式的透鏡，然後隔著空間，後面再接上一個聚合式的透鏡，這種結構產生後焦距大於等效焦距的現象，早期這種系統在透鏡和焦平面之間，使用菱鏡或其他機械裝置，因此需要很長的後焦距。
				2	early sky lens (Hill)	V_032	此種系統將傾斜 90°折射入強烈發散的透鏡，然後經過 stop，再以可接受的角度，進入後面的系統，後面的系統將光線聚焦，並且減少光線傾斜的程度，為了使廣大的視角投影在平坦的表面上，畸變就變得很明顯，畸變是因為焦距的改變使得影像的邊緣和中心產生差異。

		E	Petzval objectives			V_033	Petzval 和 Lister 兩者都具有高等級軸修正之能力，並且 Lister 的型式具有高等級球面像差之修正的能力，它相對的 aperture 增加為 f/1.4，Petzval 場曲仍然保持很高，有效的視場由於焦點的深度之減少而被限制住。
		F	Telephoto objectives	1	f/5.0 Distortionles telephoto	V_034	這種系統前面的部分包含一個 doublet 和一個單獨的透鏡，後面的部分是未接合的 doublet，這能產生較好的畸變修正。
				2	f/4.0 tele-Panchro	V_035	這種系統是這類型的結構較新的例子，這類望遠鏡原始結構的類似改變被許多製造者製造。
				3	f/2.5 Pan-chrotal	V_036	這種系統前面的部分包含一個 doublet 和一個單獨的透鏡，後面的部分是未接合的 doublet，這能產生較好的畸變修正。
IV	special objectives	A	soft focus objectives			V_037	這裡有兩種變焦系統的型式，第一種是在 full aperture 時，它有最大的變焦，並且當目鏡被停下來時，變焦就會固定。第二種則是剛好在或低於 full aperture 時，會在控制之下。第一種型式是 Kodak f/4.5 Portrait objective 和 Rodenstock Deep-Field Imagon。第二種形式是 f/3.5 Tessar-type objective of Dallmeyer 和 f/4.5 triplet construction of Taylor Hobson。

					當光學系統的光欄位在前焦點上，焦欄狀況就成立，這種型式的系統在攝影上很少被使用，但是對於特別的目的，角度的視場對於影像面積之間的關係是很有用的，然而，視場覆蓋的限制，由於後面的部分之影響，仍然有一定的困難度。
		B	telecentric objectives	V_038	
V	copying objectives	A	Enlarging objectives	V_039	Enlarging objectives 的一般型式的 aperture 通常大約為在短焦距時的 f/3.5 至大面積時的 f/5.6，對在顏色的放大和顏色分別的工作，像差在廣大的頻譜裡必須好好地修正，所以 Double Gauss type 的系統因為放大率的改變不會超過太多，因此很適合 enlarging objectives。
		B	process objectives	V_040	對 process objective 的使用而言，衰減因子的範圍介於 10：1 和 1：1 之間，Tessar 結構例如：Zeiss f/9 Apotal 和 Taylar Hobson f/9Apotal 常常被使用，在複製的度量之下，它被嚴格的限制住並且在減少和放大之間。在通過單位放大率的情況之下，結構對於 stop 的對稱被優先選擇，其中對稱性自動地給予彗差、畸變和橫向色差準確的修正並且維持在大約 1 之間的放大率。

參考文獻

[1] Romg-Seng Chang, "Analytical lens design by microcomputer with artificial intelligent", Chung Shan Institute of Science and Technology

[2] Rong-Seng Chang, "Optical design and assembly by intelligent robot", Chung Shan Institute of Science and Technology

[3] R. Kingslake, "Applied Optical and Optical Engineering", chp3, Academic Press, Vol III, 1965

[4] W. J. Smith, "Modern Optical Engineering", McGraw-Hill, New York, chp 9,1972

第二篇

變焦鏡頭自動調焦機的光學系統

本篇摘要

　　傻瓜相機往變焦鏡頭發展後，在工廠生產線發生了調焦作業費時、不準確的種種問題，為解決此問題，於是開發出自動的調焦機，只要將照相機放置在調焦機上，全自動地把清晰的成像調到焦面上，使作業簡單迅速符合生產的要求，本文主要目的就是說明利用照相機對焦的光學方式，由成像面偏離（ΔBf）計算出鏡片群組位移量，及調焦機利用位相差法、明暗比法（Contrast）原理建立調焦參數，並舉實例說明參數需修正原因及結果；同時介紹疊紋法可輕易檢出焦距、離焦、像差。

　　一台調焦機當然要機械、電子、光電訊號處理、自動化機構，同時要對照相機機構的了解，因光學系統為本調焦機的靈魂，故本文以光學系統為主軸來討論，其中計算在只考慮一階光學就能得出符合數學關係；公式計算以近似值處理，適當修正焦面偏差值。

　　最後得到符合預期結果，並指出下一階段的努力方向。

第 1 章

緒論

1.1 ｜ 前言

變焦鏡頭照相機在生產線的組立作業中，把光學鏡頭單元和本體單元組合成一體時，必須做焦距的調整，即把已預先設定好的數段焦距（例 f＝38～90mm、有 8 階段焦距）的成像，使個個在固定紀錄媒體面上呈現清晰成像，此作業稱為調整焦距，簡稱調焦。

以往調焦方式如圖 3.1 所示，把被調整照相機置放在調焦儀的反射鏡上，以人工肉眼目視準直儀（Collimator）的目鏡之樣板（如十字，輻射靶）成像，手動準直儀的目鏡來調焦，本文目的是採用 CCD 檢測電腦計算自動光學系統調焦，參照（圖 4.1）。

1.2 ｜ 大綱

(1)照相機之像面位置測定的儀器、

以前：使用準直儀

我的貢獻：使用準直儀加上位相差和明暗比

(2)像面位置規格合格判定儀器

以前：準直儀

我的貢獻：光學疊紋（Moire）

1.3 ｜ 目的

(1)建立一套新的變焦鏡頭自動調焦機，提供調焦作業快速、精準、減少人為疏失。

(2)利用光學疊紋（Moire）法當檢查機，能輕易檢判調焦後的照相機之焦距、離焦、像差，以確保品質。

1.4 │ 自動調焦機（Auto-focusing machine）特徵

自動調焦機特徵是融合位相差法和明暗比法

位相差：先作粗略調整

大幅度的離焦乃能判別前合焦或後合焦，量測的作動快速不癡呆，但精確度不能合乎要求。

明暗比：後作精細調整

大幅度的離焦作動癡呆，在離焦幅度很小約±0.5mm以內，明暗比很高時，具有快速、精準特性。

1.5 │ 優點

自動調焦機：

速度方面　約 0.4 分以下

只用準直儀　約 1.5～3 分

疊紋檢測：

裝置系統簡單，只要二張光線圖，被檢光學系統有光軸偏心傾斜或像差惡化時，也能檢出。

1.6 │ 本篇簡介

本調焦機包括了光學系統,數位處理系統和機械系統，因光學系統為本調焦機的靈魂，故本文以光學系統為主軸來討論；第二章說明調焦的方式、種類及規格考量。第三章介紹測出離焦原理與計算方式，離焦量以準直儀、相差法和明暗比法測量算出，其中計算調焦偏離係數在只考慮一階光學就能得出符合數學關係，公式計算以近似值處理，適當修正焦面偏差值；在附錄中說明位相差法和明暗比法的術語。第四章介紹調焦機光學系統及各部份系統功能，第五章對於位相差法、明暗比法的參數如何求法加以說明，第六章調焦機各參數實際計算及調焦結果與規格比較，第七章檢討改善缺點，第八章討論以疊紋法檢查焦距、離焦之新方法，第九章則是檢討評價調焦結果及結論今後展望。

第 2 章

調焦方式及規格考量

2.1 ┃ 調焦（Focusing）意義

當我們使用傳統照相機要拍照物體不同距離時，要旋轉鏡頭的距離環才可得清晰影像，此動作的目的就是把被攝物體的成像清晰落在記錄媒體（例如正負底片、CDD 等）上；也就是說依被攝體的距離遠近所呈現像焦平面的不同位置，經由旋轉鏡頭的距離環使鏡組一部分移動因而像平面跟隨動，借由觀景窗（view finder）近似確認像平面落在固定位置之底片上，一般稱為調整焦面，簡稱調焦。

2.2 ┃ 調焦方式

設計變焦鏡頭自動調焦機首先要了解照相機調焦方式，一般上依光學系統分類為定焦調焦和變焦調焦二種；依物距分類為有限距離調焦和無限距離調焦二種，以下分節說明其意義。

2.2.1　定焦方式

所謂定焦調焦就是透鏡焦距固定，參考（圖 2.1），由於焦距固定所以透鏡之鏡片元件組間隔必須固定，焦平面調整方法是依物體遠近而全體鏡片組沿光軸一體移動，使被攝體的焦平面成像落在記錄媒體面上。

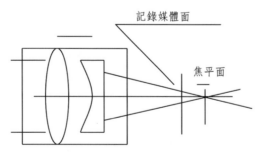

圖 2.1 ✿　調焦時移動全體鏡片組

2.2.2 變焦調焦方式

　　變焦光學系統雖然有各種形式的結構，但大體上都是利用鏡頭組成的透鏡群組的部分群組移動，來達成可連續改變像之焦平面位置為目的。

　　若依群組移動方式則可分為前群調焦、中群調焦、後群調焦三種。

　　所謂前群調焦（Front elements focusing）是焦面調整時只有前群組 O1 沿光軸前後移動而已，O2 群和 O3 群固定不動，參考（圖 2.2）。

　　同樣的所謂中群調焦（Inner elements focusing）是焦面調整時只有中群組 O2 沿光軸前後移動而已，O1 群和 O3 群固定不動。

　　所謂後群調焦（Rear elements focusing）是焦面調整時只將後群組 O3 移動沿光軸前後而已，O1 群和 O2 群固定不動。

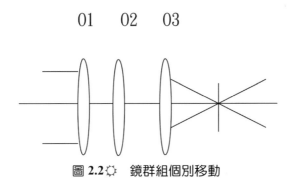

圖 2.2 ✿　鏡群組個別移動

2.3 ｜ 定焦鏡頭調焦之鏡頭移動量

　　本節介紹照相機在定焦鏡頭有限距離的調焦時，以近軸成像公式來說明焦面移動量的計算。焦面調整時選定的物距，大多數以攝影最常用的距離，此距離一般約是焦距的 50 倍，例如標準鏡頭 f = 50mm，調焦物距則是 2500mm，此距離計算是物點沿光軸到軟片面，由於物距和像距是共軛關係，像距隨著物距而變，被調焦的物距固定，像距也固定，也就是說焦平面固定不動，所以要調整焦面只有將全群沿光軸向物體側移動$\Delta x'$距離使焦平面恰好在軟片面上，參考（圖

2.3），其中

T.T：攝影距離，f：照相機焦距，X：物距，x'：像距

$$T.T = -X + 2f + x'$$

由牛頓公式　　$x' \cdot X = -f^2$

得　　$T.T = \dfrac{f^2}{x'} + 2f + x'$

$$T.T \cdot x' = f^2 + 2f \cdot x' + x'^2$$

$$x'^2 + (2f - T.T) \cdot x' + f^2 = 0$$

令　　$2f - T.T = A$

得　　$x'^2 + A \cdot x' + f^2 = 0$

$$x' = \frac{-A \pm \sqrt{A^2 - 4f^2}}{2} \tag{2-1}$$

x'值為鏡頭移動量，是當有限物體距離 T.T 時的焦平面和無限物體距離時的焦平面之間的像距，因此如下圖所示，在有限物離時，鏡頭全群需沿光軸向物體側移動 x'值距離，使得像面保持在固定位置。

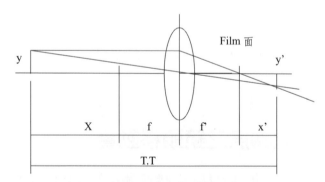

圖 2.3 ✿　定焦鏡頭的移動量表示

2.4 │ 變焦鏡頭調焦時調焦模組移動量計算

變焦系統在調焦時較複雜，可等效的分成二個模組來考量，（一）聚焦模

組、（二）調焦模組；聚焦模組的功能是聚光成像決定系統焦距，而調焦模組的功能是能改變焦平面位置，藉由調焦模組沿光軸移動，達到調焦目的；如何獲知有效調焦量之前，先介紹調焦偏離係數的意義，我們由第二節所述變焦調焦方式分別討論，現考慮前群調焦模式。

2.4.1 前群調焦偏離係數計算

前群調焦模式是前群移動但後群不動之意，變焦系統機構中，群組移動量和焦平面變化量不是等量關係，以下推導群組移動量和焦平面移動量關係式，即前群調焦偏離係數（Front elements focuing shift）。

考慮參考（圖 2.4）由前群、後群所構成的變焦鏡頭，並設

f_F 是為前群的焦點距離（Focal length）

f_r 是為後群的焦點距離

X_F 是為物點 P 的位置到前群的前側焦點之距離。

x'_F 是為前群的後側焦點到前群的像點 P' 的位置之距離

β_F 是為前群的橫倍率

f_l 是為前群和後群之合成焦距

K_f 是為前群調焦偏離係數

從牛頓公式　$X_F \cdot x'_F = -f_F{}^2$

得前群的橫倍率 β_F

$$\beta_F = -\frac{f_F}{X_F} = \frac{x'_F}{f_F} \qquad\qquad (2\text{-}2)$$

$$S_F = -X_F + f_F = f_F\left(\frac{1}{\beta_F} + 1\right) \qquad\qquad (2\text{-}3)$$

$$S'_F = f_F + X'_F = f_F(1 + \beta_F) \qquad\qquad (2\text{-}4)$$

設前群移動 dX 量

由（2-2）式

$$\frac{d\beta_F}{dX_F} = \frac{f_F}{X_F{}^2} = \frac{f'{}^2{}_F}{X_F{}^2} \cdot \frac{1}{f'_F} = \frac{\beta_F}{f_F} \qquad (2\text{-}5)$$

因物點 p 不動，前群、後群間隔擴大方向定義為「＋」，

得　$dX = -dX_F$

又

$$D = S_F + S'_F \qquad (2\text{-}6)$$

前群移動量 dX 對焦面變化量 dD 之比為

$$\begin{aligned}
\frac{dD}{dX} &= \frac{dS_F}{dX_F} \cdot \frac{dX_F}{dX} + \frac{dS'_F}{dX_F} \cdot \frac{dX_F}{dX} = -\left(\frac{dS_F}{dX_F} + \frac{dS'_F}{dX_F}\right) \\
&= -\left(\frac{dS_F}{d\beta_F} \cdot \frac{d\beta_F}{dX_F} + \frac{dS'_F}{d\beta_F} \cdot \frac{d\beta_F}{dX_F}\right) \\
&= -\left\{\left(-\frac{f_F}{\beta_F{}^2}\right) \cdot \frac{\beta_F{}^2}{f_F} + f_F \cdot \frac{\beta_F{}^2}{f_F}\right\} \\
&= 1 - \beta_F{}^2 \qquad (2\text{-}7)
\end{aligned}$$

其次，前群的像點 P'和後群的物側焦點之距離設為 m，又後群像側焦點和其像點之間距離設為 m'，由牛頓公式

$$m \cdot m' = -f_r^2 \qquad (2\text{-}8)$$

又

$$\beta_r = -\frac{f_r}{m} \qquad (2\text{-}9)$$

因後群是不動

∴

$$dD = dm \qquad (2\text{-}10)$$

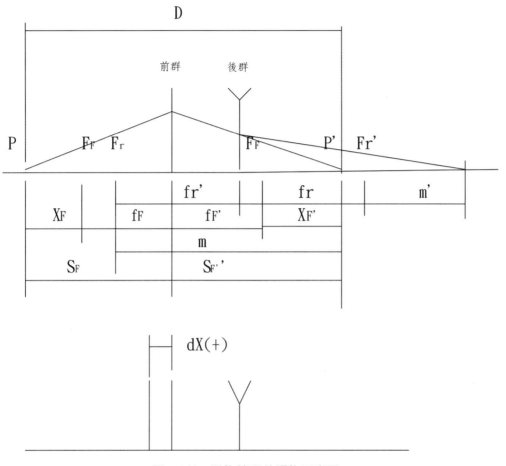

圖 2.4☼　變焦鏡頭前調焦示意圖

由（2-8）式

$$\frac{dm'}{dm} = \frac{f_r}{m^2} = \beta_r \qquad\qquad （2\text{-}11）$$

依據以上所述，前群鏡組移動了 dX 時，

得　$K_f = \dfrac{dm'}{dX} = \dfrac{dD}{dX} \cdot \dfrac{dm'}{dD} = \dfrac{dD}{dX} \cdot \dfrac{dm'}{dm}$

　　$= (1 - \beta_F{}^2) \cdot \beta_r{}^2 \quad （2\text{-}12）$

將（2-2）式代入（2-12）式，且 $\beta_r = \dfrac{f_l}{f_F}$

得

$$K_f = \left\{ 1 - (\frac{f_F}{X_F})^2 \right\} \cdot (\frac{f_l}{f_F})^2 \qquad (2\text{-}13)$$

上式 K_f 值是有限物距推導式

當物距接近無限遠時，則$(f_F/X_F)^2 \cong 0$

得

$$\lim_{X_F \to \infty} K_f = \left(\frac{f_l}{f_F} \right)^2 \qquad (2\text{-}14)$$

由以上推導得 K_f 是前群組移動量 dX 和前群、後群合成後焦平面變化量 dm' 比率關係式。

實際應用上（2-14）式常常使用在有限物距，因（$f_F/X_F \cong 0.02$）且群間隔偏差的話，合成焦點距離f_l 也是有差異。但在 LS 照相機用鏡頭在近攝距離要用（2-13）式較好。

本自動調焦機在後述計算ΔB_f值，是以光學設計上有限物距之f_l 值來計算，也一樣不採用由自動調焦機所測出f_l 值，以上是移動前群，接著討論移動後群的情況。

2.4.2　後群調焦偏離係數計算

同樣地，推導後群調焦模式之調焦偏離係數，首先考慮參考（2.5圖）所示，後群調焦模式是前群不動、後群移動；今討論由前群所成的像點因後群的移動而對合成像點的影響。

f_r 是為後群的焦點距離

X_r 是為前群所得的像點和後群的物側焦點之距離

x_r'是為後群的像側焦點到後群的結像點的距離

K_f是為後群調焦偏離係數（Rear elements focusing shift）

β_r是為後群橫倍率

從牛頓公式

$$X_r \cdot x_r' = -f_r^{\,2} \qquad\qquad (2\text{-}15)$$

$$\beta_r = -\frac{f_r}{X_r} = \frac{x_r'}{f_r} \qquad\qquad (2\text{-}16)$$

$$S_r = f_r - X_r = f_r\left(\frac{1}{\beta_r} + 1\right) \qquad\qquad (2\text{-}17)$$

$$S_r' = x_r' + f_r = f_r \cdot \beta_r + f_r = f_r\,(\beta_r + 1) \qquad\qquad (2\text{-}18)$$

由（2-16）式

$$\frac{d\beta_r}{dX_r} = \frac{f_r}{X_r^{\,2}} = \left(\frac{f_r}{X_r}\right)^2 \cdot \frac{1}{f_r} = \beta_r^{\,2} \cdot \frac{1}{f_r} \qquad\qquad (2\text{-}19)$$

後群只移動 dX 的話，則是 $dX_r = -dX$，由（圖 2.5）所示後群移動 dX，成像位置也跟隨移動 dL。

$$dL = d\,(S_r' + S_r) \qquad\qquad (2\text{-}20)$$

$$\begin{aligned}
\frac{dL}{dX} &= \frac{dS_r'}{dX_r} \cdot \frac{dX_r}{dX} + \frac{dS_r}{dX_r} \cdot \frac{dX_r}{dX} = -\left(\frac{dS_r'}{dX_r} + \frac{dS_r}{dX_r}\right) \\
&= -\left(-\frac{f_r}{\beta_r^{\,2}} \cdot \beta_r^{\,2} \cdot \frac{1}{f_r} + f_r \cdot \beta_r^{\,2} \cdot \frac{1}{f_r}\right) \\
&= 1 - \beta_r^{\,2} \qquad\qquad (2\text{-}21)
\end{aligned}$$

由 $\quad f_l = f_F \cdot \beta_r \quad \beta_r = \dfrac{f_l}{f_F}$

得

$$K_r = \frac{dL}{dX} = 1 - \left(\frac{f_l}{f_F}\right)^2 \qquad\qquad (2\text{-}22)$$

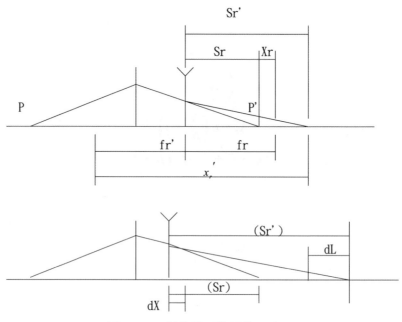

圖 2.5❖　變焦鏡頭後調焦示意圖

　　由以上推導得 K_r，K_r 是後群調焦模式，後群組移動量 dX 和合成焦平面變化量 dL 比率關係。

　　因在這情況下合成焦點距離 f_l 也是為誤差因子，所以本自動調焦機採用光學設計上有限距離情況下 f_l 值來調整使用。

2.4.3　焦面移動量計算式

　　由上節得到調焦偏移係數 K_F、K_r，以下利用調焦偏移係數 K_F、K_r 和調焦模鏡群組移動量 X 的乘積來算出焦面移動量 a，合成焦面移動量是我們所要的量。

　　（一）前群組移動、後群組不動時，假設合成焦面移動量為 a_f

$$a_f = X \cdot K_f = X \cdot \left(\frac{f_l}{f_F}\right)^2 \tag{2-23}$$

　　（二）前群組不動、後群組移動時，又設合成焦面移動量為 a_r

$$a_r = X \cdot K_r = X \cdot \left\{ \mathbf{1} - \left(\frac{f_l}{f_F} \right)^{\mathbf{2}} \right\} \qquad\qquad （2\text{-}24）$$

2.5 ┃ 調焦之規格考量

當考慮設計自動調焦機的規格時需了解照相機後焦面所需精度範圍，此精度範圍與照相機的具有性能有密切關係，故把照相機的要求性能當作調焦之規格參考重點來討論，故調焦參考重點包括有以下數項。

(1)分解能力（Reslving power）方面：N, Fno.

(2)變動限界（dynamic range）：f, dm

Fno.：光圈（aperture）全開放值

N：攝影解像力條數

f：可變焦距之範圍

dm：可容許最近攝影距離

以上數項是照相機的要求性能，依據此性能來推算後焦面所需精度範圍，即ΔBf 量。

也就是說 Fno., N, f, dm 是ΔBf 量的範圍變化參數，以下以此參數來計算ΔBf 量容許範圍。

2.5.1 $\triangle$Bf 量與容許模糊圓關係

要討論計算ΔBf 量範圍方法，首先由光學系統成像來考量，光學成像之點像未必是圓點，即使癡呆用肉眼重新看，還是有莫大點存在，這可接受的容許模糊大小程度的圓點範圍，稱為容許模糊圓（permissible circle of confusion）。

這個量是非常重要的，決定ΔBf 量的範圍，也決定相片鑑賞時距離和可接受的沖洗放大倍率。

現在考慮一般沖洗店的相片以明視距離（25cm）來鑑賞，一般人肉眼分解能對這些模糊像設有 1'，參考（圖 2.6），而在一般照片鑑賞的狀況（照明為

50～200lx 的亮度，相片的最大濃度在 1.9，濃度域設最大 1.3～1.5）來考慮的話，分解能少許放鬆 2'～3'是容許的，若肉眼分解能 1'～2'，明視距離 25cm，〔tan(1')～tan(2')〕×25cm＝0.078mm～0.145mm 的以下模糊直徑是容許程度，然而一般 135mm 照相機放大率約 3.3 倍（參照表 2.1 LEICA 廠商尺寸），故容許模糊圓 δ＝d/3.3＝0.020～0.044mm，可取平均值約 0.033mm。

簡言之 ΔBf 範圍內的點像大小必須小於容許模糊圓平均值 0.033mm，方能滿足照相機的攝影解像力條數的要求性能，下節再詳細說明。

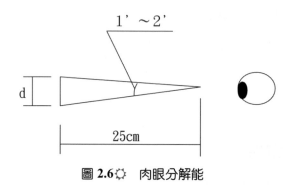

圖 2.6☼　肉眼分解能

表 2.1▐ 各廠商容許模糊圓尺寸

廠商尺寸 （開數）	長邊（mm）	短邊（mm）	對角線（mm）	放大倍率	容許模糊圓 $\times 10^{-2}$mm
HALF	24	18	30.0	4.76	1.6～3.0
LEICA	36	24	43.3	3.3	2.4～4.4
SEMI	56	43	70.6	2.02	3.9～7.2
6*6	56	43	70.6	2.02	3.9～7.2
6*9	86	56	103.0	1.39	5.6～10.4

2.5.2　解像與焦深關係

照相機的調焦精密度與攝影解像力N（Resolving power）有密切關係，因此我們必須考慮透鏡停止位置之精度範圍，一般成像在中心位置要 30lp/mm（N＝1/

δ）以上，在周邊 0.7 像高位置要 17lp/mm 以上，現只考慮中心位置的焦點深度，並設像面變化量為Δ。而且一般攝影距離是焦距 50 倍，參考（圖 2.7）得

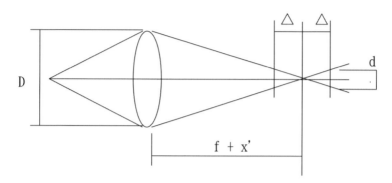

圖 2.7 ✿　焦深示意圖

$$\frac{f+x'}{\pm\Delta}=\frac{D}{d} \tag{2-25}$$

$$\Delta=\pm d\frac{f}{D}\left(1+\frac{x'}{f}\right)=\pm d\cdot Fno\cdot(1-\beta)\cong\pm d\cdot Fno. \tag{2-26}$$

$\because \beta=\dfrac{x'}{f}=\dfrac{f}{X}=-0.02$

取　$N=\dfrac{1}{\delta}=\dfrac{1}{\dfrac{d}{3.3}}=30\text{lp/mm}$

$\therefore$

$$\Delta=\frac{\text{全開 }F_{no.}}{N}=\frac{\text{全開 }F_{no.}}{30} \tag{2-27}$$

設　$\Delta=m\cdot\Delta t$

$$\Delta t=\frac{\Delta}{m} \tag{2-28}$$

TELE　$\Delta_t=5.6/30=0.19\text{mm}$，以寬表示即容許範圍為±0.19mm

WIDE　$\Delta_w=3.7/30=0.12\text{mm}$，以寬表示即容許範圍為±0.12mm

假設 TELE 焦點距離 $f_T = 105$mm，WIDE 焦點距離 $f_W = 38$mm 時，被攝距離是 1000mm，依牛頓公式

$$x'\ (Tele) = \frac{f_T{}^2}{T.T - 2f_T} = \frac{105^2}{1000 - 2 \times 105} = 13.95\text{mm}$$

$$x'\ (Wide) = \frac{f_W{}^2}{T.T - 2f_W} = \frac{38^2}{1000 - 2 \times 38} = 1.56\text{mm}$$

也就是說當 Tele 時，在被攝距離是從無限遠到近攝距離 1m，像面移動量是 13.95mm，要求鏡頭之 ΔBf 必須在 ±0.19mm 的範圍內以內；才能達成有解析度 30lp/mm；同樣地 WIDE 在 1.56mm，ΔBf 必須在 ±0.12mm 的範圍以內。

2.5.3　離焦（defocus）曲線

吾人將後焦距（back focus）B_f 與理想焦點之偏移量稱離焦（ΔB_f），將離焦（ΔB_f）與解像力 N 的關係，稱為離焦曲線。

參照（圖 2.8）所示，離焦曲線是一般生產線用來檢查其調焦能力及 QA（品質保證）也跟據此曲線定出 ΔB_f 規格，設計調焦機的性能要考慮符合此規格。後焦距容許範圍對應於被攝距離，由前節所說明的來決定，有限後焦距和無限後焦距以（圖 2.9）表示。

後焦距對應於被攝距離 L，是由各機種性能要求來決定，在照相機上這距離已被設定好，變化 ΔB_f，測定其解像力 N，即可繪出此離焦曲線（defocus curl），本調焦機的精度要求是參考此離焦曲線來決定。

2.5.4　攝影距離的階段

具有自動對焦（auto-focus）性能照相機對於攝影距離設定有若干階段（step），由各式各樣機種的焦距不同來決定；設有 10 階段的自動對焦，當透鏡的離焦曲線已知時，參考（圖 2.10）有下列關係。

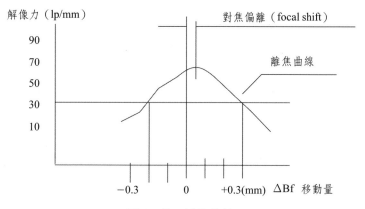

圖 2.8✿　離焦曲線

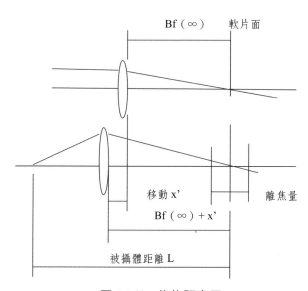

圖 2.9✿　後焦距表示

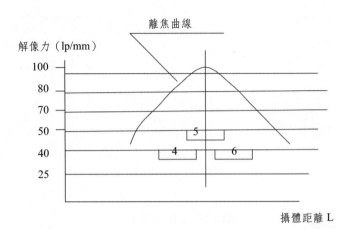

圖 2.10 ☼　攝影距離對解像力

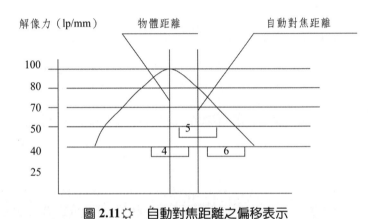

圖 2.11 ☼　自動對焦距離之偏移表示

　　由（圖 2.10）離焦曲線，假設 step 5 是自動對焦之正確的距離，則解像力在 90～100lp/mm，如果自動對焦偏差減少 1step 成為 step 4，由圖所對應之解像降至 70～90lp/mm，可知解像變壞了。

　　另一方面參照（圖 2.11），假設自動對焦之 step 4 是正確攝影距離，但由於對焦偏離在 step 5，解像成為 70～90lp/mm，解像也變得較低。因此我們設計調焦機時必須考慮自動對焦之 step 和離焦曲線影響解像的程度。

第 3 章

測出離焦量的原理及計算方式

3.1 │ 前言

　　像面要調整在固定位置時，首先要知道鏡頭之離焦量有多少？一般是用準直儀來測出，由準直儀鏡頭移動量 D 測定照相機鏡頭其離焦量有多少，本節推出新式明暗比法與位相差法作更快速測出離焦量，然後計數出調焦模鏡群組移動量，以步進馬達脈衝數帶動調焦模鏡群組移動，來達成像平面落在固定位置上；以下數節討論準直儀、明暗比法與位相差法測定離焦量原理，鏡群模組移動量之計算，照相機之步進馬達脈衝數計算法。

3.2 │ 一般準直儀測出離焦量原理

　　照相機鏡頭的離焦量有多少？一般是用準直儀來測出，現在由（圖 3.1）來述說，假設準直儀鏡頭的前側焦點位置放置樣板 P，且後側焦點位置放置平面反射鏡（相當固定像平面的位置），然後把被檢測照相機的底片軌道面放置在此反射鏡上，鏡頭朝向準直儀，當其後側焦點位置恰落在反射鏡上時，由目鏡 E 可看出清晰樣板成像 P'。

　　並假設　　x_l：為照相機鏡頭現有離焦量

　　　　　　　X_l：為從照相機鏡頭之前側焦點到物點之距離

　　　　　　　x'_l：為照相機鏡頭後側焦點到像點之距離

　　　　　　　f_l：為被調整照相機鏡頭焦距

　　　　　　　D：為準直儀前側焦點到樣板 P 之距離

　　　　　　　D'：為準直儀後側焦點到樣板成像 P' 之距離

　　　　　　　Fc：為準直儀的焦距

　　跟據牛頓公式　$X_l \cdot x'_l = -f_l{}^2$

　　知

$$x'_l = \frac{f_l{}^2}{-X_l} = \frac{f_l{}^2}{\dfrac{F_c{}^2}{D} - 2f_l} = \frac{f_l{}^2 \cdot D}{F_c{}^2 - 2f_l \cdot D} \tag{3-1}$$

$$\because \quad X_l = (D' - D) + (2f_l \cdot x'_l)$$

$$= -\frac{F_c{}^2}{D} - D + 2f_l + x'_l$$

$$= -\left(\frac{F_c{}^2}{D} - 2f_l + D - x'_l\right)$$

$$= -\left(\frac{F_c{}^2}{D} - 2f_l\right) \quad \because\left(-D + x'_l \ll \frac{F_c{}^2}{D}\right)$$

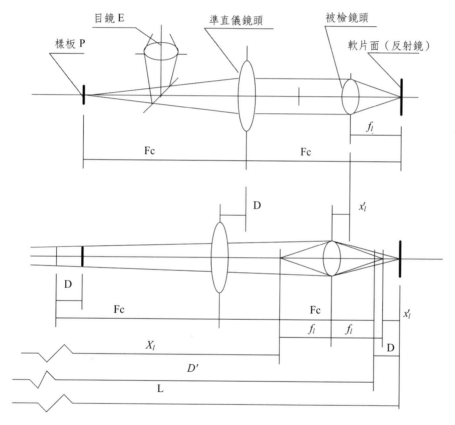

圖 3.1 ✿ 離焦量 x_l 和準直儀移動量 D 之關係

又因為 $\quad D \cdot D' = -F_c{}^2$

所以被攝距離 L 和準直儀透鏡的移動量 D 之關係式為

$$D = \frac{F_c{}^2}{-D'} = \frac{F_c{}^2}{L - D} \cong \frac{F_c{}^2}{L} \tag{3-2}$$

$$(\because D \ll L)$$

故離焦（Defocus）量 *Def* 和準直儀移動量 D 之關係式為

$$Def = x'_l = \frac{f_l{}^2 \cdot D}{F_c{}^2 - 2f_l \cdot D}$$
（3-3）

由上式得知，f_l、F_c 為已知，假設測出了準直儀透鏡移動量 D，離焦量即可算出。

3.3 ｜ 位相差測出離焦量原理

前節介紹以準直儀來測定離焦量是一般傳統方法；位相差法是以 CCD 取代平面反射鏡作第一階段粗略離焦量新式測定法，第二階段再以明暗比法作精確測定離焦量，首先簡單地說明位相差法原理。由（圖 3.2），把照相機成像的位置從合焦位置移動的話，CCD 成像位置發生變化，也就是說由 CCD 成像位置分佈的變化量得知離焦量，把此成像位置分佈的變化量規格化後，由此規格化資料可計算出離焦量，此方法稱為明暗比法，接著以圖說明之。

下圖 3.2，把 2 個 CCD（A 列 CCD、B 列 CCD）在同一直線上配置著，以分歧鏡片（separate lens）使空中像的焦點分別會集在各 CCD 上，假設照相機透鏡的成像位置發生變化時，2 個 CCD 上成像之像間隔對應於發生變化，由像間隔的變化量而得知像面偏移量，現在把像的間隔規格化後，可求出像面偏移量。

合焦位置時，像間隔是 Lo 的話，設任意像間隔為 L

L＜Lo（前焦）

L＝Lo（合焦）

L＞Lo（後焦）

因此，現在軟片等價面放置 CCD，像面偏移量 z 和測定的位相差計算結果 AF，如下所示一次方程式。

$$\mathbf{f(z)} = \mathbf{A} \cdot \mathbf{AF} + \mathbf{B}$$
（3-4）

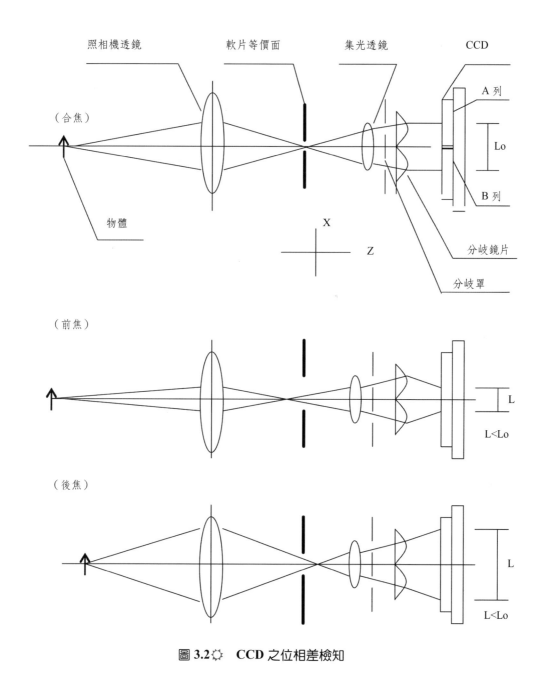

圖 3.2 ❖ **CCD 之位相差檢知**

AF 為 CCD 規格化後以 calgo 值來表示，設 K1 為其相關係數，又設在合焦位置時補償值為 Deltan ψ，則像面偏移量 ΔZ 可改為

$$\triangle Z = K1 \cdot AF + Deltan \, \psi \qquad\qquad (3\text{-}5)$$

位相差因透鏡焦距變化（TELE→WIDE）引起口徑的不同及系統的像差而有差異，為修正此差異量，又增設 ho，

$$\triangle Z = K1 \cdot AF + (Deltan \, \psi + ho) \qquad\qquad (3\text{-}6)$$

即 TELE 側　　$\triangle Z = K1 \cdot AF + Deltan \, \psi$

　　WIDE 側　　$\triangle Z = K1 \cdot AF + (Deltan \, \psi + ho)$

K1、Deltan ψ、ho 為參數，在下章節有述說其求法；位相差演算結果 AF 得知的話，由公式（3-5），（3-6）TELE 側.WIDE 側之離焦量$\triangle Z$即可算出。

3.4 ｜ 明暗比測出離焦量原理

前節介紹以位相差來測定離焦量；第一階段以位相差粗略測定離焦量在前節已詳細述說，接著介紹第二階段以明暗比法作更精確測定，以下簡單地說明其原理，由圖 3.3，把準直儀透鏡的位置從合焦位置移動的話，CCD 照度分佈發生變化，也就是說由 CCD 在合焦位置照度分佈的變化量得知離焦量，把此照度分佈的變化量規格化，由此規格化資料可計算出離焦量，此方法稱為明暗比法，以此規格化的 CCD 照度分佈值用明暗比值 E(z)來表示。

現在要述明暗比值 E(z)和離焦偏離值 Z 的關係，前節所定義明暗比值 E 是要來算出離焦偏離量，在此偏離量是樣板經照相機光學系統的成像位置與固定位置（相當的軟片面）的偏離量。樣板在軟片面成像時（合焦位置），離焦偏移量 z＝0。

即　z＝0　　合焦位置

　　z＜0 時　前焦

　　z＞0 時　後焦

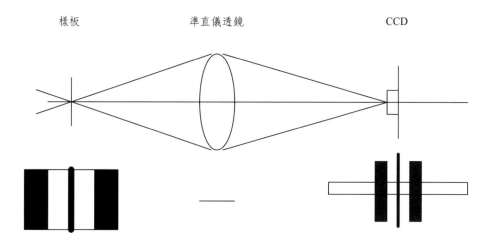

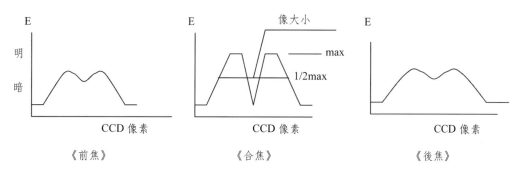

圖 3.3 ✿　離焦、合焦之 E 值照度分佈

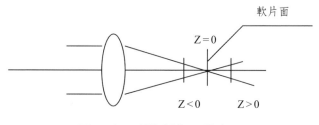

圖 3.4 ✿　離焦偏移 Z 值表示

　　因此，現在把 CCD 放置在軟片等價面，離焦偏離量 Z 的話，明暗比測定所求如圖 3.5 所示的高斯曲線分佈，也就是說如下式的近似值。

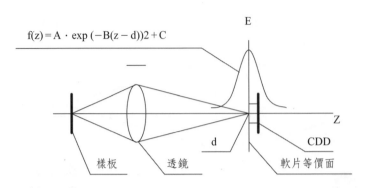

f(z) = A · exp (−B(z − d))2 + C

圖 3.5☼ CCD E 值之高斯分佈曲線

$$f(z) \cong A \cdot \exp\{-B\,(z-d)^2\} + C \tag{3-8}$$

又因由圖得知高斯曲點的兩側是對稱，這樣我們不能知道偏離方向，即 Z ＜0，或 Z＞0，因此在圖 3.6 所示在軟片面等價面的兩側等距地方各配置一個 CCD。

CCD1→E1

CCD2→E2

明暗比法測定時

E1＝E2　合焦

E1＞E2　前焦

E1＜E2　後焦

就很容易知道偏離方向，0.3mm是隨意決定，但是 f(z)之式，很複雜不容易從 E 中推測 z 值，因此我們再考慮（圖 3.7）的模式，這樣我們就可以從 −0.3mm～+0.3mm 之間 E 的一次表示式，就很容易測出 z 的值，預先做一次式的係數。

$$K0 = \frac{1}{\left|\dfrac{\Delta E(z)}{\Delta Z}\right|^{(z=d)}} \tag{3-9}$$

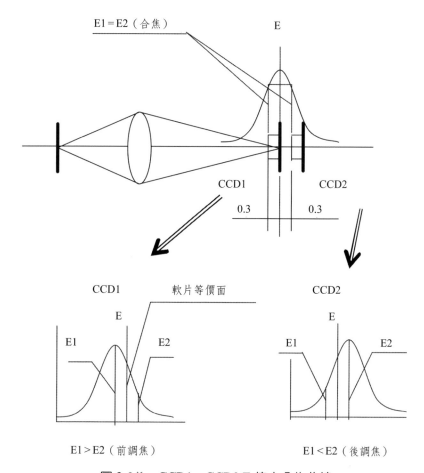

E1＝E2（合焦）

E

CCD1　　　CCD2

0.3　　　0.3

CCD1　　　軟片等價面　　　CCD2

E　　　　　　　　　　E

E1　　　E2　　　　　E1　　　E2

E1＞E2（前調焦）　　　　　　E1＜E2（後調焦）

圖 3.6✿　CCD1、CCD2 E 值之分佈曲線

欲求離焦偏離值Δz，由明暗比值 E

$$\Delta z = \Delta E \cdot K0 \tag{3-10}$$

以此式可以算出。因此，關於 K0 加以說明，前討論高斯分佈的近似式利用最小 2 乘法誤差近似法，可以求出 A、B、C，再由橫倍率 SBR 可求出縱倍率α。

設某任意點 x 的明暗比值為 S

$$S = K0 \cdot x$$

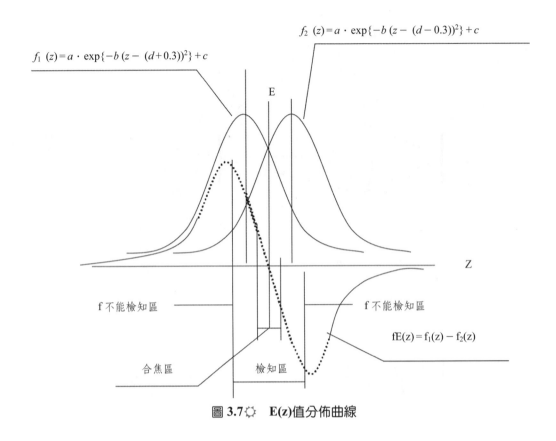

$$f_1\,(z)=a\cdot\exp\{-b\,(z-\,(d+0.3))^2\}+c$$

$$f_2\,(z)=a\cdot\exp\{-b\,(z-\,(d-0.3))^2\}+c$$

E

Z

f 不能檢知區　　　　　　　　f 不能檢知區

$$fE(z)=f_1(z)-f_2(z)$$

合焦區　　　　　　檢知區

圖 3.7 ✿　E(z)值分佈曲線

表示時，S 值以次式來表示

$$S=A\cdot\left\{\exp\left[-B\Big(\frac{1}{\alpha}(x-(c-d))\Big)^2\right]-\exp\left[-B\Big(\frac{1}{\alpha}(x-(c+d))\Big)^2\right]\right\}\qquad（3\text{-}11）$$

其中 $\alpha=$ SBR2

此 A, B, C, α 是常數，又設

$$B'=\frac{B}{\alpha^2}\ ,\ x'=x-C\qquad（3\text{-}12）$$

置換（3-11）式得

$$S=A\cdot\{\exp\left[-B'\cdot(x'+d)^2\right]-\exp\left[-B'\,(x'-d)^2\right]\}\qquad（3\text{-}13）$$

另一方面表示，此 K0 的意義是當 $x' = 0$ 也就是 $x = C$ 的一次導函數。

$$\therefore K0 = \left(\frac{dS}{dx}\right)_{x=c} \qquad (3\text{-}14)$$

由（3-11）式對 x 一次微分

$$\frac{dS}{dx} = A\{-2B'(x'+d) \cdot \exp[-B'(x'+d)^2] + 2B'(x'-d) \cdot \exp[-B'(x'-d)^2]\}$$

$$\left(\frac{dS}{dx}\right)_{X=0} = -4 \cdot \alpha \cdot B' \cdot d \cdot \exp(-B' \cdot d^2) \qquad (3\text{-}15)$$

把（3-14）式代入（3-15）式得

$$K0 = -4\alpha \frac{B}{\alpha^2} \cdot d \exp\left(\frac{-B}{\alpha^2} \cdot d^2\right)$$

從 S 解 x 得

$$x = \frac{1}{K0} \cdot S$$

因此使用明暗比法，妥善處理 1/Ko 是作治具驗收很重要的要素。依據以上

$$\triangle Z = E/K0 \qquad (3\text{-}17)$$

上式可以求出離焦偏移的量和方向

3.5 │ 調焦模組的移動量計算

由前節利用位相差、明暗比法就可測定離焦量，接著討論如何把它調整到固定位置之範圍內。此範圍到底須要有多寬？綜合第二章與前節所述我們可藉由容許糢糊圓的大小來推定離焦面的寬容度範圍，假設離焦量在此範圍外，再設法把像平面調整到此範圍內，其手段即是利用調焦模組的移動量來修正達成目標，其

移動量的計算方式說明如下。

3.5.1　調焦鏡模組之移動量

設 X 為調焦模組的移動量

(A)前群調焦方式（前群模組的移動）

由公式（2-13）

$$X = \frac{a}{K_f} = a \cdot \frac{1}{1 - \frac{f_F{}^2}{X_F{}^2}} \cdot \frac{f_F{}^2}{f_l{}^2} \qquad （3\text{-}18）$$

當

$$X_F \to \infty \quad X_f = \frac{a}{K_f} \cong a \cdot \frac{f_F{}^2}{f_l{}^2} \qquad （3\text{-}19）$$

(B)後群調焦方式（後群模組的移動）

由公式（2-22）

$$X_r = \frac{a}{K_r} = a \cdot \frac{f_F{}^2}{f_F{}^2 - f_l{}^2} \qquad （3\text{-}20）$$

利用公式（3-19）或（3-20）可計算出調焦鏡模組的移動量

3.5.2　長焦和短焦之透鏡模群移動量

以下說明如何移動鏡模群來調焦，假定被調整照相機的鏡頭設有前群、後群共 2 群而已，並採取後調焦方式，參考圖 3.8 所示，可依下列程序求出 X_α、X_β。

令　X_α 是後群 U 的移動量

　　X_β 是全群 U 的移動量

　　K_{rw} 是 wide 側後調焦偏移係數

K_{rt} 是 tele 側後調焦偏移係數

K_{rw} 是 wide 側後調焦偏移係數

f_{lt} 是 tele 側全群焦點距離

f_{lw} 是 wide 側全群焦點距離 f_{lt}

現在說明測定離焦量的順序，參照（圖 3.8）。

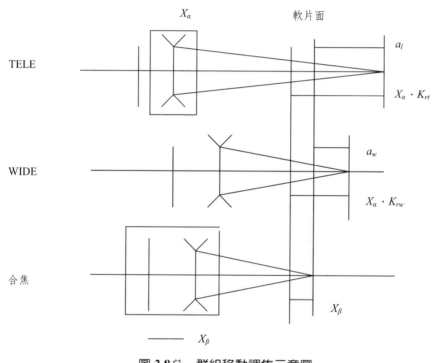

圖 3.8☼　群組移動調焦示意圖

(1)測出照相機在長焦（tele）側時,焦面和 Film 面的偏移量 a_t

(2)再測出照相機在短焦（wide）側時,焦面和 Film 面的偏移量 a_w

令　$K_{rt} \cdot X_\alpha - a_t = K_r \cdot X_\alpha - a_w$

得

$$X_\alpha = \frac{a_t - a_w}{K_{rt} - K_{rw}} \qquad （3\text{-}21）$$

又令 $\quad a_w = K_{rw} \cdot X_\alpha - X_\beta$

得

$$X_\beta = \frac{K_{rt} \cdot a_w - K_{rw} \cdot a_t}{K_{rt} - K_{rw}}$$ （3-22）

其中 $\quad K_{rt} = 1 - \left(\dfrac{f_{lt}}{f_F}\right)^2 , \ K_{rw} = 1 - \left(\dfrac{f_{lw}}{f_F}\right)^2$

利用公式（3-21）可計算出後群 U 的移動量 X_α，再利用公式（3-22）可計算出全群 U 的移動量 X_β，則離焦面可調整到固定位置範圍？。

3.5.3　群組移動的步進馬達脈衝數計算

本節說明照相機之步進馬達脈衝數計算法，當變焦鏡頭的群組移動量 X_α、X_β 已知時，驅動群組移動的步進馬達脈衝數計算數亦可求得；說明如下。於

令 $\quad \alpha = X_\alpha / \mathrm{S}. \quad \beta = X_\beta / \mathrm{S}'$

則 $\quad \alpha$ 是照相機的後群移動時步進馬達所要的脈衝數

β 是照相機的全群移動時步進馬達所要的脈衝數

S 是後群步進馬達 1 脈衝數相對於後群移動距離

S'是全群步進馬達 1 脈衝數相對於全群移動距離

且令 $\quad \mathrm{A}' = \alpha + \mathrm{A} ， \mathrm{B}' = \beta + \mathrm{B}$

最後將 A'、B'資料寫入照相機的記憶體內完成調焦作業。

（A、B 是照相機的 E2PROM 記憶體內已先存資料）

調焦機光學系統構造

4.1 │ 前言

本調焦機包括了光學系統,數位處理系統和機械系統,因光學系統為本調焦機的靈魂,本章要述說調焦機光學系統內部構造。

4.2 │ 光學系統大略

光學系統大致可以分為如下所述（參考圖 4.1）

1.TV 監視器

2.準直儀（Fc＝200mm）

3.Film（軟片）面治具（通稱 F 治具）

TV 監視器只是提供調焦過程便於監視而已,市購設備,不加以述說,準直儀測焦原理及使用方法在前章節已經述說過。以下說明 F 治具系統功能

4.3 │ F 治具光學系統

F 治具,大致分為(1)光路分歧部份、(2)位相差、(3)明暗比光學系。此說明各單位系統功能

4.3.1 分歧光路部份

(1)半透平面鏡：從準直儀入射光有 40%反射到 TV 監視器,60%入射相當軟片面位置。

(2)中繼鏡片：再結像,等倍率。

(3)光束分光錂鏡：在光路上二個直列配置,將光路分歧到位相差光學系及明暗比光學系。

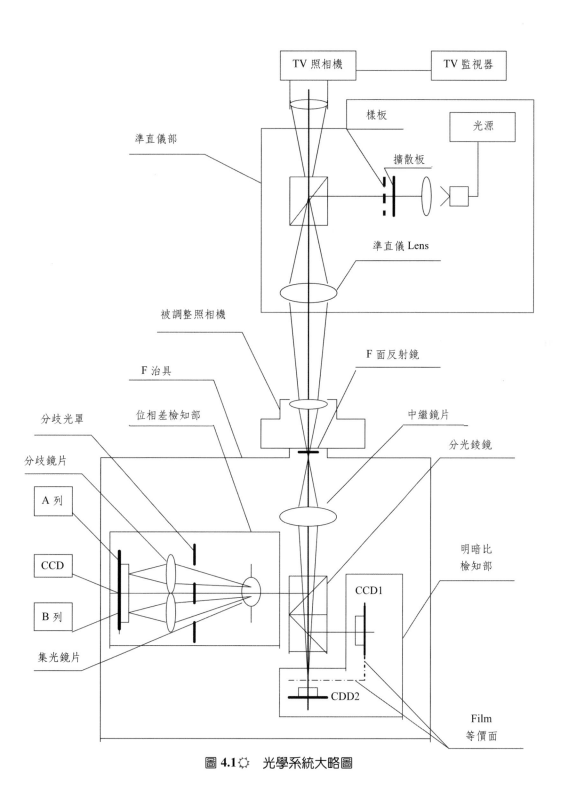

圖 4.1☼　光學系統大略圖

4.3.2　位相差光學系

(1)分歧光罩（Separate Mask）：相當光闌。

(2)分歧鏡片（Separate Lens）：使入射光分別再結像在 CCD 上。

(3)集光鏡片：限制入射於分歧鏡片上的角度。

(4)位相差單元：共有 193bit，位相差計算結果的資料以 1 到 48bit 放置在 A 列 CCD，73 到 121bit 放置在 B 列 CCD。

4.3.3　明暗比光學系

(1)CCD1、CCD2 共 2 個檢知器

信號像數 5000，像數大小 7μm pitch 22pin DIP。

(2)CCD 基座：以頻道合成方式，增幅輸出。

第 5 章

調焦機使用的
參數求法

在此，我們要跟據第 3 章、第 4 章的內容所述及位相差法、明暗比法測定離焦時，所必須決定的參數加以說明，因為 F 治具驗收時，必須實行不可。此時，TELE、WIDE（均已知無限遠焦點距離）各各預備一個 $\Delta Bf = 0$ 的 Master Lens（近似被測定光學系統的標準鏡頭），如圖 4.1 所示，把被調整照相機換成 Master Lens，放置在 F 治具上，依照下列方法可測出下列參數。

5.1 ｜位相差法離焦測定用的參數求法

位相差法有 3 個參數（parameter）Deltan ψ、K1、Ho。

5.1.1　Deltan ψ 的求法

(1)治具的準直儀設定在無限遠。

(2)設定準直儀的樣板（Chart）。

　　TELE 寬度 Lw＝5.2mm，WIDE 寬度 Lw＝2.7mm

(3)TELE master lens 放置在 F 治具上。

(4)位相差演算來回 10 次，取平均值，此即為所求 Deltan ψ。

5.1.2　K1 的求法

(1)治具的準直儀設定在無限遠。

(2)設定準直儀的樣板（Chart），測定時依測定光學鏡頭的焦距變更樣板。

(3)TELE master lens 放置在 F 治具上。

(4)準直儀從無限遠位置移動到近距離位置，準直儀移動 10cm。

(5)準直儀透鏡每次移動 10mm 直到近距離位置，每次計算位相差 x（calgo）。

(6)此時由 Master Lens 焦點距離 f_1 和準直儀焦點距離 F_C 及移動量 D，可算出 Master Lens 離焦量 Def。

$$Def = \frac{f_l{}^2 \cdot D}{F_c{}^2 - 2f_l \cdot D} \qquad\qquad (5\text{-}1)$$

(7)由(5)、(6)求出 Def 對 x 的相關係數，利用最小 2 乘誤差法求出相關的一次係數，此係數即為所求的 K1。

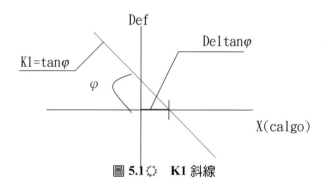

圖 5.1☆　**K1 斜線**

5.1.3　**Ho 的求法**

(1)準直儀設定在無限遠。

(2)設定準直儀的樣板（Chart），測定時依測定光學鏡頭的焦距變更為 WIDE 樣板。

(3)WIDE Master Lens 放置在 F 治具上。

(4)位相差演算來回 10 次，取平均值，此即為所求 WIDE Deltan ψ。

(5)Ho＝Deltan ψ (TELE)－Deltan ψ (WIDE)

此方法是利用自動校正程式自動地計算求出的，其流程請參考（附錄 6）位相差法之離焦測定流程圖。

5.2 ┃明暗比法之離焦測定用的參數求法

(1)SOP1、SOP2　CCD1, CCD2 TELE 時的二次原點（機械原點與光學原點之差的補償）

(2)H＿SOP1、H＿SP2　WIDE時補償pulse數（從TELE 2次原點為基準）

(3)A0、A1　K0 的係數有 6 個參數

5.2.1　SOP1、SOP2 的求法

(1)準直儀設定在無限遠。

(2)TELE master lens 放置在 F 治具上。

(3)設定準直儀的樣板（Chart）為 TELE 樣板。

(4)CCD1、CCD2 各設定機械基準位置。

(5)CCD1 從機械基準位置離 Film 等價面 1mm

　　（相當 pulse motor 1000pulse）。

(6)CCD2 從機械基準位置近 Film 等價面 1mm

　　（相當 pulse motor 1000pulse）。

(7)CCD1 以每 0.1mm 接近等價面時，求出此 Contrast 值 E1。

(8)CCD2 以每 0.1mm 接近等價面時，求出此 Contrast 值 E2。

(9)此 CCD 移動量 x 對 Contrast 值 E 的關係，以最小 2 乘誤差法求出 data 的 peak 值。

　　各各的CCD以$y = A \cdot \exp(-B \cdot (X - C)2)$求其解時在PEAK值是為$X \fallingdotseq C$，C 所求得即為 X 值。

(10)此 X 值是為各個 CCD 從機械基準點起到光學原點為止 pulse motor 的移動量。

(11)S0P 為（$X \times 100 = 300$）pulse，即

　　$SOP1 = (X_1 \times 100 + 300)pulse$

　　$SOP2 = (X_2 \times 100 - 300)pulse$

此為 SOP1 和 SOP2 的求法

　　（注）在後面求出 A0、A1 時，A、B 值要使用到，所以要先預備著記錄 A（TELE）、B（TELE）值。

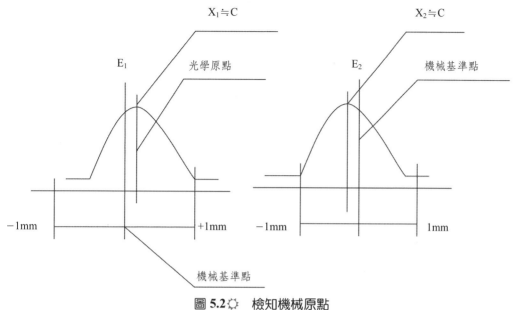

圖 5.2✿ 檢知機械原點

5.2.2 H_SOP1、H_SOP2 的求法

(1)準直儀設定在無限遠。

(2)WIDE master lens 放置在 F 治具上。

(3)準直儀的樣板（Chart），變更為 WIDE 樣板。

(4)與求 SOP1、SOP2 的方法相同，再實行 5-2-1 之(4)～(11)

(5)此時得到是 SOP1(W)、SOP2(W)

H_SP1 = SOP1(T) − SOP1(W)

H_SP2 = SOP2(T) − SOP2(W)

（注）中繼鏡片、光束分光稜鏡的球面像差，或其 TELE、WIDE 的 C1、C2 的值差異，對此像差成分的修正。

5.2.3　Ao、A1 的求法

(1)TELE 時 Ko 的求法

$$KOT = \frac{-1.2 \cdot A(TELE) \cdot B(TELE)}{SBR^4 \cdot \exp\left[\dfrac{-0.09 \cdot B(TELE)}{SBR^4}\right]} \tag{5-3}$$

(2)WIDE 時 K0 的求法

$$KOW = \frac{-1.2 \cdot A(WIDE) \cdot B(WIDE)}{SBR^4 \cdot \exp\left[\dfrac{-0.09 \cdot B(WIDE)}{SBR^4}\right]} \tag{5-4}$$

(3)A0、A1 的求法

$$A0 = \frac{f_{lt} \cdot KOW - f_{lw} \cdot KOT}{f_{lt} - f_{lw}} \tag{5-5}$$

$$A1 = \frac{\dfrac{1}{KOT} - \dfrac{1}{KOW}}{f_{lt} - f_{lw}} \tag{5-6}$$

f_{lt}：TELE 焦點距離

f_{lw}：WIDE 焦點距離

5.3 ｜中繼鏡片（relay lens）的橫倍率（SBR）的求法

中繼鏡片（relay lens）的橫率SBR，設計上倍率為 1，但有誤差之故，須求出實際的倍率。位相差光學系的橫倍率 SBI 依位相差單元而定。

其求法如下

(1)準直儀設定在無限遠。

(2)TELE master lens 放置在 F 治具上

(3)準直儀的樣板設定為 TELE 樣板

(4)設定 CCD 的 2 次原點

(5)此時從 CCD 照度分佈資料中求β

假設　準直儀焦點距離 Fc，TELE master lens 焦點距離 flt

$$SBR = \beta \cdot \frac{F_c}{f_{lt}} \qquad (5\text{-}7)$$

其中

$$\beta = \frac{(ADL - ADR) \cdot \mathbf{0.007}}{\mathbf{L0}} \qquad (5\text{-}8)$$

β：CCD 上像大小和樣板大小之比

$ADL - ADR$：像大小所佔像素的數目

0.007：像素的 Pitch（mm）

軟片面上像倍率

$$\beta_c = L_w \cdot (f_l / f_c) \qquad (5\text{-}9)$$

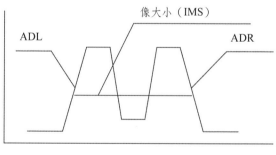

圖 5.3 ✿　明暗比 CCD 上像大小表示

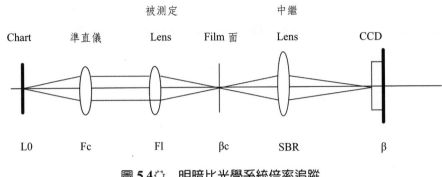

圖 5.4 ☼　明暗比光學系統倍率追蹤

5.4 │ 位相差光學系的橫倍率（SBI）的求法

(1)先從位相差照度分佈資料中求像大小（SBR），參照（圖 5.5）

(2)把 SBR 代入下式

$$SBI = \frac{TIMS \cdot F_c}{L0 \cdot f_1 \cdot SBR} \qquad （5\text{-}10）$$

這些參數全部由自動校正程式自動地求出後，又把這些參數寫入主程式（main program）的磁碟中，再從中讀取這參數而實行主程式。

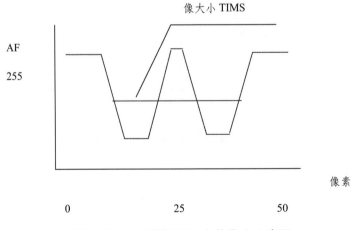

圖 5.5 ☼　位相差 CCD 上的像大小表示

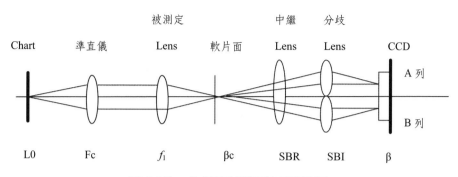

圖5.6✿ 位相差光學系統倍率表示

第 6 章

各參數的實際計算及
調焦結果

6.1 ｜前言

　　前章節所述說調焦機使用的參數求法是以 Master lens 為主，理論研討用，實際使用上要以現場生產照相機為宜，以下是各參數計算以現場生產照相機為樣本，參數修正後驗其結果。

6.2 ｜位相差參數計算

　　以照相機一台放置在 F 治具上實際量測，連續測定 10 次的資料，其結果如下（表 6-1、表 6-2）。

(A)長焦側位相差檢測像面偏離量

　　照相機規格：ft＝86.85　　fno＝7.4

表 6.1 ▌TELE 側位相差計算結果

次　數	△Bf	IDef		AF	
		測定值	誤差值%	測定值	回歸值
1	−2.451	−2.506	2.24	217	15
2	−2.494	−2.826	13.31	267	217
3	−2.473	−2.773	12.13	259	220
4	−2.240	−3.394	51.52	352	195
5	−2.515	−2.840	12.92	269	224
6	−2.324	−2.087	10.20	158	204
7	−2.494	−2.446	1.96	213	222
8	−2.820	−2.719	3.58	251	258
9	−2.303	−2.833	23.01	253	251
10	−2.240	−2.520	12.45	232	195
平均值	−2.435	−2.495	2.46	215	215

△Bf：照相機 Bf 的偏差量，以準直儀測定

IDef（測定值）：F 治具之 AF 計算結果之△Bf

誤差值%：F 治具之 AF 計算結果之（IDef 測定值－△Bf）/△Bf*100

AF（測定值）：F 治具之 AF 計算結果之 calgo 數

AF（回歸值）：F 治具之 AF 計算結果之理想之 calgo 數

(B)短焦側位相差檢測像面偏離量

照相機規格：ft＝39.3　fno＝4.6

表 6.2┃AF 計算

次數	ΔBf	IDef		AF	
		測定值	誤差值%	測定值	回歸值
1	−0.758	−0.15	80.21	26	15
2	−0.596	−0.494	16.95	−22	−24
3	−0.714	−0.615	13.87	−4	5
4	−0.775	−0.788	4.37	22	19
5	−0.832	−0.869	4.45	34	33
6	−0.872	−1.056	21.10	62	43
7	−0.823	−0.735	10.69	14	31
8	−0.811	−0.829	2.22	29	28
9	−0.829	−0.902	8.81	39	48
10	−0.795	−0.788	.88	22	24
平均值	−0.786	−0.722	8.14	22.2	22.2

IDef 回歸分析結果

	TELE	WIDE
截距	−0.8314	0.78581
評價值的標準誤差	0.93236	0.20542
X 係數	0.68308	1.91714
係數的標準誤差	1.79743	0.8056

AF 回歸分析結果

表 6.3 ∥ IDef AF 回歸分析結果

截距	−48.808	−168.93
評價值的標準誤差	143.757	10.8252
X 係數	−108.65	−242.92
係數的標準誤差	277.133	42.4584

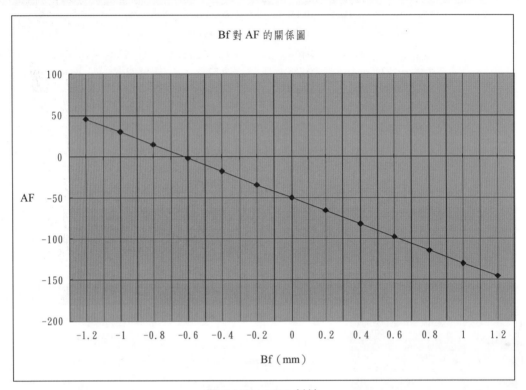

圖 **6.1**☼　**1/K1 斜線**

由上圖表

AF 回歸分析結果的 TELE 截距是 −48.808，取 −48 得

Deltan ψ = −48；WIDE 截距是 −168.93

H0 = Deltan ψ(TELE) − Deltan ψ(WIDE)

　　= −48 − (−169.93) ≒ 121

IDef 回歸分析結果的 X 係數 = 0.6838，取 0.684 得

K1 = X 係數 = 0.684

6.3 ▏明暗比參數之計算結果

要驗證明暗比之計算結果，首先要驗明暗比之參數 KoT，其方法如下。

(1)實行「TEST-CCD」程式

(2)準直儀設定在原點（無窮遠）

(3)取照相機 4 台設定 ΔBf＝0，像面偏差量計算 3 次並記錄

(4)設定 ΔBf^+＝＋0.2，像面偏差量計算 3 次並記錄

(5)設定 ΔBf^+＝－0.2，像面偏差量計算 3 次並記錄

$$KoT = \frac{1}{2}\left(\frac{0.2}{E^+ - E^0} + \frac{-0.2}{E^- - E^0}\right) \qquad （7\text{-}5）$$

由以（表 6.4）計算結果取 KoT＝2.288（μm/E），另一方面 KoW＝0.8（μm/E），參數 A1、A0 用下式來決定。

$$\mathbf{A1 \times ft + A0 = KoT}$$

$$\mathbf{A1 \times fw + A0 = KoW}$$

由上兩式解 A0、A1

$$A1 = \frac{\begin{vmatrix} KoT & 1 \\ KoW & 1 \end{vmatrix}}{\begin{vmatrix} f_l & 1 \\ f_w & 1 \end{vmatrix}} = \frac{KoT - KoW}{f_l - f_w} \qquad （7\text{-}6）$$

$$A0 = \frac{\begin{vmatrix} f_l & KoT \\ f_w & KoW \end{vmatrix}}{\begin{vmatrix} f_l & 1 \\ f_w & 1 \end{vmatrix}} = \frac{KoW \cdot f_l - KoT \cdot f_w}{f_l - f_w} \qquad （7\text{-}7）$$

取 fw＝40.2　ft＝105.6　K0T＝2.288　K0W＝0.8

得

　A1＝0.02275

$$A0 = -0.1146$$

$$\therefore Ko(f) = 2.288 \times f - 0.114$$

表 6.4 ┃ KoT 計算

照相機 NO		e1				e2				KoT (ave)
		1	2	3	x bar	1	2	3	x bar	
1	$B_f{}^0$	0.455	0.466	0.466	0.462	0.475	0.458	0.465	0.466	2.211
	$B_f{}^+$	0.491	0.503	0.498	0.497	0.412	0.404	0.409	0.408	
	$B_f{}^-$	0.409	0.412	0.398	0.406	0.485	0.5	0.51	0.498	
2	$B_f{}^0$	0.501	0.492	0.505	0.499	0.496	0.506	0.501	0.504	2.406
	$B_f{}^+$	0.540	0.538	0.539	0.539	0.462	0.48	0.47	0.471	
	$B_f{}^-$	0.415	0.434	0.413	0.42	0.521	0.524	0.524	0.523	
3	$B_f{}^0$	0.492	0.485	0.494	0.490	0.48	0.479	0.489	0.482	2.245
	$B_f{}^+$	0.538	0.538	0.534	0.524	0.532	0.442	0.456	0.445	
	$B_f{}^-$	0.426	0.427	0.422	0.425	0.523	0.517	0.531	0.523	

KoT 平均值＝2.288

6.4 ｜ 調焦結果與規格比較

方法：取 20 台調焦後之照相機測出 TELE 之 ΔB_f 和 WIDE 之 ΔB_f 結果：

WIDE ΔB_f										
	0	0.01	0.01	0.02	−0.02	−0.04	0.01	0.03	−0.03	0
	0.02	0.01	0	−0.02	−0.01	0	0.01	−0.01	−0.01	−0.02
	平均＝−0.002　σ＝0.017　Max＝.033　Min＝−0.033									

TELE ΔB_f										
	0.02	0	0.08	0.02	0	0	0	0.04	−0.16	0.06
	−0.04	−0.04	−0.02	−0.08	0.01	0	0.04	−0.08	−0.04	0.02
	平均＝−0.004　σ＝0.059									

WIDE 的△Bf 規則值：±0.14mm

工程能力（CP）$=\dfrac{規則值幅度}{2 \times 3\sigma}=\dfrac{2 \times 0.14}{6 \times 0.017}=2.75 > 1.3$

TELE 的△B_f 規則值：±0.28mm

工程能力（CP）$=\dfrac{規則值幅度}{2 \times 3\sigma}=\dfrac{2 \times 0.28}{6 \times 0.059}=1.53 > 1.3$

評價：工程能力（CP）TELE 側、WIDE 側均大於 1.3，說明調焦機的調焦能力良好。

直方圖分佈

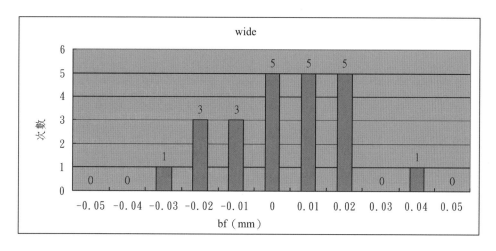

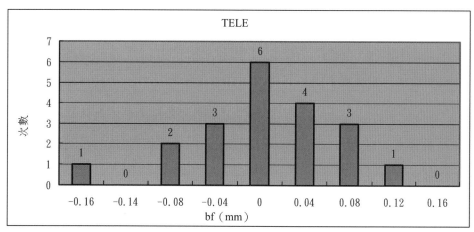

圖 6.2❋　△Bf 分布圖

第 7 章

檢討

7.1 ｜ 位相差檢知型式

由前第三章（圖 3.8）CCD 之位相差檢知，很容易看得到從軟片等價面偏移的話，CCD 在 A 列與 B 列的成像距離愈靠近則是前對焦，愈遠離是後對焦；從位相差輸出的變位量和變位差，來推測像面偏移量與偏移方向，設檢知 CCD 上變位量 $\Delta x'$，像倍率為 β，像面偏移量為 def，由圖 7.1 得下列數學關係數。

$$def = \frac{\Delta x'}{\beta \cdot \tan\theta} \tag{7-1}$$

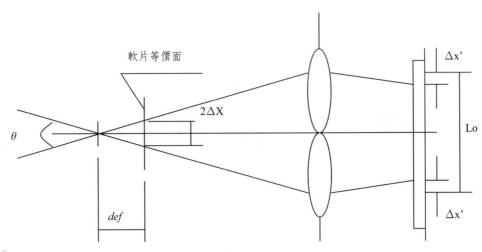

圖 7.1 ✿　像面偏移與變位量和變位差關係

$\tan\theta$ 值小時即口徑比小，def 值大，鏡片的移動量極度多的話檢知就有困難，又調整用的準直儀樣板黑白間隔太細時容易誤判，故本調焦機設有 TELE 側用黑白樣板 Wide 側用樣板。大幅度的離焦乃能判別前焦或後焦，AF 的作動又快速不癡呆，但精確度不能合乎要求，故本調焦機必須再增設明暗比法檢知部。

7.2 ｜ 明暗比之檢知幅度

明暗比之檢知型式的優點是在離焦幅度很小約 ±0.5mm 以內，明暗很高時 3

σ（標準偏差）TELE 側約±0.03mm、WIDE 側約±0.02mm 以內精確度合乎要求，但光軸傾斜時會產生亂視像差，E 峰值不明確，於是檢知部變為癡呆了而重複測定，其結果不精確。

7.3 ｜ 樣板大小和 CCD 檢知器像素數

明暗樣板投影在 CCD 直線檢知器上，各檢知器的數位（bit）的輸出值是以明暗比來處理，如上節所述選擇對應必要的寬度樣板，才可能有良好計算。對應寬度小則精密度不足，過寬則超出計算區產生誤算，今說明如下。

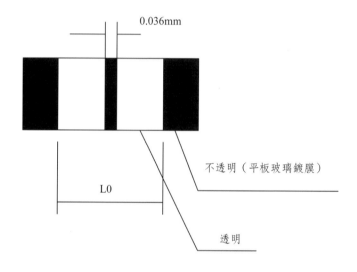

TELE 側用　L0＝2.7mm

WIDE 側用　L0＝5.5mm

圖 7.2✿　準直儀用樣板

在上圖明暗比 CCD 之 1 像素相當 7μm（pitch），線形受光部雖配置 5000 像素但計算時只取光軸近旁的 500 像素，這 500 像素所取資料的略圖（plot）如圖 7.4 所示，這 500 像素所取資料的範圍稱為計算區。

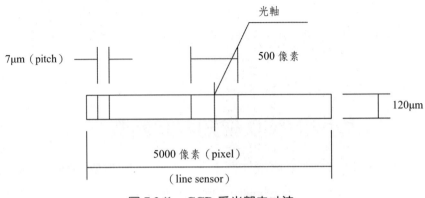

圖 7.3 ✿　CCD 受光部之寸法

TELE 側焦點距離較長，使用 5.5mm 寬度樣板時發生計算區外的情形，此理由加以說明。Fc 為準直儀焦點距離、f_l 為照相機焦點距離，樣板對 Film 面的橫倍率為

$$\beta = \frac{f_l}{F_c} \qquad (7\text{-}2)$$

表 7.1 ▍焦距長短與像素數大小

焦距（mm）	像素數（PIX）	
	5.5mm	2.7mm
39（wide）	142.5	
76（tele）	277.7	
87（tele）	317.8	156.0

由圖 7.4 fl＝87mm　L0＝5.5mm 樣板所取像資料對 500 像素而言片側有 90 像素的空間，但是實際兩側有麻木（20～30）像素，片側則共有 60 像素，另方面照相機的定位機構對鏡頭光軸位置的變異，也會有發生了偏離計算區。

以上的理由，須要兩個樣板互相切換使用。

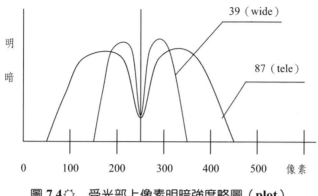

圖 7.4 ✿ 受光部上像素明暗強度略圖（plot）

7.4 ｜ 後群移動量精密度

調焦時後群先移動 X_α 量，然後整群再移動 X_β 量來完成，今確認後群 pulse motor 變化 1 count 時 Bf 的變化量。

測定的數據如下：

後群對 Bf 的變化量（mm）	後群變位量 mm/count	對設計值誤差%
−0.01512	0.002620	0.652
−0.01575	0.002730	4.873
−0.01599	0.002773	6.492
−0.01738	0.003012	15.705
−0.01868	0.003238	24.359
−0.01574	0.002735	5.0307

平均 = 0.00284mm/count
結果：實際測定的值 2.84μm/count 與設計值 2.604μm/count 有差異。
現在使用的設計值：2.604μm/count
處置：調焦機的軟體程式資料改寫為 2.84μm/count

7.5 ｜ 調整困難或不能分析

7.5.1　調焦機方面

(1)調焦機的參數不正確。

(2)準直儀或 CCD 不在原點。

(3)電源電壓不穩定，接地線路不確實，雜訊太多，影響 CDD 波行。

(4)保養不佳，鏡片灰塵油污，電路板有昆蟲的排泄物，電線接線不良或斷線如被老鼠咬破咬斷。

7.5.2　調焦機與照相機方面

(1)傾斜的光軸：(A)會造成離焦效果，此離焦量對 Tele 和 Wide 是相同，所以ΔBf 相同，但 magic number 不相同，演算結果 Tele 對焦 Wide 失焦，反之亦然。(B)成像的光點有慧差和像散，造成中心強度變弱強度分布改變。

(2)照相機的鏡頭光軸與本體之軟片軌道面方面

傾斜的光軸：組裝問題，結果同上。

(3)照相機的鏡頭光軸方面

鏡片偏心傾斜：像中心會發生亂視現象，即像散，周邊的解像不再是回轉對稱，當然 E 之 peak 值不明確。

7.5.3　照相機方面

(1)口徑：鏡頭的口徑值的差異，這種差量使光量的強度約是三次方反比的關係。

(2)群位置：後群之調整移動位置和檢查時移動位置不相同，或前群位置在規則外，合成焦距也就對應規則外。

(3)鏡片的差異：廠商加工法差異，或不同廠商供應同一鏡片，由於廠商加工法不同，調焦對應參數也不同。

7.5.4 CCD 位置方面

SOP1 是 CCD1 位於 Film 相當面 −0.3mm 位置，也就是 CCD1 從機械原點到位於 Film 相當面 −0.3mm 位置之 CCD Pulse motor 的 Pulse 數。是自動程式求出的，但是為求調焦速度更快更正確，有時需修改 SOP1（量產一段時間後，CCD1 位於 Film 相當面 −0.3mm 位置修正），其方法如下。

(1)調焦機的外部補正參數 δ、ε 修正為零

例 $\delta = 000D \rightarrow 0000$

$\quad \varepsilon = 8022 \rightarrow 0000$

(2)TELE WIDE 的 Bf 平均偏差測定之

取 10 個樣本在 $\delta = 0000$、$\varepsilon = 0000$ 的調焦機上調整，然後測其平均偏差ΔBf(T) ΔBf(W)。

(3)令 SOP1 終值 = SOP1 初值 + A

$\quad$SOP2 終值 = SOP2 初值 + A

(4)H __ SOP 的修正值 = ΔBf(W) $\times$ 1000 = B

$\quad$H __ SOP1 終值 = H __ SOP1 初值 − A + B

$\quad$H __ SOP2 終值 = H __ SOP2 初值 − A + B

例

初值：SOP1 = 639　　SOP2 = 1220

$\qquad$H __ SOP1 = −61　　H __ SOP2 = −34

測定值：ΔBf(T) = −0.08mm$\rightarrow$A = −0.08 $\times$ 1000 = −80

$\qquad\quad\Delta$Bf(W) = 0.05mm$\rightarrow$B = 0.05 $\times$ 1000 = 50

終值：SOP1 = 639 − 80 = 559　　SOP2 = 1220 − 80 = 1140

$\qquad$H __ SOP1 = −61 + 80 + 50 = 71

$\qquad$H __ SOP2 = −34 + 80 + 50 = 96

今將 CCD 位置校正前後ΔBf 值作比較，驗證位置校正結果

CCD 位置校正前初 10 台照相機 ΔBf 測定			CCD 位置校正後終值 ΔBf 測定	
照相機 No.	WIDE ΔBf	TELE ΔBf	WIDE ΔBf	TELE ΔBf
1	0.064	−0.012	−0.008	−0.004
2	0.051	−0.362	0.008	−0.147
3	0.039	−0.044	0.029	−0.227
4	0.064	−0.108	0.054	−0.052
5	0.027	−0.044	−0.021	0.060
6	−0.019	−0.092	−0.037	0.060
7	0.105	−0.050	0.074	0.139
8	0.105	−0.050	−0.016	0.076
9	−0.031	−0.076	−0.029	−0.004
10	−0.031	0.076	0.029	0.028
平均值	0.048	−0.080	0.008	−0.007

結果：WIDE　0.048→0.008

　　　TELE　−0.080→-0.007

　　　WIDE、TELE 之 ΔBf 均接近於 0，修正有效。

7.6 ｜ 外部補正參數

照相機由於批別的變異，調整偏差需補正，追加外部補正參數 δ、ε，其方法是先測定出未補正 TELE 值、WUDE 值，再求其平均值，數據如下。

前群焦距 $f_F = 29.979$　　後群 $f_r = -29.892$

WIDE 焦距 $f_w = 39.33$　　TELE 焦距 $f_t = 77.181$

未補正 TELE 平均值 $X_t = 0.024$

未補正 WUDE 平均值 $X_W = 0.014$

$$K_{rt} = 1 - \left(\frac{f_{lt}}{f_F}\right)^2 = 1 - \left(\frac{77.182}{29.979}\right)^2 = -5.63$$

$$K_{rw} = 1 - \left(\frac{f_{lw}}{f_F}\right)^2 = 1 - \left(\frac{39.33}{29.979}\right)^2 = -0.72$$

$$\alpha = \frac{X_t - X_w}{K_{rt} - K_{rw}} = \frac{0.024 - 0.014}{-5.63 - (-0.72)} = -0.00206\text{mm} \text{（後群移動量）}$$

$$\beta = \frac{K_{rt} \cdot X_w - K_{rw} \cdot X_t}{K_{rt} - K_{rw}} = \frac{-5.63 \times 0.014 - (-0.72 \times 0.024)}{-5.63 - (-0.72)}$$

=0.0125mm（整群移動量）

$\delta = \alpha'/0.00284$（mm/count）$= 0.725535 \fallingdotseq 1\text{count}$

$\varepsilon = \beta'/0.003715$（mm/count）$= 3.37 \fallingdotseq 3\text{count}$

| | $\delta \cdot \varepsilon = 0$ 未補正 | | | | $\delta = 0001$　$\varepsilon = 0003$ 補正 | | | |
| | WIDE－18.3 | | TELE－8.8 | | WIDE－18.3 | | TELE－8.8 | |
no.	準直儀	ΔBf	準直儀	ΔBf	準直儀	ΔBf	準直儀	ΔBf
1	−18.4	0.000	−8.5	0.048	−18.7	−0.016	−8.8	0
2	−18.4	−0.004	−9.1	−0.048	−17.9	0.016	−8.8	0
3	−18.9	−0.025	−8.7	0.016	−18.7	−0.016	−8.8	0
4	−18.7	−0.016	−8.6	0.032	−18.5	−0.008	−9.0	−0.32
5	−19.0	−0.029	−8.4	0.064	−18.2	0.04	−8.9	−0.016
6	−18.7	−0.016	−8.1	0.011	−18.4	−0.004	−9.0	−0.32
7	−18.7	−0.016	−8.6	0.032	−18.7	−0.016	−8.8	0.000
8	−18.1	0.008	−9.0	−0.032	−18.7	−0.016	−8.9	−0.016
9	−18.1	0.008	−8.8	0	−18.7	−0.016	−9.1	−0.048
10	−17.7	0.025	−8.4	0.056	−18.7	−0.016	−8.6	0.032
11	−17.5	0.033	−8.3	0.080	−18.3	0.00	−8.7	0.016
12	−17.1	0.049	−8.4	0.064	−19.2	−0.037	−8.7	0.016
13	−17.4	0.037	−8.3	0.080	−18.9	−0.025	−8.5	0.048
14	−17.4	0.037	−10.0	0.172	−18.3	0.00	−9.1	−0.048
15	−17.5	0.033	−9.0	−0.032	−18.3	0.00	−9.3	−0.080
16	−17.8	0.021	−9.0	0.032	−18.3	0.00	−8.7	0.016
17	−18.0	0.012	−8.9	0.016	−18.0	0.012	−8.8	0.00
18	−18.0	0.025	−9.6	0.032	−18.4	−0.004	−8.6	0.032
19	−17.7	0.025	−9.3	−0.080	−18.4	−0.004	−8.6	0.032
20	−16.3	0.082	−8.5	0.048	−17.9	0.016	−9.3	−0.080
平均	0.014		0.024		−0.007		−0.013	

參數經前幾節修正後整理如下表

表 7.2 ‖ 調整參數

Deltan $\psi = -48$	
K 1 = 0.064	H0 = 121
SBR = 0.934	SBI = 0.225
A0 = 1.615	A1 = 0.009
S.AD1 = 2200	S.AD2 = 7200
SOP1 = 559	SOP2 = -1140
H-SOP1 = 71	H-SOP2 = 96
補正 δ = 0001	補正 ε = 0003

第 8 章

疊紋法之焦面檢查

8.1 ｜ 前言

前幾章討論照相機調焦方法，接著討論調焦後如何確認焦面位置是否在規格範圍內，一般上確認焦面位置如圖 3.1 所示，以準直儀的物距移動量 D 來確認，利用公式（3-2），例如被檢透鏡焦距 f_l =40mm，設對焦物距為 40mm × 50 =2000mm 時，計算出準直儀的物距 D =−18.7mm；再利用第二章第五節所述焦深與解像關係定出公差 ±2.4mm，也就是說準直儀的物距移動量要在 −16.3〜−21.1mm 範圍內。這樣檢查焦面位置要旋轉移動準直儀的透鏡，很是麻煩、費時，且成像有球差、光暈現象時，判定像面位置很困難。另一方法將準直儀的物距移動量固定在 −18.7mm 位置，移動平面反射鏡，由反射鏡移動量得到 ΔBf 量。

由公式（3-3）

$$\Delta Bf = \frac{f_l^2 \cdot \Delta D}{F_c^2 - 2f_l \cdot \Delta D} \tag{8-1}$$
$$= \frac{40^2 \times (\pm 2.4)}{193.5^2 - 2 \times 40 \times 23}$$
$$\cong 0.10mm$$

反射鏡移動量在 ±0.10mm 範圍以內，準直儀的樣板成像均很清晰時，算是合乎規格。如此之故，要移動反射鏡也很麻煩。

另一種方法前面介紹位相差及明暗比法，但是此裝置系統較昂貴，且被檢光學系統有光軸偏心傾斜或像差惡化時，呈現痴呆，是一大盲點。

8.2 ｜ 疊紋確認 ΔBf 量優點

現介紹較簡易疊紋確認法，由疊紋形狀之傾斜和粗細來確認即可，不必旋轉移動準直儀的透鏡或反射鏡。系統裝置簡單，只要二張光影圖，被檢光學系統有光軸偏心傾斜或像差惡化時，也能檢出。

簡言之，使用疊紋法由疊紋之條紋可快速判知透鏡

(1)焦距

(2)離焦面

(3)透鏡成像品質

(4)焦深

8.3 │ 疊紋原理

把 2 個以上條紋模式樣重疊，原的條紋模樣變成新型條紋模樣，這條紋叫做疊紋（Moire）條紋。

Moire 是 Jean Batista 首先發現現象，2 張光線條紋重疊一起時發生別的條紋模樣現象；為了簡略化現象，假定是以正弦波的透過率分布 2 張光線條紋重疊的情況，條紋的節距（pitch）分別為 p、p_1，x 為取條紋直角方向的座標，設為 T 常數，於是光線的透過率分布分別為

$$
\begin{aligned}
T_m &= \frac{T^2}{4}\left(1 + \cos 2\pi \frac{x}{p}\right) \cdot \left(1 + \cos 2\pi \frac{x}{p_1}\right) \\
&= \frac{T^2}{4}\left\{\left(1 + \cos 2\pi \frac{x}{p} + \cos 2\pi \frac{x}{p_1}\right) + \frac{1}{2}\cos 2\pi x\left(\frac{1}{p} + \frac{1}{p_1}\right) + \frac{1}{2}\cos 2\pi x\left(\frac{1}{p} - \frac{1}{p_1}\right)\right\}
\end{aligned}
$$

（8-2）

第 2 項，第 3 項為高頻和低頻的 moire 表示。

其次，把 2 張光線條紋投影時，投影幕上重疊一起時的 moire 是把 2 個光線透過率分布加算一起

$$
= T\left\{1 + \cos 2\pi x\left(\frac{1}{p} + \frac{1}{p_1}\right)\cos \pi x\left(\frac{1}{p} - \frac{1}{p_1}\right)\right\}
$$

（8-3）

（8-2）式稱呼為差的 moire 式

（8-3）式稱呼為和的 moire 式

8.4 ｜ 疊紋節距與夾角

由（圖 8.1），光線圖樣 A 和 A'2 者之黑白節距相等且平行，把兩圖樣互相地傾斜少許的話，這幾乎在光線直交方向以平行條紋出現，再互相地傾斜一些許或兩組光線節距比率改變，疊紋條紋現象就發生變化，以下述說兩組光線不平行且節距不相同，疊紋與光線的交角的情形。參照（圖 8.2）

令其中垂直地面一組光線節距（可變）為 p。

$$p = b \cdot \sin \theta \tag{8-4}$$

別一組光線節距（固定）為 p_1

$$p_1 = a \sin \theta \tag{8-5}$$

假設兩組光線的交角為 θ
疊紋與垂直光線的交角為 ψ（順時鐘方向）
由三角形餘弦定理

$$b^2 = a^2 + c^2 - 2ac \cos (\pi - \phi) \tag{8-6}$$

a、b 為兩組平行條紋交叉成菱形之兩邊長度，c 為較短的對角線長度
其中

$$c = \frac{p_1}{\sin (\phi - \theta)} \tag{8-7}$$

將式（8-4）、（8-5）、（8-7）代入式（8-6），得

$$\left(\frac{p}{\sin \theta}\right)^2 = \left(\frac{p_1}{\sin \theta}\right)^2 + \left(\frac{p_1}{\sin (\phi - \theta)}\right)^2 - 2\left(\frac{p_1}{\sin \theta}\right) \cdot \left(\frac{p_1}{\sin (\phi - \theta)}\right) \cos \phi$$

$$p = p_1 \cdot \left(1 + \frac{\sin^2 \theta}{\sin^2 (\phi - \theta)} - \frac{\sin 2\theta}{\sin (\phi - \theta)}\right)^{\frac{1}{2}} \tag{8-8}$$

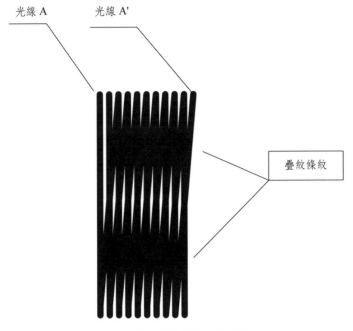

光線 A

光線 A'

疊紋條紋

圖 8.1 ✿ 兩光線微傾斜疊紋條紋表示

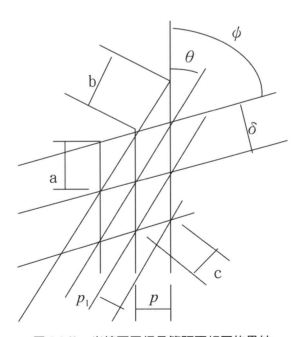

圖 8.2 ✿ 光線不平行且節距不相同的疊紋

　　由上式得知，當一組光線節距為 p_1 固定及兩組光線的交角為 θ 已知，由疊紋的交角為 ψ 則可求得別一組光線節距 p。

8.5 ｜ 疊紋的角度測量焦距

　　由上節兩組光線不平行且節距不相同，可得知疊紋的角度變動是由另一組光線節距變化，利用此現象就可以量測焦距。假設光線 A 條紋在有限距離 L 經透鏡光學系統成像後為光線 A'，現在討論光線 A'的像倍率 β。由（圖 8.3）

$$L = -z + f + HH' + f + z'$$
$$= \left(-\frac{1}{\beta} - \beta + 2\right) \cdot f + HH'$$

$\because 2f \gg HH'$

$$L \cong \left(-\frac{1}{\beta} - \beta + 2\right) \cdot f \tag{8-11}$$

得

$$f = \frac{L}{-\dfrac{1}{\beta} - \beta + 2} \tag{8-12}$$

　　假設攝影距 L 固定不變，由上式得知光線 A 成像大小 A'之橫倍率 β 和焦距 f 約成正比的關係，也就是說焦距 f 愈大，光線 A'的節距愈大。

　　又

$$\beta = -\frac{p}{p_A} \tag{8-13}$$

將式（8-13）代入式（8-12）

得

$$f=\frac{L}{\dfrac{p_A}{p}+\dfrac{p}{p_A}+2}$$ （8-14）

總之，焦距 f 可由疊紋的角度來測量。

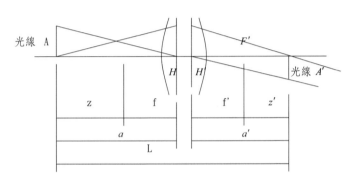

圖 8.3✿　光線和成像關係

8.6 ｜ 疊紋實驗裝置

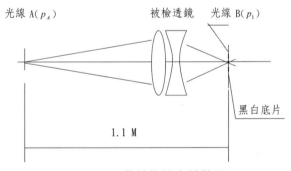

圖 8.4✿　疊紋條紋實驗裝置

(1)被檢透鏡前放置 1 個黑白相等平行光線 A 圖樣

(2)透鏡成像固定位置（底片等價位置）放置 1 個黑白相等平行光線圖樣

(3)光線 A 條紋與地面垂直，光線條紋 B 傾斜少許 3.9 度

(4)2 個光線圖樣相距 1.1M

8.7 ｜實驗

前後焦實驗（一）

(1)調整被檢照相機焦距，使疊紋條紋和光線 A 條紋垂直，裝置黑白底片拍照之。

(2)照相機焦距不變，只旋轉照相機透鏡的距離環，呈後焦情況，裝置黑白底片拍照之。

(3)反旋轉照相機透鏡的距離環，呈前焦情況，裝置黑白底片拍照之。

焦距不同實驗（二）

(1)同前實驗裝置，只調整被檢照相機焦距，使焦距較長，裝置黑白底片拍照之。

(2)變化照相機透鏡的焦距由長到短，共 6 種不同焦距，裝置黑白底片拍照之。

8.8 ｜結果與檢討

8.8.1　離合焦實驗

目的：量測合焦之 f 及離焦之 ΔB_f

(1)合焦時，參照（圖 8.7）

已測知：物與底片距離 1.1M（固定）

光線 A 節距 $p = 3.18$mm/pitch

光線 B 節距 $p_1 = 0.493$mm/pitch

夾角 $\theta = 4°$

疊紋與垂直光線的交角為 $\phi = 90°$

其次求光線 A 的成像節距 p

由公式（8-8）

$$p = p_1 \cdot \left(1 + \frac{\sin^2\theta}{\sin^2(\phi-\theta)} - \frac{\sin 2\theta}{\sin(\phi-\theta)}\right)^{\frac{1}{2}}$$

$$P = 0.493\left(1 + \frac{0.00482}{0.995} - \frac{0.139}{0.998}\right)^{\frac{1}{2}}$$

$$= 0.494\text{mm/pitch}$$

再求照相機透鏡的焦距 f

由公式（8-13）

$$\beta = -\frac{p}{p_A} = -\frac{0.494}{3.18} = -0.155$$

由公式（8-12）

$$f = \frac{L}{-\frac{1}{\beta} - \beta + 2} = \frac{1100}{6.451 + 0.155 + 2} = 127\text{mm}$$

(2)前離焦時

量測：疊紋與垂直光線的交角為 $\phi = 71°$

$$P = 0.493\left(1 + \frac{0.00482}{0.847} - \frac{0.139}{0.920}\right)^{\frac{1}{2}}$$

$$= 0.4557\text{mm/pitch}$$

$$\beta = -\frac{p}{p_A} = -\frac{0.4557}{3.18} = -0.1433$$

$$f = \frac{1100}{6.978 + 0.1433 + 2} = 120.6\text{mm}$$

$$\triangle f = 120.6 - 127 = -6.4\text{mm}$$

(4)後離焦時

量測：疊紋與垂直光線的交角為 $\phi = 117°$

$$P = 0.493 \left(1 + \frac{0.00487}{0.847} - \frac{0.139}{0.920}\right)^{\frac{1}{2}}$$

$$= 0.579 \text{mm/pitch}$$

$$\beta = \frac{0.579}{3.18} = -0.182$$

$$f = \frac{1100}{5.494 + 0.182 + 2} = 143 \text{mm}$$

$$\Delta f = 143 - 127 = +17 \text{mm}$$

歸納結果列表如下

表 8.1 ▎合焦離焦疊紋條紋現象表示

疊紋條紋現象		計算結果		
傾角	疊紋形狀	節距 p	倍率 β	焦距 f（mm）
117°		0.579mm	−0.182	Δf=+17
90°		0.494mm	−0.155	127
71°		0.455mm	−0.143	Δf=−6

8.8.2　不同焦距實驗

目的：量測不同焦距

歸納結果列表如下

表 8.2▐ 長短焦疊紋條紋現象表示

疊紋條紋現象		計算結果		
傾角	疊紋形狀	節距 p	倍率 β	焦距 f
117°		0.579mm	−0.182	143mm
107°		0.529mm	−0.166	134mm
90°		0.494mm	−0.155	127mm
55°		0.415mm	−0.130	112mm
38°		0.395mm	−0.124	107mm
30°		0.359mm	−0.113	100mm

8.8.3　檢討

(1)參照（圖 8.7），得一組近似平行疊紋，但是疊紋呈波浪狀，原因光線 A 條紋經透鏡光學系統後的成像光線 A'，由於像差緣故產生畸變，間隔不均勻之故，因此可由疊紋波浪狀預知被檢透鏡的像差狀況；作一個見本樣品比較，可立即判定被檢透鏡良否。

(2)光線 A 條紋經不同焦距之透鏡光學系統，光線成像 A'的平行條紋的節距因而不同，疊紋條紋現象就是兩組光線節距比率問題，這方面對片面條紋有一點點不同時很鮮明，顯現有 10 倍以上放大粗條紋；並且疊紋條紋呈左高右低或右高左低傾斜。

(A)二者節距相同，疊紋平行

(B)A'節距小（焦距短），疊紋正傾斜

(C)A'節距變大（焦距長），疊紋負傾斜

(3)疊紋條紋是兩組平行條紋交叉成菱形之較短的對角接點連線，當單方節距（A'光線）少許不同時，接點連線方向也隨即不同，同時疊紋條紋粗細也不同（參照圖8.5）。

(4)前後離焦時（參照圖8.8、圖8.9）

疊紋呈傾斜波浪狀，中心地帶疊紋形狀較周邊不清晰，由此現象可推知有離焦。

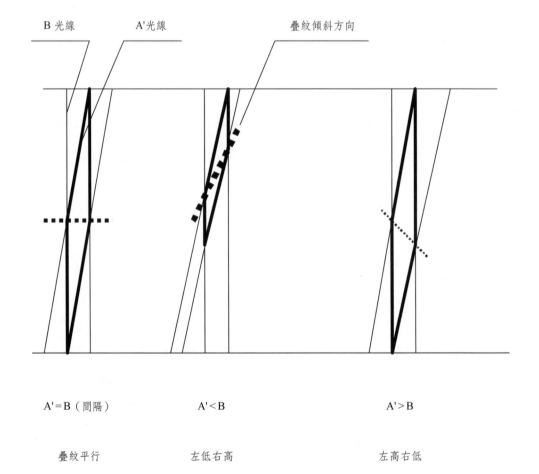

圖 8.5☼　光柵間隔比率對疊紋傾向關係

8.9 ｜小結

　　總之，焦距 f 可由疊紋的角度來測量，疊紋能敏銳地檢出單方節距變動，也就是說當被檢透鏡的像面變化時，由成像光線 A'單方節距變動，疊紋條紋的傾斜也跟隨變動，這是能檢出像面變化的原理。

　　使用疊紋檢定場合，一方面努力如何提高條紋精度、平面度、以提高疊紋精度；另一方面作成疊紋一組見本樣品作比較用，可立即判定被檢透鏡的焦距、離焦量、像差良否。

　　同時要適當選擇配對間隔，以妨止散亂性，必須下一番工夫才能準確判知，無論如何，疊紋出現在所有方面，當成必須知識。

第 9 章

結論

　　光學信號的數位處理是時代的主流趨勢，本論文利用光強度大小對應焦面位置的數位關係而提出一個變焦鏡頭的焦面調整方案。

　　在設計製作焦面調整機時，首先考慮精確度和速度，經前章檢討證合乎規格性能要求，且以現場實用化。

　　由於數位化後透過電腦連線，在開發室的監視器可以一目了然，隨時全盤掌控現況，對於現場的問題就能解析出對策方案，時效又經濟；目前產業外移下，可以解解決人材外流問題。

　　鏡頭上光軸偏心及像差會引起調焦困難，CCD 截取光強度有時會失真，故焦面調整後要全數檢查；如以疊紋傾角檢查焦面，將是經濟又快速好方案。

圖 8.6☼　疊紋實驗裝置圖片

初步實驗方法

(1)被檢照相機前放置光線 A，光線 A 裝設在等照明平板框架內

(2)照相機之底片面前放置光線 B 圖樣 $p_1 = 0.493$mm/pitch

(3)光線 A 條紋與地面垂直

(4)調整鏡頭焦距與 2 個光線圖樣距離，同時照相機傾斜少許，直到在光線 B 上看到水平清晰疊紋。

(5)記錄 2 個光線圖樣距離。

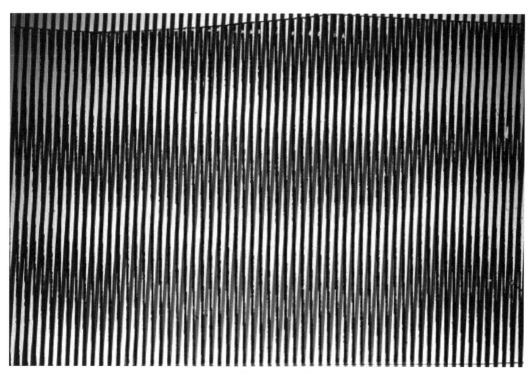

圖 8.7☼ $\phi = 90°$（f = 127mm）合焦疊紋圖片

$p = 0.494$mm/pitch

$p_1 = 0.493$mm/pitch

光線的夾角 $\phi = 38°$

疊紋與垂直光線的交角為 $\phi = 90°$

評價：

(1)p 理論 0.494mm/pitch

　　實測 0.493mm/pitch

　　p 線條的粗細黑白，全像面較均勻

(2)疊紋呈波浪狀，由於像差緣故產生畸變，間隔不均勻之故，因此可由疊紋波浪狀預知被檢透鏡的像差狀況。

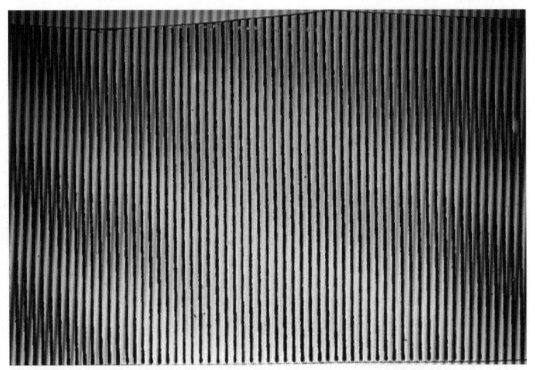

圖 8.8☼　$\phi=117°$（$f=127mm$ 後焦+17.0mm）疊紋圖片

$p=0.533$mm/pitch

$p_1=0.493$mm/pitch

光線的夾角 $\theta=3.98°$

疊紋與垂直光線的交角為 $\phi=117°$

評價：

(1)p 理論 0.533mm/pitch

　　實測 0.494mm/pitch

誤差 7.9%

p 線條的粗細黑白，全像面不均勻，中心淡周邊不均勻黑疊紋節距理論與實際不合，原因推斷是 p 線條的粗細黑白，全像面不均勻，中心淡周邊不均勻黑。

(2)疊紋呈傾斜波浪狀，中心地帶疊紋形狀較周邊不清晰，由此現象可推知有離焦。

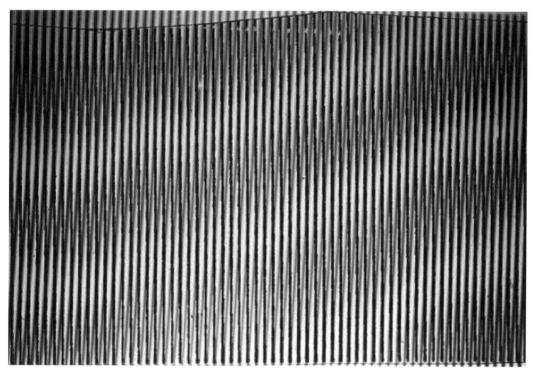

圖 8.9 ✿　$\phi = 71°$（f = 127mm 前焦 −6.4mm）疊紋圖片

$p = 0.455$mm/pitch

$p_1 = 0.493$mm/pitch

光線的夾角 $\theta = 3.98°$

疊紋與垂直光線的交角為 $\phi = 71°$

評價：

(1)p 理論 0.455mm/pitch

　　實測 0.494mm/pitch

誤差 7.9%

p 線條的粗細黑白，中心淡薄周邊粗黑

疊紋節距理論與實際不合，原因推斷是 p 線條的粗細黑白，全像面不均勻。

(2)疊紋呈傾斜波浪狀，疊紋中心較周邊較不清晰，由此現象可推知有合焦點較接近周邊。

圖 8.10☼　$\phi = 107°$（f＝134mm）疊紋圖片

$p = 0.529$mm/pitch

$p_1 = 0.493$mm/pitch

光線的夾角 $\theta = 3.98°$

疊紋與垂直光線的交角為 $\phi = 107°$

評價：

(1)p 理論 0.529mm/pitch

　　實測 0.540mm/pitch

　誤差 2%

(2)p 線條的粗細黑白，全像面較均勻

　　疊紋等間隔且近直線，由此現象可推知透鏡成像良好

圖 8.11☆　$\phi = 55°$（$f = 112mm$）疊紋圖片

$p = 0.415mm/pitch$

$p_1 = 0.493mm/pitch$

光線的夾角 $\theta = 3.98°$

疊紋與垂直光線的交角為 $\phi = 55°$

評價：

(1)p 理論 0.415mm/pitch

　　實測 0.456mm/pitch

　　誤差 7%

(2)疊紋的間隔中心較周邊窄，由此現象可推知透鏡成像有彎曲及歪曲

(3)疊紋的線條彎直影響 f 計算精密度

附錄 1：位相差法測定離焦時用術語

1.Fc：準直儀焦點距離

2.IDef：由位相差治具計算出 Defocus 量

3.SBI：F 治具之中繼鏡片的橫倍率

4.IMS：由位相差波形資料求出像大小

　或 SIMI 像大小

5.AF：AF CPU 演算結果

6.DeltanO：TELE master 的最佳位置（calgo）

　Idef 為 0 時（AF 算出的結果）

7.K1：1 calgo 相當的離焦量（7μm/calgo）

8.Ho：TELE master 和 WIDE master 的最佳位置

附錄 2：明暗比法測定離焦時用術語

1.Fc：準直儀焦點距離（治具 Fc＝200mm）

2.f_l：前群、後群合成焦距（f_{lt}＝TELE，f_{lwt}＝WIDE）

3.SBR：F 治具中繼鏡片的橫倍率（SBR＝0.93）

4.SBI：F 治具位相差光學系的橫倍率（SBI＝0.23）

5.Def：Defocus 量的簡略，從 F 治具計算出的焦點離焦量

6.E：從 F 治具求出明暗比值

7.F.CCO＝CCD1 明暗比值

8.R.CCO＝CCD2 明暗比值

9.β_F：F 治具中求出被測定照相機的倍率

10.IMS：由波形資料求出像大小

11.K0：F 治具的調焦偏移係數（相當 y＝ax＋b 的 1 次式的 a）

12.K0A1：調焦偏移係數 K0 的相關係數

13.K0A0：調焦偏移係數 K0 的 y 截距

14.K0T：TELE 的調焦偏移係數

15.K0W：WIDE 的調焦偏移係數

16.CCD：F.CCD，由軟片面基準點在前側 CCD，即 CCD1

R.CCD，由軟片面基準點在後側 CCD，即 CCD2

17.SOP：TELE 時 CCD 的 2 次原點相當於 Film 面 CCD 的配置點

SOP1＝CCD1，SOP2＝CCD2

18.H_SOP：WIDE 時 CDD 的 2 次原點

H_SOP1＝CCD1，H_SOP2＝CCD2

19.PEAK：CCD 波形 Data 的峰值

20.ADL：CCD 波形 Data 的左斜面側 PEAK/2 的 Data 位址

21.ADR：CCD 波形 Data 的右側斜面側 PEAK/2 的 Data 位址

22.Lo：準直儀 Chart 像大小

附錄 3：位相差法的計算公式

1.TELE 側 $\Delta Z = K1 \cdot AF + \text{Deltan } \psi$

2.WIDE 側 $\Delta Z = K1 \cdot AF + (\text{Deltan } \psi + ho)$

3.Ho $= \text{Deltan } \psi(\text{TELE}) - \text{Deltan } \psi(\text{WIDE})$

附錄 4：明暗比法用的計算公式

1.K0 $= K0A1 \cdot fl + K0A0$

2.E $= 1000 \cdot \text{Sum} \cdot \beta/No/(ADR - ADL)$

3.$\beta = (ADR - ADL) \cdot 0.007/Lo$

4.IMS $= Lo \cdot fl/Fc \cdot SBR$

5.K0T $= ABS\{(-1.2 \cdot a \cdot b/SBR^4) \cdot \exp(-0.09 \cdot b/SBR^4)\}$

6.K0W $= ABS\{(-1.2 \cdot a \cdot b/SBR^4) \cdot \exp(-0.09 \cdot b/SBR^4)\}$

7.K0A1 $= (1/K0T - 1/K0W)/(flt - flw)$

8.K0A0＝（flt · K0W － flw · K0W）/(flt － flw)

9.E(z)＝a · exp{－b(z － d)2}＋C

　　Pint 偏移量 z 和 Contrast 值 E(z)之關係

附錄 5：明暗比值的定義

離焦的情況下，CDD 在光軸上任意一點所測得光強度值的定義如下

1.PEAK：由照度分佈資料，找出的最大值

2.ADL：左斜面的 1/2PEAK 的位址

3.ADR：右斜面的 1/2PEAK 的位址

4.β_c：準直儀的樣板在 CCD 上的倍率

　　β_c＝(ADR － ADL)0.007/Lo

5.No：從 ADL － 20 到 ADR＋20 的算出平均值

6.左斜面　　Ti＝ABS(a(i) － a(i － 1))

　中斜面　　Ti＝ABS(a(i) － a(i － 1))

　右斜面　　Ti＝ABS(a(i) － a(i － 1))

　各各地求出 41 個

7.這 123 個的資料依大小排列劃出斜線

8.Sum：求出的平均斜線

9.從 1～8 所得明暗比以下式定義

$$E = \frac{1000 \cdot Sum \cdot \beta_c}{NO}$$

附錄 6：位相差法之離焦測定流程

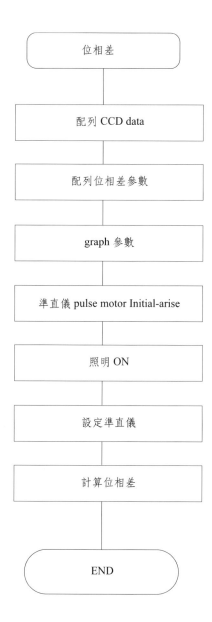

位相差

配列 CCD data

配列位相差參數

graph 參數

準直儀 pulse motor Initial-arise

照明 ON

設定準直儀

計算位相差

END

附錄 7：明暗比法之離焦測定流程

附錄 8：調焦的簡略流程

參考文獻

[1]　星野康著，寫真工業，1997.7 月

[2]　鈴木茂夫著，CCD 和應用技術，工學圖書珠式會社

[3]　松居吉哉著，結像光學入門，啟學出版

[4]　小倉盤夫著，現代的のカメラとレンズ技術，寫真工業出版社

[5]　カメラ・レンズ百科，寫真工業出版社

[6]　恒藤克彥著，Olympus 光學工業 9（株）第一開發部

[7]　FOCAL 社刊，寫真百科事典

[8]　岸川利郎著，光學入門，OPTAS 社

[9]　末田哲夫著，光學部品の使い方と留意点，

[10] 胡錦標博士主編，精密光電技術，高立圖書有限公司

[11] 林榮慶等主編，精密量具及機件檢驗，新科技書局

[12] 井上弘著，光學素子と機構の檢查技法

[13] 高野榮一著，レンズデザインガイド，寫真工業出版社

第三篇

新型變焦鏡頭設計

本篇摘要

　　對於近軸的變焦光學系統的設計已經有許多篇相關文獻討論過。Yamaji、Clark、Tao、Oskotsky 等人提出很多變焦系統的初階設計方法。通常變焦距系統有兩種形式：一種是光學補償系統（Optically Compensated），另一種是機械補償系（Mechanically Compensated）系統。伴隨凸輪（cam）的機械加工精度提高，現已可以達成複雜和精密的機械補償要求，因此機械補償的方式已大量使用，而本文中所討論的也屬於此類。

　　變焦系統的討論多在於初階的系統分析。一個變焦系統通常包含三個部份：聚焦組（focusing part）、變倍組（zooming part）及固定組（fixed part）。聚焦組放置於變倍組之前用以調整與物的距離，變倍組則作為放大用，而固定組則為控制系統焦距或放大倍率以及減小系統的像差。

　　在本文中，運用兩組式（two-optical-component）方法求解變焦系統的分析。將變焦系統視為兩個組份（component），每一個組份可視為一個組合單位。換言之，一個變焦系統可能有很多數目的透鏡，但不論數目多少都可以簡化為組合透鏡，最後將系統簡化成為兩群式的鏡組。我們求解組合單位（combined unit）的主平面，調整其間距以得到變焦系統的高斯解。利用此方法可以快速且易懂的得到變焦系統的初階設計。

　　有感於傳統變焦鏡頭的設計相當複雜，其中一個主要因素是鏡群與鏡群間距變化的軌跡是需要相當精密且是非線性變化的，因此我們提出一種設計合理且避開上述不便的新概念，一種變化鏡組焦度的變焦鏡組。

　　固定鏡片組的變焦鏡組乃是一種不必變動鏡群與鏡群之間的距離，即可達到變焦的變化鏡組焦度功能。在兩鏡的系統中，可利用變換鏡片的概念達到變化系統焦距的效果；由於兩鏡系統的視場角並不大，因此變焦的效果明顯。在本文中，就新式變焦鏡頭的概念及設計方法，來進行變焦距鏡頭的設計。

第 1 章

序言

1.1 ｜ 研究背景

變焦距光學系統（zoom lens system）是一種焦距在特定範圍內可連續變化，同時保持像面位置不動和成像品質清晰的光學系統。基本原理是利用系統中兩群或兩群以上透鏡組沿光軸移動，改變系統中各群透鏡組之間隔，使系統的合成焦距改變。因為系統的焦距改變時，像之倍率也隨之改變，故稱之為變焦距光學系統。

變焦鏡頭的發展最早在 1899 年 T.R.Dallmeyer 提出可變倍攝遠鏡頭的概念，在 1920 年代，因電影業為解決不同畫幅底片放映到同尺寸銀幕的問題，開始研究倍率連續可變的放映鏡頭，先後有 Bell 及 Howell Cooke 和 Astro 發展出機械補償式變焦鏡頭；1946 年 Back 和 Berthiot 發展出光學補償式變焦鏡頭。當時由於凸輪（cam）的機械加工度精度不夠，大多利用光學補償式，其基本結構是系統若干透鏡組以同方向移動，只需要機械把幾個透鏡組連結在一起做線性移動即可，結構較簡單，但在變焦過程中物像共軛距離會改變，產生像面位置偏移，成像品質不好，因此未普遍使用。到 1960 年代由於凸輪機械加工精度提高，加上影視工業發展需求，機械補償式之變焦鏡頭開始迅速發展。今日由微電腦控制之步進和伺服馬達技術成熟，可以達到非常複雜和精密之機謝補償之要求，所以機械補償式之變焦鏡頭已成為攝影鏡頭之主流。

變焦距物鏡相當複雜，在設計其結構形式安排和像差校正問題，比固定焦距物鏡困難許多。同時以往的光學設計大多依靠設計人員經過長時間的經驗和對像差理論的知識來進行。隨著電腦的發展、軟體的開發，現代的光學設計工作已離不開電腦及光學設計軟體，所以現在的光學設計較以往可以得到到事半功倍的效果。光學設計的工作可以分為兩部份：一是透鏡系統的設計部份，包含正確的焦距、透鏡的曲率及厚度、玻璃材料的選擇、降低透鏡的像差等；二是機械和電子其它部份的配合。本文就依光學設計的理論與方法，配合電腦輔助進行設計工作。

1.2 ｜ 研究動機

目前在照相機、望遠鏡的光學鏡頭中街包括有一可改變焦距的變焦鏡組，用來攝取不同距離的景象，其等皆是利用鏡頭的伸縮來達到變焦的目的，以補取長距離或是短距離的影像。該變焦鏡組的原理係利用鏡頭的伸縮來使透鏡與透鏡，或是鏡組與鏡組之間的距離沿著光軸的方向作改變，以達到變動焦距的功能。然而傳統上變焦鏡頭的設計一般上來說都相當複雜與困難，其中一個主要因素是鏡群與鏡群間距變化的軌跡是相當精密且是非線性變化的，因此製造一個完整的變焦鏡組除了光學鏡片上的困難度外，還有機械上的困難度，兩者只要其中一項無法達到要求，或是兩者之間無法配合，就不能使用。

有感於傳統變焦鏡頭製做上的不便，我們提出一種固定鏡片距離的變焦鏡組，固定鏡片距的變焦鏡組乃是不必變動鏡群與鏡群之間的距離，即可達到變焦功能的變化焦度鏡組。此種變焦鏡組不必變動鏡群與鏡群之間的距離，就可以達到多段式變焦的功能，在製造上可將機構上的困難度減低，且機構只要簡單的設計，便可與變焦鏡組結合，結省成本，使得此種變焦鏡組更具實用性與時質效益與產業利用性。

第二章首先就光學設計常見的基本公式、符號、以及相關的像差分析公式做一整理，以避免造成混淆不清的情況。

在第三章中，就光學系統的原理與設計方法，同時以兩個鏡組為主，討論變焦高斯結構的決定。變焦距系統是一種焦距在特定範圍內可連續變化，同時保持像面位置不動和成像品質清晰的光學系統。基本原理是利用系統中兩群或兩群以上透鏡組沿光軸移動，改變系統中各群透鏡組之間隔，使系統之合成焦距改變，因為當焦距改變時，像之倍率大小也隨之改變，故稱為變焦光學系統。

第四章中就以前幾章的理論與方法，設計幾個實例。由最初得到的初始設計結果，藉由光學設計軟體的幫助，我們可以求得一個更好的結果。

第 2 章

三階像差公式

2.1 ｜三階像差公式[2][3][4][5]

　　像差理論發展至今，關於同樣的像差公式在不同的書籍可能有數種不同的表示方法或符號，常使初學者混淆不清，無所適從。所以在此將常使用的像差公式做一番整理，並對代表的符號及物理意義做一解釋。

　　首先先對符號定義：

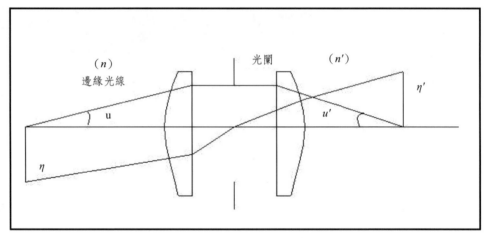

圖 2.1.1☼　符號定義示意圖

1.曲率中心在曲面右側者，其半徑為正。

2.曲面左側之距離定為負，右側為正。

3.若出射或入射於曲面的光線轉向法線為逆時針方向則該角度定為負。

4.若光線轉向軸為順時鐘方向，則近軸光線入射角及折射角定為正。

5.光線為由右至左。

$$i = cy + u$$

$$\bar{i} = c\bar{y} + \bar{u}$$

$$H = \bar{y}nu + yn\bar{u}$$

$$A = ni = n'i'$$

$$\overline{A} = n\bar{i} = n'\bar{i}'$$

$$B = \frac{n(n'-n)}{2n'I}y\,(i-u')$$

$$\overline{B} = \frac{n(n'-n)}{2n'I} \overline{y} \, (\overline{i} - \overline{u'})$$

$$\Delta \left(\frac{u}{n}\right) = \frac{u'}{n'} - \frac{u}{n}$$

i 為相對於法線的近軸入射角度

u 為相對於光軸的近軸光線角度

y 為近軸光線在曲面上之高度

n 為介質折射率（Refraction Index）

A 邊緣光線的折射不變量（Refraction Invariant）

H 為光學不變量（Optical Invariant）

B 與 $\overline{B}$ 均為一般的代數表示式

上面幾項均為邊緣光線的值，符號上標有「一」（bar）者，則為主光線的值。

關於賽德像差的計算可表示為：

$$S_I = \Sigma - A^2 y \Delta \left(\frac{u}{n}\right)$$

$$S_{II} = -\Sigma \overline{A} A y \Delta \left(\frac{u}{n}\right)$$

$$S_{III} = -\Sigma \overline{A}^2 y \Delta \left(\frac{u}{n}\right)$$

$$S_{IV} = -\Sigma H^2 C \Delta \left(\frac{1}{n}\right)$$

$$S_V = -\Sigma \left[\frac{\overline{A}^3}{A} y \Delta \left(\frac{u}{n}\right) + \frac{\overline{A}}{A} H^2 C \Delta \left(\frac{1}{n}\right) \right]$$

$$C_I = \Sigma A y \Delta \left(\frac{\delta_n}{n}\right)$$

$$C_{II} = \Sigma \overline{A} y \Delta \left(\frac{\delta_n}{n}\right)$$

δ_n 為考慮的兩個波長，材料折射率之差值；

波前像差與賽德像差的關係亦可表示為：

像差（Spherical Aberration）　　$W_{040} = +\frac{1}{8} S_I$

慧形像差（Coma）　　$W_{131} = +\frac{1}{2} S_{II}$

像散（Astigmatism）　　$W_{222} = +\frac{1}{2} S_{III}$

像場彎曲（Field Curvature）　像場彎曲 $= W_{220} - \dfrac{1}{2} W_{222} = \dfrac{1}{4} S_{IV}$

畸變（Distortion）　$W_{311} = \dfrac{1}{2} S_V$

2.2 ｜ 結構參數表示式[2][3][4][5]

討論光學系統的高斯性質，如共軛成像位置、光闌位置、放大率等，利用薄透鏡及其組合的近似特徵，可以簡化許多的問題卻能得到滿意的系統數據。所以系統設計之初，多以薄透鏡的觀點進行設計。可供描述薄透鏡像差的變數方法中，最簡潔的要算是形狀因子（Shape factor）和共軛因子（conjugate factor）。形狀因子對於球面像差、慧形像差、像散以及畸變有重大的影響。

我們定義透鏡的形狀因子（Shape Factor）為

$$\mathbf{X} = \frac{n_0(n-1)(c_1 + c_2)}{K} = \frac{c_1 + c_2}{c_1 - c_2}$$

薄透鏡的共軛因子（Conjugate Factor）為

$$\mathbf{Y} = \frac{n_0(u_1 - u_2')}{hK} = \frac{u_1 + u_2'}{u_1 - u_2'}$$

如圖所示：

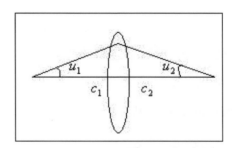

圖 2.2.2 ✿　形狀因子與共軛因子

其中 u_1 與 u_2' 代表光線折光前後的角度。

c_1 與 c_2 代表透鏡前後的曲率。

以薄透鏡來考量光學系統時，則賽德像差與形狀因子及共軛因子有關。當光闌不在透鏡上時，亦即光闌移位時，計算薄透鏡的像差公式可以表示為：

$$S_I = \frac{h^4 K^3}{4n_0^2}\{(\frac{n}{n-1})^2 + \frac{n+2}{n(n-1)^2}(X + \frac{2(n^2-1)}{n+2}Y)^2 - \frac{n}{n+2}Y^2\}$$

$$S_{II} = \frac{-h^2 K^2 H}{2n_0^2}\{\frac{n+1}{n(n-1)}X + \frac{(2n+1)}{n}Y\} + HE \cdot S_I$$

$$S_{III} = \frac{H^2 K}{n_0^2} - HE \cdot \frac{h^2 K^2 H}{n_0^2}\{\frac{n+1}{n(n-1)}X + \frac{(2n+1)}{n}Y\} + (HE)^2 \cdot S_I$$

$$S_{IV} = \frac{H^2 K}{n_0^2 n}$$

$$S_V = HE \cdot \frac{H^2 K}{n_0^2}\{3 + \frac{1}{n}\} - 3(HE)^2 \frac{h^2 K^2 H}{2n_0^2}\{\frac{n+1}{n(n-1)}X + \frac{(2n+1)}{n}Y\} + (HE)^3 S_I$$

$$C_I = \frac{h^2 k}{V}$$

$$C_{II} = HEC_I$$

其中上述中 E 代表偏軸率（Eccentricity） $E = \frac{\bar{h}}{hH}$。

h 為截高，H 為拉式不變量。

關於偏軸率的計算，要獲得每一介面上的 E 值，普通都是由光闌起始位置開始，將該處的 E 值設為零。而光闌移動偏心率的改變量。

$$\Delta E = E_{+1} - E = \frac{-d}{ny_{+1}y}$$

2.3 | 優化理論——阻尼最小二乘法（Damped Least Square Method）[5][6]

對光學系統而言，優化（optimization）就是以適當的初始結構參數（如鏡面曲率、玻璃厚度、系統焦距等），逐步修正而進入權重值內，以達到校正像差的目的。對於像差校正的問題，我們可將視為是一種在多維空間中各種像差分量在求極小值的方法。

假設一個光學系統有 n 個可變的結構參數，x_1、x_2…x_n，而且有 m 個要校正的像差，以 f_1、f_2…f_m 表示，通常像差函式 f_i 是結構參數的非線性函數，我們可以將 f_i 表示為：

$$f_i = f_i\,(x_1, x_2, \cdots x_n)$$
$$= w_i\,(a_i - t_i)$$

其中 a_i 是指焦距、厚度、像差等光學特性

　　t_i 是指設計者希望系統達到的目標值

　　w_i 為權重

權重的作用是調整系統各項要求的比例，加入我們要求的優化過程。

我們定義光學系統的績效函數（merit function）Ö 為：

$$\text{Ö} = f_1^{\,2} + f_1^{\,2} + f_3^{\,2} + \cdots\cdots + f_m^{\,2}$$
$$= \sum_{i=1}^{m}\,[w_i\,(a_i - t_i)]^2 > 0$$

績效函數的值與最後設計結果有關：如果 Ö 值越大，表示光學系統的成像品質與我們的目標越遠。優化的主要目的就是在像差平衡過程中求得一組$(x_1, x_2 \cdots x_n)$的解，使績效函數的值趨向最小。1950 年英國倫敦大學帝國理工學院的 C. G. Wynne 為了修正像差函式的非線性特性，他提出了對變數改變量加以限制的辦法，用新的∅值取代 Ö 值求解，稱為阻尼最小二乘法（Damped Least Square Method）。阻尼最小二乘法是利用最多且極有效率的優化方法，幾乎所有的商用光學設計軟體均將此法列為基本功能。

$$\mathbf{\Psi} = \mathbf{\Phi} + P\Delta X^T \Delta X$$
$$= \mathbf{\Phi} + P\sum_{j=1}^{N}\,(x_j - x_{j0})^2$$

P 表示為阻尼因子矩陣，以調整 P 值來克服非線性問題，假設 $P = \rho I$（I 為單位矩陣）且元素 $a_{ij} = \partial f_i / \partial x_j$，由 a_{ij} 形成的矩陣為 A_{ij}

$$\Rightarrow \frac{\partial \Psi}{\partial x_j} = \frac{\partial \Phi}{\partial x_j} + 2P\,(x_j - x_{j0})^2$$

$$= 2\sum_{i=1}^{N} A_{ij}f_1 + 2P\,(x_j - x_{j0}) = 0$$

即 $A^T f + P\Delta X = 0$

$\Rightarrow$ 線性近似式 $f = A\Delta X + f_0$

$\Rightarrow (A^T A + PI)\Delta X + A^T f_0 = 0$

$\Rightarrow \Delta X = -(A^T A + PI)^{-1} A^T f_0$

引進阻尼因子矩陣 ρI 調整步長 ΔX，讓每一步的疊代過程都在線性範圍內，克服函數空間非線性的問題。

2.4 │ 其它設計上的概念[3]

2.4.1　高斯光學（First-Order Optics）

高斯光學所涵蓋的計算法則都是屬於線性的一階方程式，被計算的光線都被限制在一很小的角度範圍內，即所謂的近軸光學範圍。下面我們介紹幾個基本的公式、名詞，並以圖示來輔助說明。

$$\frac{1}{l'} - \frac{1}{l} = \frac{1}{f'}$$

$$\frac{l'}{l} = M$$

$$F/\# = \frac{EFI}{EnpD}$$

$$N.A. = \frac{1}{2(F/\#)}$$

孔徑光欄（aperture stop）：限制光學系統入射光束大小的光欄。

入射瞳（entrance pupil）：孔徑光欄被物方鏡片組所成的像。

出光瞳（exit pupil）：孔徑光欄被像方鏡片組所成的像。

視場光欄（field stop）：限制物或像的大小範圍，如相機底片的外框，幻燈片的外框。

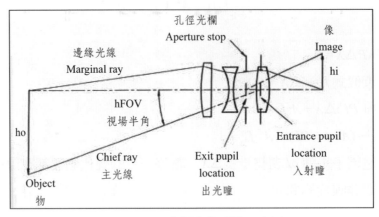

圖 2.3.1 ❖　高斯光學系統示意圖

2.4.2　近軸光線追跡公式：

近軸光線追跡（paraxial ray trace）有兩條主要的公式，分別代表了折光與傳遞的過程，依此可以計算出許多初階結構所需要的光學參數。

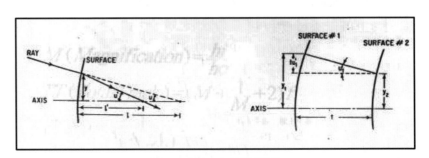

圖 2.3.2 ❖　光線追跡圖

2.4.3　基本光學系統的規格訂定

在鏡頭設計方面我們可以歸納出無限和有限共軛兩類系統，茲說明如下：

　　無限共軛（infinite conjugate）：物或像在無限遠處，如照相機鏡頭，望遠鏡物鏡，準直儀鏡頭（Collimator）等。

$$\bar{y}_1 = \textbf{(EFL)tan(hFOV)}$$

$$\textbf{F/\#} = \frac{\text{EFL}}{\text{Enp.D}}$$

其中，

EFL 表系統的等效焦距，

hFOV 表系統的半視場角，

Enp.D 表入光瞳的直徑。

其規格方程式為：

示意圖為：

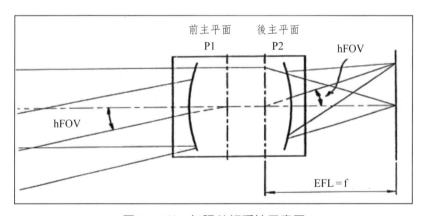

圖 2.3.3☆　無限共軛系統示意圖

　　有限共軛（finite conjugate）：物及像皆在有限的距離內，如顯微物鏡，掃瞄器透鏡（scanner lens），條碼識別機的透鏡等。其規格方程式為：

$$放大率（\text{Magnification, M}）= \frac{h_i}{h_o}$$

$$系統總長（\text{Total Track}）= (M + \frac{1}{M} + 2)f$$

$$F/\# = \frac{1}{2N.A.}$$

示意圖為：

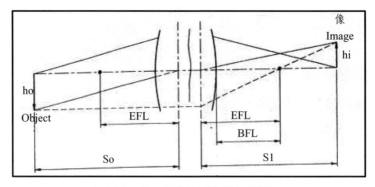

圖 2.3.4☼ 有限共軛系統示意圖

2.4.4 CCD sensor 的規格與解像力（sensor resolution）

CCD 規格：

```
        H     V     D
(1/2)"  (4.8×6.4×8.0)
(1/3)"  (3.6×4.8×6.0)
(1/4)"  (2.7×3.6×4.5)
(1/5)"  (2.4×3.2×4.0)
```

CCD 解像力：其中 5.6μm 代表 CCD sensor 的像素大小，令其為 P，則解析度（LP/MM）$= \frac{1}{2P}$ 並由其像素大小來換算成光學鏡頭所需之解析度。

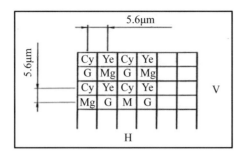

說明：5.6μm（H）× 5.6μm（V）

$$解析度 = \frac{1}{2 \times 5.6μm} = 89.3lp/mm$$

第 3 章

變焦高斯結構分析

　　變焦光學系統是藉由系統中兩群或兩群以上的鏡群移動，來改變原有系統的總焦距或放大倍率。變焦系統的設計比定焦光學系統設計複雜且困難許多。因為在連續變焦的過程中，各個參考位置都必須考慮像差的修正和成像品質是否達到設計要求，同時還要保持成像面固定不動的特性。變焦光學系統可以有不同形式的結構，所以設計變焦光學系統除了選擇變焦鏡組群的形式之外，還要決定每一群透鏡的焦距、成像面大小、變倍比（系統最長焦距與最短焦距之比）和其它規格，為設計變焦光學系統做預先的工作。

　　在初始階段，我們可以依據透鏡組倍率及幾何空間上的要求，求解透鏡組的間距。在此我們主要是利用二鏡組變焦系統的設計方法，無論是多少數目的透鏡組都可以簡化成組合鏡組，並且找出組合鏡組的兩個主平面。當變焦系統中的透鏡組數超過兩群時，最後將其簡化成為兩群透鏡組求得變焦軌跡，並且利用其變焦軌跡求出變焦參考位置。

3.1 ｜單透鏡系統[7]

　　在此我們的符號依照前面所述，由高斯成像光學公式

$$\frac{1}{l'} - \frac{1}{l} = \frac{1}{f'} \tag{3-1-1}$$

在這裡視為在空氣中（$n=n'=1$）。

式（3-1）兩邊同乘 1 可得：

$$l = f'(\frac{1}{m} - 1) \tag{3-1-2}$$

同理，式（3-1）兩邊同乘 l' 可得

$$l' = f'(1 - m) \tag{3-1-3}$$

其中，對正透鏡而言，f' 為正；對負透鏡而言 f' 為負。

對物與像關係在有限共軛空間時

$$OO' = l' - l = f'(2 - m - \frac{1}{m}) \quad\quad\quad (3\text{-}1\text{-}4)$$

其中：OO' 為物到像的距離

$\quad\quad\quad f'$ 為有效焦距（Effective Focal Length）

$\quad\quad\quad m$ 為放大倍率（Magnification）

$\quad\quad\quad l$ 為物距

$\quad\quad\quad l'$ 為像距

在單薄透鏡中，主點（principle points）位於透鏡中心，所以兩個主點之間的距離（PP'）為零。只要我們考慮主點及節點（nodal points）的位置，式（3-1-3）對於厚透鏡也是適用的。

當單透鏡沿著光軸移動，只有兩個位置會保持相同的物像之間的距離，而且這兩個位置的放大率剛好為倒數：m 及 $\frac{1}{m}$。這就是所謂物像交換原則。

3.2 ┃ 兩群鏡組系統[7][8]

變焦系統中最簡單的系統就是兩群式的系統。因為它有適用的變焦比，所以是很實際的系統。首先考慮當物在有限共軛的情形：

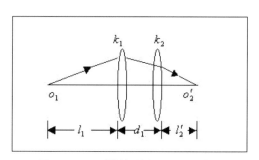

圖 3.2.1 ❖ 雙鏡群有限共軛系統

假如系統是有限共軛的情形，如圖（3-2-1）所示，物至像面的距離在變焦的過程中都保持固定，如果每個透鏡組的焦距已知，相關的關係式如下：

$$l_1 = (1/M_1 - 1)F_1 \tag{3-2-1}$$

$$l_1' = (1 - M_1)F_1 \tag{3-2-2}$$

$$l_2 = (1/M_2 - 1)F_2 \tag{3-2-3}$$

$$l_2' = (1 - M_2)F_2 \tag{3-2-4}$$

$$T_{12} = (2 - M_1 - 1/M_1)F_1 + (2 + M_2 - 1/M_2)F_2 \tag{3-2-5}$$

$$d_1 = l_1' - l_2 \tag{3-2-6}$$

其中 T_{12} 為物至像的距離，而 M_1 與 M_2 代表透鏡 1 與 2 個別的放大率。在變焦的過程中，調整 l_1，則由式（3-2-1）與式（3-2-5）可知 M_1 與 M_2 隨之改變。將兩個 M 值代入相關式子，則可求解 d_1 和 l_2'。

當我們考慮無限共軛的情形

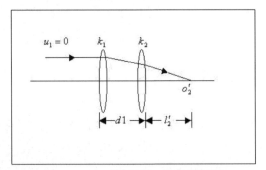

圖 3.2.2 ☼　雙鏡群無限共軛系統

由圖（3-2-2），系統的總折射力（Power）可表示為：

$$K_{12} = K_1 + K_2 - \frac{d_{12}K_1K_2}{n} \tag{3-2-7}$$

其中　K_{12} 代表系統的總折射力

　　　K_1 代表第一群的折射力

　　　K_2 代表第二群的折射力

d_1 代表兩群的間距

n 代表兩群間的折射率（Index）

系統的有效焦距（EFL），後焦距（BFL）及系統總長（L）可表示為

$$EFL = \frac{1}{K_{12}} \qquad\qquad （3\text{-}2\text{-}8）$$

$$BFL = \frac{1 - d_{12}K_1}{K_{12}} \qquad\qquad （3\text{-}2\text{-}9）$$

$$L = BFL + d_1 \qquad\qquad （3\text{-}2\text{-}10）$$

兩群式的變焦系統有兩種型式：

(a)「+－ 型」：即正折射力的鏡群在負折射力的鏡群前；

(b)「－+ 型」：即負折射力的鏡群在正折射力的鏡群前。

下面就兩種型式再做說明。[7][9]

(a)「+－ 型」：

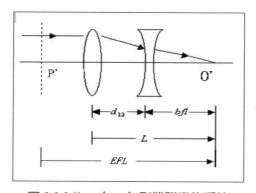

圖 3.2.3✿　（+－）型雙群變焦系統

如果我們選擇 $d_{12} = \frac{1}{k_1} = f_1'$，則像在第二面透鏡上且 $eft = \frac{1}{k_1}$。所以 $d_{12} = \frac{1}{k_1}$ 是對合理的後焦距（$bfl > 0$）的可能最大值。所以我們可以限制在這個範圍

$$0 < d_{12} < \frac{1}{k_1} \qquad\qquad （3\text{-}2\text{-}11）$$

　　利用式（3-2-8）至（3-2-10），我們可以將有效焦距、後焦及系統長度與鏡群間距的關係以圖（3-2-4）畫出。

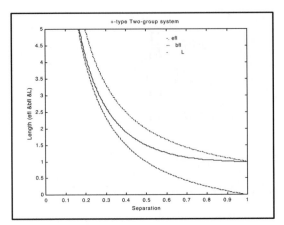

圖 3.2.4✿　兩群成像變焦距系統：$k_1 = 1$ 及 $k_2 = -1$ 時，後焦距（bfl）、有效焦距（efl）、系統總長（L）與間距的變化關係。

　　由圖（3-2-4）中我們可以選擇所需的變焦比。在此我們選擇系統焦距 2 到 3 的範圍，我們可以得到變焦過程中鏡群的移動軌跡及間距。將結果繪成圖（3-2-5）。

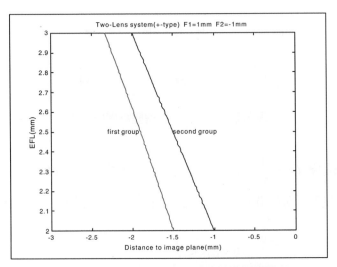

圖 3.2.5✿　$F_1 = 1$，$F_2 = -1$ 兩群鏡組變焦軌

(b)「−+」型：

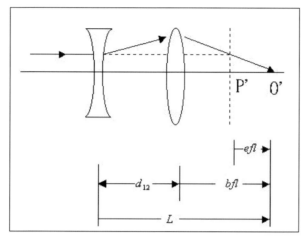

圖 3.2.6☼　（−+）型雙群變焦系統

　　我們也可以將系統變成負透鏡在前的方式，如圖（3-2-6）所示。同時將有
效焦距、後焦及系統長度與鏡群間距的關係以圖（3-2-7）畫出。可以比較間距
數值與前面的不同。在圖（3-2-3）攝遠型（telephoto）的結構中，系統的機械長
度比有效焦距短；而相反的在圖（3-2-6）反攝影型（inverse-telephoto）的結構
中，系統的機械長度比有效焦距長。

　　綜合上述所言，當考慮（+−）和（−+）二種型式之焦距、後焦距的關係，
對（+−）攝影型而言，適合做小型（compact）變焦相機的鏡頭。對（−+）而
言，有後焦距具有較長的特性適用於單眼反光相機，因此反攝影型適合做單眼反
光變焦相機的鏡頭。

　　我們也可以知道，（−+）型的系統因為負鏡頭群在前，所以可以有效的增
加視場；而（+−）型的系統中，負透鏡群增加系統的放大倍率，亦即增加了系
統的焦距。由於負透鏡在反攝影型系統中對無限域物體成虛像，在經由正透鏡成
像，此不同於攝影型的鏡頭，這也就是之所以反攝影型的系統中間距比攝影型系
統大得多的原因。

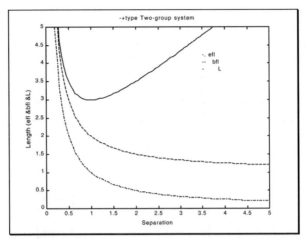

圖 3.2.7✿ 兩群成像變焦距系統：$k_1 = -1$ 及 $k_2 = 1$ 時，後焦距（bfl）、有效焦距（efl）、系統總長（L）與間距的變化關係。

同樣的，由圖（3-2-7）中我們可以選擇所需的變焦比。在此我們選擇系統焦距變化由 2 到 3 的範圍，我們可以得到變焦過程中鏡群的移動軌跡及間距。將結果繪成圖（3-2-8）。

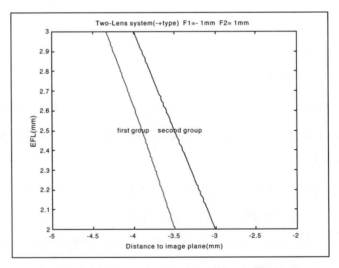

圖 3.2.8✿ $F_1 = -1$，$F_2 = 1$ 兩群鏡組變焦軌跡

3.3 │三群鏡組系統[6][8][10]

當變焦鏡群的數目變多時,相對的系統將變得更加複雜。在此我們利用組合鏡群的觀念,來分析三群鏡組以上時的變焦結構。三鏡系統中,我們將其中的兩個鏡群視為一個組份,而另一個鏡群視為另一組份,因此則仍可視為兩組份的兩群鏡組系統。在此我們考慮對遠處成像的無限共軛系統,我們可以分成下列幾種情況個別討論:

3.3.1 第一群透鏡固定

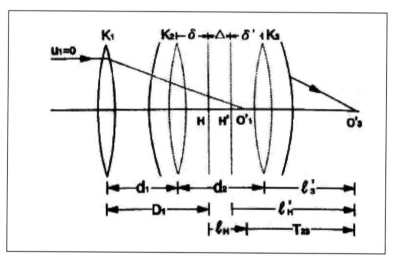

圖 **3.3.1** ❖ 第一群鏡群固定

在圖(3-3-1)中,對無限共軛的系統而言,第一面透鏡固定視為第一個鏡組,而剩下的兩個透鏡則組合而成視為第二個鏡組。組合而成的鏡組放大率為 M_{23},物至像的距離為 T_{23},焦距長 F_{23}(折射力 K_{23}),而兩個主面間的距離為 Δ,物距 l_H 與像距 l'_H 及兩個透鏡至第一及第二主面的距離為 δ 與 δ'。我們可以得到下面的關係式:

組合鏡組的折射力　$K_{23} = K_2 + K_3 - d_2 K_2 K_3$,利用近軸關係可得到

$$\delta = K_3 d_2 / K_{23}$$

及　$\delta' = -K_2 d_2 / K_{23}$

從圖（3-3-1）可知　$d_2 = \delta + \Delta - \delta'$，所以可知

$$\Delta = d_2 + \delta' - \delta = -K_2 K_3 d_2^2 / K_{23} \qquad (3\text{-}3\text{-}1)$$

對組合鏡組而言，物距 $l_H = (1/M_{23} - 1)F_{23}$，像距 $l_H' = (1 - M_{23})F_{23} = l_3' - \delta$，

代入　$D_1 = d_1 + \delta = l_1' - l_H$

可以得到

$$D_1 = F_1 - (1/M_{23} - 1)F_{23} \qquad (3\text{-}3\text{-}2)$$

因為

$$K = K_1 + K_{23} - D_1 K_1 K_{23} \qquad (3\text{-}3\text{-}3)$$

將 D_1 代入可以得到

$$F = F_1 M_{23} \qquad (3\text{-}3\text{-}4)$$

當第一群透鏡的焦距 F_1 是已知的，則在一組變焦範圍內，組合鏡組的放大率 M_{23} 和總焦距 F 成正比。

在此 T_{23} 由起始條件可知為保持不變，

$$T_{23} = (2 - M_2 - 1/M_2)F_2 \div (2 - M_3 - 1/M_3)F_3$$
$$= (2 - M_3 - 1/M_3)F_3 + \Delta \qquad (3\text{-}3\text{-}5)$$

將（3-3-1）代入（3-3-5），可得到

$$T_{23} = (2 - M_{23} - 1/M_{23})F_{23} - K_2 K_3 d_2^2 / K_{23} \qquad (3\text{-}3\text{-}6)$$

焦距 F_1 和物像距離 T_{23} 是設計時的已知值，在變焦的過程中，F 改變，M_{23} 就跟著改變，根據前面的公式，可以推導出變焦軌跡方程。

$$K_{23} = K_2 + K_3 - d_2 K_2 K_3 \qquad (3\text{-}3\text{-}7)$$

$$d_2 = [-b \pm (b^2 - 4ac)^{1/2}]/2a \qquad (3\text{-}3\text{-}8)$$

上式中 $a = K_2 K_3$

$\qquad b = -T_{23} K_2 K_3$

$$c = T_{23} (K_2 + K_3) - (2 - M_{23} - 1/M_{23}) \qquad (3\text{-}3\text{-}9)$$

由（3-3-3）至（3-3-7）

$$d_3 = l'_H + \delta' = \frac{1 - M_{23} - K_2 d_2}{K_{23}} \qquad (3\text{-}3\text{-}10)$$

$$d_1 = D - d_2 - d_3 \qquad (3\text{-}3\text{-}11)$$

在上述過程中，有一組 d_2 求解的情況是不能設計的，因為會發生群組組交錯的情況。

當第一群透鏡為固定時，可以由下例看出鏡群的變焦軌跡。

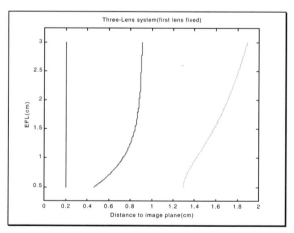

圖 3.3.2 ✿　第一群透鏡固定，$F_1 = 1.0$，$F_2 = 0.4$，$F_3 = 0.5$，$T_{23} = 0.8$，$d_1 + d_2 + d_3 = 1.8$ 鏡群移動曲線

3.3.2　中間鏡群固定

在這個情形中，透鏡 2 是固定的。我們將兩個透鏡 1 與 2 組合視為第一個組份，而將透鏡 3 視為第二個組份。

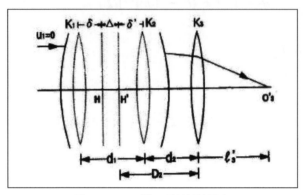

圖 3.3.3 ✿　第二群鏡群固定

如圖（3-3-3）為一無限共軛系統，且將透鏡 1 與 2 組合為一組份。透鏡 2 與像面的距離為固定。我們可以得到下列關係式：

對透鏡 2 而言 $l_2' = (1 - M_2)F_2$，由圖可知 $F_{12} = -\delta' + l_2'$，又 $\delta' = -\dfrac{k_1}{k_2}d_1$，

所以

$$d_1 = F_1 - (1 - M_2)\frac{F_1 F_2}{F_{12}} \qquad (3\text{-}3\text{-}12)$$

組合鏡組折射力

$$K_{12} = K_1 + K_2 - d_1 K_1 K_2 \qquad (3\text{-}3\text{-}13)$$

將 d_1 代入可得到

$$F_{12} = F_1 M_2 \qquad (3\text{-}3\text{-}14)$$

因為 $D_2 = F_{12} - l_3 = F_{12} - (1/M_3 - 1)F_3$，且 $K = K_{12} + K_3 - D_2 K_{12} K_3$，將 D_2 代入

可以知道

$$F = F_{12}M_3 = F_1M_2M_3 \qquad (3\text{-}3\text{-}15)$$

由起始條件 $L = d_2 + l_3'$ 為固定，

$$L = d_2 + l_3' = (l_2' - l_3) + (1 - M_3)F_3$$
$$= (1 - M_2)F_2 + (2 - M_3 - 1/M_3)F_3 \qquad (3\text{-}3\text{-}16)$$

將式 $M_2 = \dfrac{F}{F_1M_3}$ 代入上式，整理後可得到

$$F_1F_3 M_3^2 + (F_1L - F_1F_2 - 2F_1F_3)M_3 + (FF_2 + F_1F_3) = 0 \qquad (3\text{-}3\text{-}17)$$

可解得

$$M_3 = \frac{-b \pm \sqrt{b^2 - 4ac}}{2a} \qquad (3\text{-}3\text{-}18)$$

其中

$$a = F_1F_3$$
$$b = F_1L - F_1F_2 - 2F_1F_3$$
$$c = FF_2 + F_1F_3 \qquad (3\text{-}3\text{-}19)$$

求出 M_3 後可以代回（3-3-16）求出

$$M_2 = 1 - \frac{L - F_3(2 - M_3 - 1/M_3)}{F_3} \qquad (3\text{-}3\text{-}20)$$

在鏡組焦距分配好後，組合鏡組的焦距也可求出，則可以推導出鏡組的變焦軌跡：

因為　$K_{12} = K_1 + K_2 - d_1K_1K_2$

所以

$$d_1 = F_1 + F_2 - \frac{F_1 F_2}{F_{12}} \qquad (3\text{-}3\text{-}21)$$

$$d_2 = F_{12} - l_3 + \delta' = D_2 + \delta'$$

$$= (1 - 1/M_3)F_3 + (1 - F_{12}d_1/F_1) \quad (3\text{-}3\text{-}22)$$

$$d_3 = L - d_2 \qquad (3\text{-}3\text{-}23)$$

當第二群透鏡為固定時，可以由下例看出鏡群的變焦軌跡。

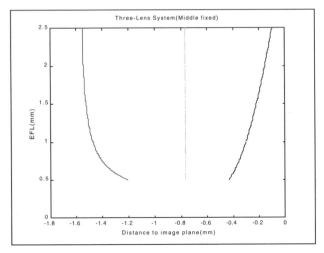

圖 3.3.4✧　第二群透鏡固定，$F_1 = 1.0$，$F_2 = -0.3$，$F_3 = 0.3$，$L = 0.771$，鏡群移動曲線

3.3.3　第三群透鏡固定

如圖（3-3-5）為一無限共軛系統，最後一群透鏡（即第三群）固定，將其視為第二組份；而另兩個透鏡（即透鏡 1 與 2），組合而成視為第一組份。如果透鏡每一群的焦距已知，在第三群透鏡固定的情形下，即 d_3 為已知值，則由 $d_3 = (1 - M_3)F_3$ 可先求得 M_3：

$$M_3 = 1 - \frac{d_3}{F_3} \qquad (3\text{-}3\text{-}24)$$

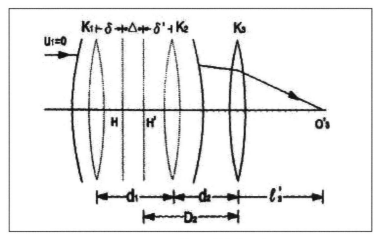

圖 3.3.5❖　第三群鏡群固定

對第三群透鏡而言，物距 $l_3 = (1/M_3 - 1)F_3$，像距 $l'_3 = (1 - M_3)F_3$，所以可以得到：

$$D_2 = F_{12} - (1/M_3 - 1)F_3 \qquad (3\text{-}3\text{-}25)$$

由 $K = K_{12} + K_3 - D_2 K_{12} K_3$
可得到

$$F = K_{12} M_3 \qquad (3\text{-}3\text{-}26)$$

變焦過程中，d_1 改變，將 $K_{12} = K_1 + K_2 - d_1 K_1 K_2$ 整理

$$d_1 = F_1 + F_2 - \frac{F_1 F_2}{F_{12}} \qquad (3\text{-}3\text{-}27)$$

由 $D_2 = d_2 - \delta'$，可得到 d_2：

$$d_2 = D_2 + \delta' = -\left(\frac{1}{M_3} - 1\right)F_3 + \left(1 - \frac{d_1}{F_1}\right)F_{12} \qquad (3\text{-}3\text{-}28)$$

當第三群透鏡為固定時，可以由下例看出鏡群的變焦軌跡。

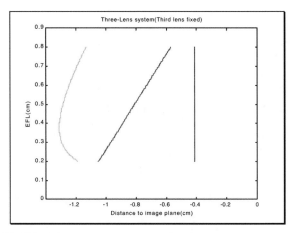

圖 3.3.6✿　第三群透鏡固定，$F_1 = 1.0$，$F_2 = -0.3$，$F_3 = 0.3$，$d_3 = 0.413$，鏡群移動曲線

3.4 ｜新式變焦鏡頭[11]

　　由上述的討論，我們可以得知，傳統變焦系統是改變鏡群間的間距來達到變焦距的目的。因此鏡群間的移動為非線性，需要較為複雜的機械結構。為了避免上述的不方便，我們提出一種固定間距的變焦系統的概念。在我們新型變焦鏡頭中，焦距的改變是利用透鏡組的替換來達成，而非調整透鏡組之間的距離，所以可以減少機械構造上複雜。在本文中僅就先對兩群鏡組作設計。

　　固定鏡片距離的變焦鏡組包括有兩個不同折射力的透鏡組，前後兩透鏡組的對應情況為一對一，在前後鏡組之間距相同情況下，達到多段變焦的目的。透鏡組裝配在系統上，鏡組之間保持固定距離，於使用時，前段透鏡上下移動或相對轉動，同時後段透鏡也相對上下移動或轉動，同時定位到各組鏡片相互對應，以使該系統達到變化焦度的功能。因此系統只要單純的設計，便可以與本多段式的變焦系統配合。我們以無限共軛的成像情形做為設計方向：

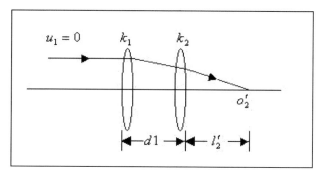

圖 **3.4.1** ☼ 雙鏡群無限共軛系統

由高斯光學可知，系統的組合焦度是各群透鏡的光焦度及間隔的函數，即

$$K = K_1 + K_2 - \frac{d_{12}K_1K_2}{n} \qquad (3\text{-}4\text{-}1)$$

由固定鏡群間的距離同時保持成像面的穩定，即 d_1 固定不變，同時後焦距 l_2' 也不變。在變化焦距的過程中，K 為漸進變化的方式：當 k_1 改變時，k_2 必須隨之改變，才能保持成像面的固定變焦的目的就是改變系統焦距，k = 1/F：

$$K_1 = (1 - K \times l_2')/d \qquad (3\text{-}4\text{-}2)$$
$$K_2 = [-1 + K \times (d + l_2')]/(d_1 * l_2' * K) \qquad (3\text{-}4\text{-}3)$$

不同於以往改變間距的方式，我們改變鏡組的折射力亦可達到變化距的效果。

系統的機械構造如圖（3-4-2）和圖（3-4-3）表示。圖中 3 表示後組凹透鏡；4 表示前組凸透鏡；5 為光軸；9 為光闌；7 為轉動軸；8 為固定鏡片組；10 代表底片或是 CCD 感應器。

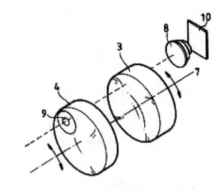

圖 3.4.2☼ 鏡組轉動型方式

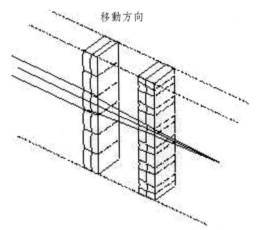

圖 3.4.3☼ 鏡組上下型移動方式

第 4 章

設計實例

4.1 ｜ 設計流程

一般而言光學設計的流程有下列幾個步驟：

（一）光學系統規格訂定：決定系統焦距、視場角等並選擇合用的型式。

（二）初階的設計：光學系統的初階設計是鏡頭設計工作的基本技術，高斯結構的安排如果不適當，將會造成設計品質不良，即使在將來優化的過程，也不會得到較好的結果。

(1)一階設計：由系統焦距、色差及系統要求決定透鏡的折射力配置。

(2)三階設計：考慮球面像差、慧形像差以及以及其它賽得像差決定透鏡的形狀因子。

（三）薄透鏡的加厚：在初階設計的階段大都是以薄透鏡的型式來進行系統的設計，然而沒有厚度的薄透鏡是不切實際，所以必須給予每個透鏡合理的厚度。而加厚的過程需保持整個系統的結構不變。

（四）優化與品質評鑑：將透鏡加入一個合理的厚度後，對系統進行優化的工作，取一組適當的鏡組並分析其成像結果，以決定設計工作是否完成。若系統的效能未能達到要求，則必須重新進行設計。

玻璃材料的選取對於光學設計相當重要，因為玻璃的折射率影響透鏡的折射力。不同的材料組合，可用來控制系統的長度以及各種像差的校正。正負焦度透鏡材質的選擇是以阿貝數（Abbe number）的相對差值愈大，愈有助於縱向色差及橫向色差的修正。同時折射率愈大就愈能降低 Petzval 值，或固定 Petzval 值於合理的範圍內，折射率的增加將有助於折光力的增加；正負透鏡材料的折射率選取，要考慮到低高配的組合，才能有效地降低 P 值。當然也得考慮價格上的考量。

薄透鏡加厚的過程是賦予透鏡合理的厚度，至於增加多少厚度，並沒有嚴格的限制，但是太厚則顯得厚重，太薄則容易碎裂，一般有下列兩種原則：[3]

(1)軸的厚度小於邊緣厚度時，其中間厚度約為直徑的 1/6～1/12。

(2)軸的厚度大於邊緣厚度，其中間厚度約為 $1/2h\alpha_1$-$1/2h\alpha_2$。

通常薄透鏡的厚度改變時，其在每一面的近軸光線性質將隨之改變，而影響原來已經設計好的薄透鏡效果（折光力改變、像差改變）。所以透鏡增厚的過程

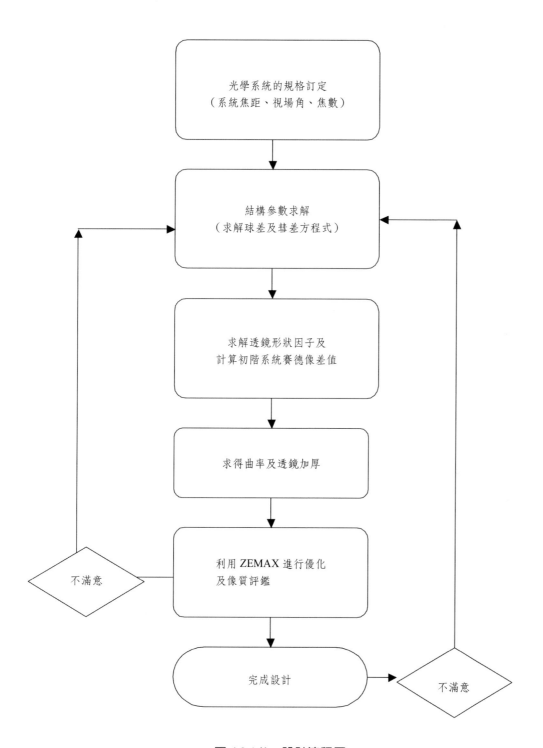

圖 **4.2.1**☼　設計流程圖

必須使系統保持有原有的高斯特性，保持折射力不變。

在此使用的方法是保持「彎曲」（bending）為不變。假設我們設薄透鏡的曲率半徑為 R_1 及 R_2，增厚的厚透鏡曲率半徑為 r_1 及 r_2。

$$r_2/r_1 = R_2/R_1 = \alpha$$
$$r_1 - R_1 = [(n-1)/(\alpha-1)](d/n),$$
$$r_2 - R_2 = [(n-1)/(\alpha-1)](d/n)\alpha,$$

厚度不大時依此方法在實際的應用上，足夠以厚透鏡取代薄透鏡。[12]

4.2 ｜設計實例

在本節中首先就以新型變焦鏡頭的設計概念來進行設計。我們先訂定我們所需的規格，因此設計必需依照給定目標設計，制定如下的規格：

系統規格：

表 4.2.1 ‖ 系統設計規格

有效焦距（EFL）	8～16(mm) zoom ratio：2 倍
底片格式 1/3" CCD （3.6×4.8×6.0）mm	
視場角	40　@EFL=8mm 14　@EFL=12mm 10　@EFL=16mm
F/Number	F/8～F/16
適用波長	可見波段(F, d, C) 權重 0.8、1、0.8
MTF	軸上：>0.5@30lp/mm； >0.3@60lp/mm 離軸：>0.4 sagittal@30lp/mm； >0.35 tangential@60lp/mm >0.25 sagittal@30lp/mm； >0.2 tangential@60lp/mm
畸變（Distortion）	Max<5%

透鏡及機械規格：

表 4.2.2 ▌透鏡及機械規格

鏡片數	2 片
材質	玻璃
非球面	有（一面）
總長	<15mm

　　本節的設計應用了前幾章的觀念，先計算出系統的高斯節構安排，運用像差公式分析，求解球差及慧差，決定透鏡的形狀因子，再求解每一片透鏡的半徑（R）、加厚度等，然後將求解結果輸入光學設計軟體進行優化和評鑑，如此便可以得到符合要求的設計結果。而起始結果的安排佔很重要的因素，給定好的起始值及邊界條件，光學設計軟體能快速且正確的進行優化，反之，若給定的起始條件不甚理想，則不一定能得到良好的設計。

　　優化（Optimization）的目地為找出最佳設計值，通常有兩種方式：Local Optimization 及 Global Optimization。Local Optimization 是由給定之起始點找出可達到的最佳化設計值，不過有時給定起始值不一定能得到較好的設計值；Global Optimization 可以更大範圍的找出最佳的設計值，不過系統甚為複雜時，會花費許多的計算時間。利用 ZEMAX 進行優化時，可以自定績效函數，較常用的方法是直接利用預設的績效函數（Default Merit Function）。以下列舉一些常用的績效函數：

　　——RMS Wave Chief：當光學系統非常接近繞射極限，或慧差不嚴重，則建議使用它。由於參考光線為 Chief ray 的 RMS 波前誤差最小化，並且將光線的 OPD 以 RMS 形式表示。

　　——RMS Wave Centroid：這個績效函數的參考光線為形心光線（Diffraction Image Centroid），可用於對 MTF 之修正。

　　——RMS Spot Chief：參考光束為 Chief ray，用於 ray aberration 之修正

　　使用者自訂績效函數可以更自由的進行改良設計，下列舉一些常用的績效運

算元：

一階參數：EFFL（近軸有效焦距）、AXIL（用於近軸光學系統之縱向色差修正）、LACL（用於近軸光學系統之橫向色差修正）……等。

像差控制：SPHA（控制球差）、COMA（控制慧差）、ASTI（控制像散）、FCUR（控制場曲）、DIST（控制畸變）……等。

限制條件：TTHI（兩個指定表面間的距離）、TOTR（系統總長）、MXCG（限定透鏡中心最大厚度）、MNCG（限定透鏡中心最小厚度）、MXIN（限制透鏡最大折射率）、MNIN（限制透鏡最小折射率）、MXAB（限制透鏡最大阿貝數）、MXAB（限制透鏡最小阿貝數）……等。

在此我們只針對三組系統焦距進行設計，實際應用上可以有更多組的鏡頭。下面將各項設計結果列出。

4.2.1 第一鏡組

=====Input The System D and L =======

D=3.00 L=6.00

=====Input The System EFL abd F/#====

EFL=8.00 F/#=8.00

===Input The Image Height===

Image Height=6.00

%計算系統參數

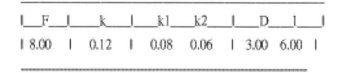

F	k	k1	k2	D	
8.00	0.12	0.08	0.06	3.00	6.00

%計算主光線及邊緣光線高度及角度

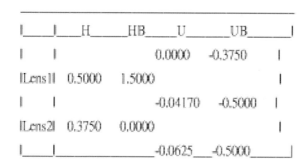

		H	HB	U	UB	
				0.0000	-0.3750	
Lens1	0.5000	1.5000				
				-0.04170	-0.5000	
Lens2	0.3750	0.0000				
				-0.0625	-0.5000	

H、U 代表邊緣光線高度跟角度；

HB、UB 代表主光線高度跟角度

====Choose an silution:lumda1 and lumda2(shape factor)======

lumda1 = −0.63

lumda2 = −0.32

===Input The Two Lens Thickness====

Lens1 thickness = 0.6

Lens2 thickness = 0.6

R11 = 6.5308 R12 = −119.1708

R21 = 3.8799 R22 = 5.3971

S1	S2	S3	S5
+0.0013	−0.0015	−0.0048	−0.0596

press any key to continue

經過優化後的資料：

SURFACE DATA SUMMARY:

表 4.2.3 ▌ 第一鏡組優化後資料

Surf Type	Comment	Radius	Thickness	Glass	Diameter
OBJ STANDARD		Infinity	Infinity		0
1 STANDARD	lens1	5.673716	0.6499995	BK7	4.211133
2 STANDARD		56.01284	3		4.000158
STO STANDARD	lens2	−2.253632	0.8000194	SF2	0.8385967
4 STANDARD		−2.021008	6		1.364306
IMA STANDARD		Infinity			6

#賽德像差係數

Seidel Aberration Coefficients:

Wavelength:0.5876 microns

表 4.2.4 ▌ 第一鏡組賽德像差係數

Surf	SPHA S1	COMA S2	ASTI S3	FCUR S4	DIST S5	CLA (CL)	CTR (CT)
1	0.00008	0.00005	0.00003	0.00199	0.00126	−0.00023	−0.00015
2	0.00001	−0.00016	0.00238	−0.00020	−0.03232	−0.00008	0.00123
STO	−0.00091	0.00232	−0.00591	−0.00578	0.02985	0.00083	−0.00211
4	0.00213	−0.00258	0.00312	0.00644	−0.01159	−0.00114	0.00138
IMA	0.00000	0.00000	0.00000	0.00000	0.00000	0.00000	0.00000
TOT	0.00131	−0.00037	−0.00038	0.00245	−0.01281	−0.00063	0.00035

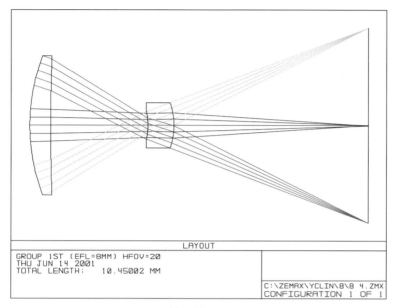

圖 4.1☼　第一鏡組 Lay Out 圖

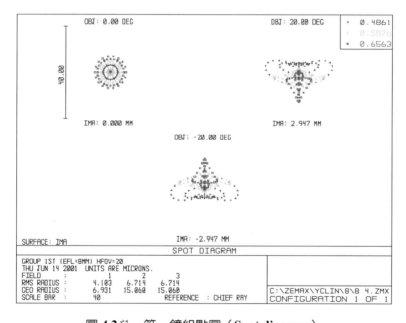

圖 4.2☼　第一鏡組點圖（Spot diagram）

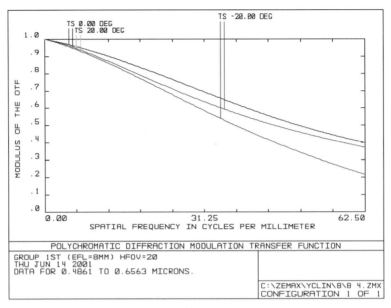

圖 4.3✿　第一鏡組 **MTF**

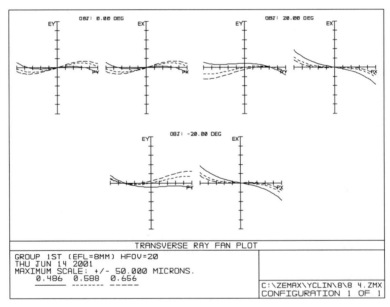

圖 4.4✿　第一鏡組光線扇圖（**Ray fan**）

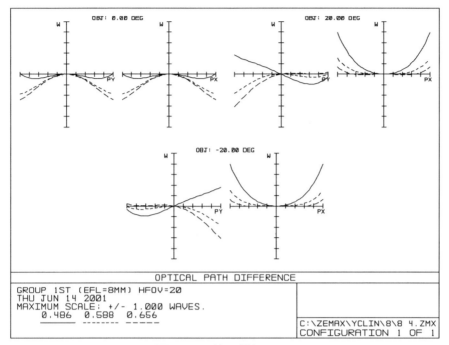

圖 4.5✿　第一鏡組 OPD

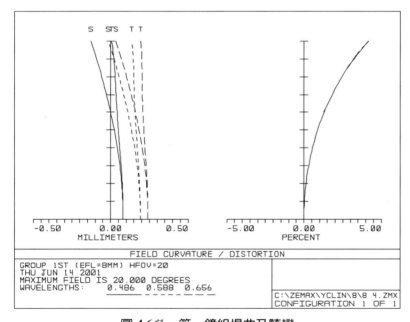

圖 4.6✿　第一鏡組場曲及畸變

4.2.2　第二鏡組

=====Input The System D and L =======

D＝3.00 L＝6.00

=====Input The System EFL abd F/#====

EFL＝12.00 F/#＝12.00

===Input The Image Height===

Image Height＝6.0

%計算系統參數

```
_____
|__F__|____k____|___k1___k2___|____D____|____|
| 12.00 |  0.08  |  0.17   -0.17  |  3.00  6.00  |
-------------------------------------------------
```

%計算主光線及邊緣光線高度及角度

```
_____
|____|___H_____HB_____U_____UB_____|
|    |                0.0000   -0.250    |
|Lens1| 0.5000   1.5000                  |
|    |               -0.0833   -0.5000   |
|Lens2| 0.2500   0.0000                  |
|____|_____-0.0417___-0.5000_____|
```

H、U 代表邊緣光線高度跟角度；

HB、UB 代表主光線高度跟角度

====Choose an silution:lumda1 and lumda2======

lumda1＝−0.3

lumda2＝−0.81

===Input The Two Lens Thickness====

Lens1 thickness＝0.6

Lens2 thickness＝0.6

R11＝3.0889 R12＝754.6985

R21＝－3.0880 R22＝－16.1726

S1	S2	S3	S5
－0.0019	－0.0028	－0.0135	－0.0775

press any key to continue

經過優化後：

表 4.2.5▎第二鏡組優化後資料

Surf Type	Comment	Radius	Thickness	Glass	Diameter
OBJ STANDARD		Infinity	Infinity		0
1 EVENASPH	lens1	2.798248	0.974049	BK7	1.8924
2 STANDARD		2.075896	0.8060314		1.312118
STO STANDARD		Infinity	3.673174e-005		0.811629
4 STANDARD		Infinity	2.193932		0.8116028
5 STANDARD	lens2	3.671166	0.9232568	SF2	2.171975
6 STANDARD		3.69201	6		2.253287
IMA STANDARD		Infinity			6

Surface 1: EVENASPH
Coeff on r2: 0.08349447
Coeff on r4: 0.012733201

#賽德像差係數

Wavelength: 0.5876 microns

WARNING: Seidel aberrations may be inaccurate for non-standard surfaces!

表 4.2.6 ▌ 第二鏡組賽德像差係數

Surf	SPHA S1	COMA S2	ASTI S3	FCUR S4	DIST S5	CLA (CL)	CTR (CL)
1	0.00423	−0.00299	0.00354	0.00189	−0.00269	−0.00047	−0.00018
2	−0.00030	−0.00036	−0.00042	−0.00255	−0.00353	0.00036	0.00043
STO	0.00000	0.00000	0.00000	0.00000	0.00000	0.00000	0.00000
4	0.00000	0.00000	0.00000	0.00000	0.00000	0.00000	0.00000
5	−0.00000	−0.00000	−0.00001	0.00166	0.01600	−0.00019	−0.00188
6	0.00000	0.00004	0.00077	−0.00165	−0.01645	0.00009	0.00174
IMA	0.00000	0.00000	0.00000	0.00000	0.00000	0.00000	0.00000
TOT	0.00393	−0.00331	0.00387	−0.00065	−0.00667	−0.00021	0.00010

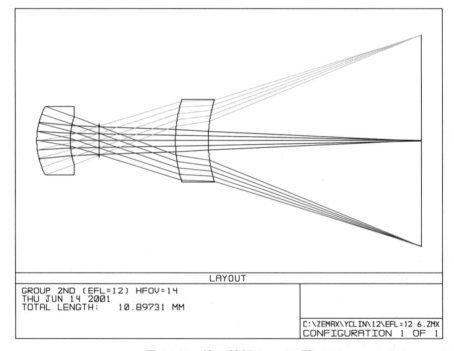

LAYOUT

GROUP 2ND (EFL=12) HFOV=14
THU JUN 14 2001
TOTAL LENGTH:　10.89731 MM

C:\ZEMAX\YCLIN\12\EFL=12 6.ZMX
CONFIGURATION 1 OF 1

圖 4.7✿　第二鏡組 Layout 圖

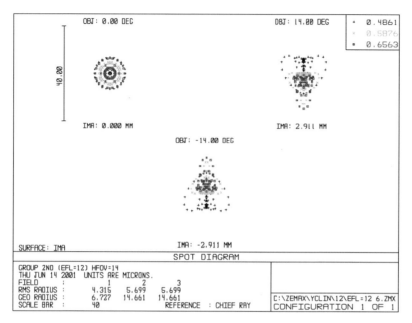

圖 4.8✿　第二鏡組點圖（Spot diagram）

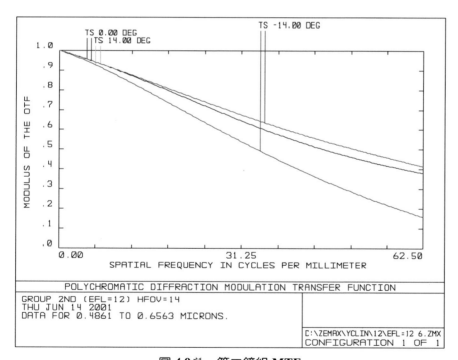

圖 4.9✿　第二鏡組 MTF

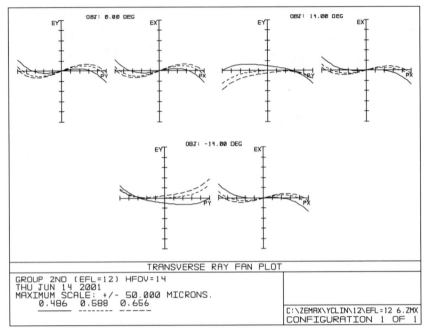

圖 4.10✿　第二鏡組光線扇圖（Ray fan）

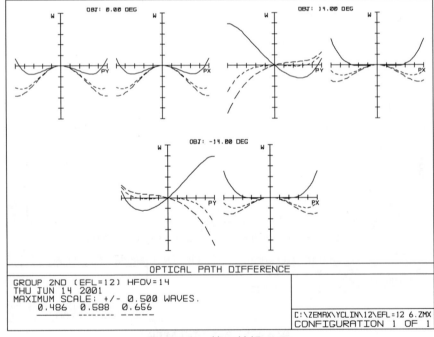

圖 4.11✿　第二鏡組 OPD

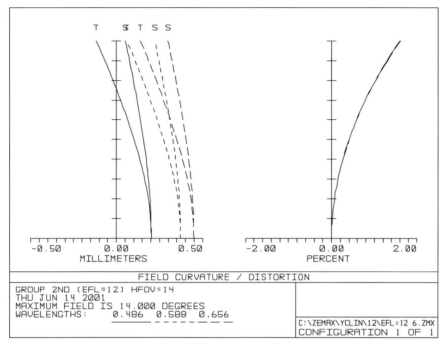

圖 **4.12**☼ 第二鏡組場曲及畸變

4.2.3 第三鏡組

=====Input The System D and L =======

D=3.00 L=6.00

=====Input The System EFL abd F/#====

EFL=16.00 F/#=16

===Input The Image Height===

Image Height=6.00

%計算系統參數

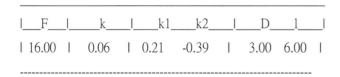

F	k	k1	k2	D	l
16.00	0.06	0.21	-0.39	3.00	6.00

%計算主光線及邊緣光線高度及角度

		H	HB	U	UB	
				0.0000	-0.1875	
Lens1	0.500	1.500				
				-0.1042	-0.5000	
Lens2	0.1875	0.0000				
				-0.0312	-0.5000	

H、U 代表邊緣光線高度跟角度;

HB、UB 代表主光線高度跟角度

====Choose an silution:lumda1 and lumda2======

lumda1=−0.63

lumda2=0.17

===Input The Two Lens Thickness====

Lens1 thickness=0.60

Lens2 thickness=0.60

R11=6.3771 R12=−218.0995

R21=3.9418 R22=5.5376

S1	S2	S3	S5
+0.0163	−0.0390	−0.0199	−0.0207

press any key to continue

經過優化後:

SURFACE DATA SUMMARY:

表 4.2.7 ‖ 第三鏡組優化後的資料

Surf Type	Comment	Radius	Thickness	Glass	Diameter
OBJ STANDARD		Infinity	Infinity		0
STO STANDARD	lens1	3.836277	1.199999	PK50	1.010587
2 STANDARD		63.77106	2.999996		1.144913
3 STANDARD		Infinity	1.827569e-005		1.695515
4 STANDARD	lens2	7.58429	1.200018	S-PHM53	1.70434
5 EVENASPH		2.256122	5.999998		1.737883
6 STANDARD	Infinity	2.232635e-005		5.425427	IMA
STANDARD		Infinity		5.4525427	

Surface 5: EVENASPH
Coeff on r2: 1.7777918e-005
Coeff on r4: −0.00032596829

#賽德像差係數

Wavelength: 0.5876 microns

Seidel Aberration Coefficients:

WARNING: Seidel aberrations may be inaccurate for non-standard surfaces!

表 4.2.8 ‖ 第三鏡組賽德像差係數

Surf	SPHA S1	COMA S2	ASTI S3	FCUR S4	DIST S5	CLA (CL)	CTR (CL)
STO	0.00025	0.00030	0.00037	0.00056	0.00112	−0.00032	−0.00039
2	0.00005	−0.00014	0.00040	−0.00003	−0.00104	−0.00012	0.00036
3	0.00000	0.00000	0.00000	0.00000	0.00000	0.00000	0.00000
4	−0.00001	0.00006	−0.00046	0.00032	0.00114	0.00004	−0.00034
5	0.00000	0.00000	−0.00003	−0.00107	−0.01244	0.00006	0.00065
6	0.00000	0.00000	0.00000	0.00000	0.00000	0.00000	0.00000
IMA	0.00000	0.00000	0.00000	0.00000	0.00000	0.00000	0.00000
TOT	0.00029	0.00022	0.00028	−0.00023	−0.01122	−0.00034	0.00027

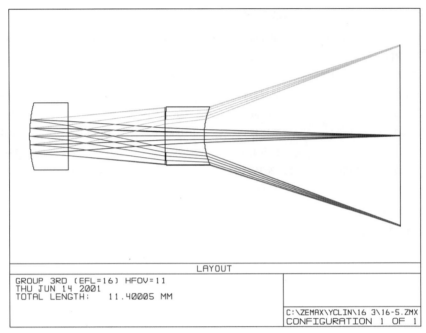

圖 4.13✿ 第三鏡組 Layout 圖

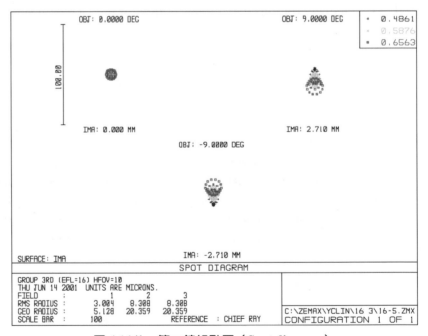

圖 4.14✿ 第二鏡組點圖（Spot diagram）

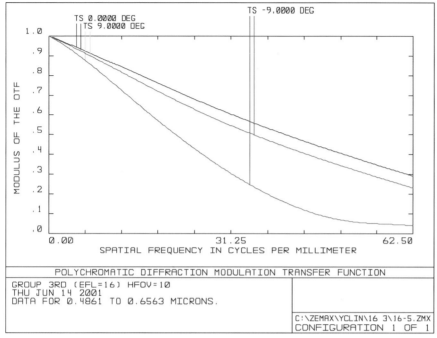

圖 4.15✿　第三鏡組 **MTF**

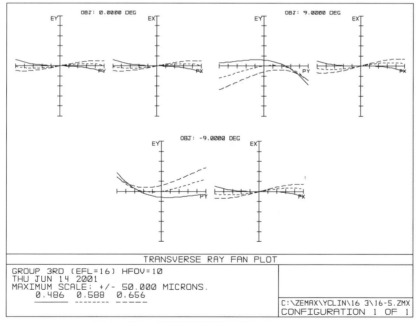

圖 4.16✿　第三鏡組光線扇圖（**Ray fan**）

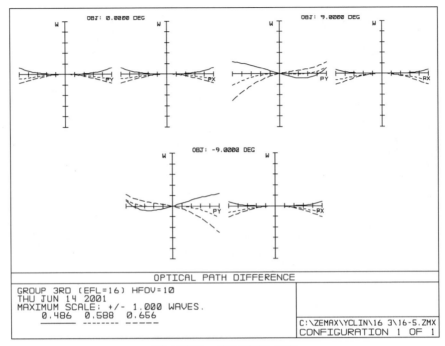

圖 **4.17**✿　第三鏡組 **OPD**

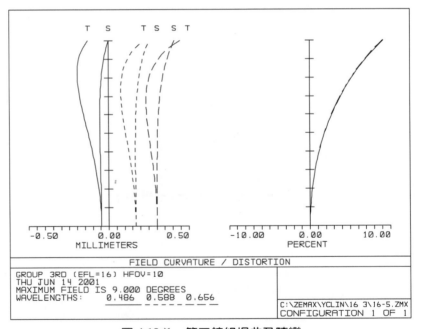

圖 **4.18**✿　第三鏡組場曲及畸變

以上為新型變焦鏡頭設計的過程與結果，為了與傳統的變焦鏡頭有所比較，在此我們同樣選擇相同的變焦範圍（焦距變化由 8mm 至 16mm），進行設計傳統伸縮型的變焦鏡頭。對傳統變焦鏡頭的設計，雖然是可以連續變化焦距，但我們無法對每個變焦位置都進行設計，因此只能選定某些焦距時進行設計，最後考慮的是在連續變化焦距的過程中，保持良好的成像品質。我們首先針對幾個變焦位置進行設計。

由公式（3-2-8）至（3-2-10），可將透鏡間距d、後焦距（bfl）及有效焦距（efl）在不同的變焦位置時的值列表分析作為起使設計的參數。在此，我們利用雙合透鏡（doublet）來做鏡組的設計：第一群透鏡焦距為 5mm，而第二群為-5mm。

EFL:8mm～～16mm　　F/#：f/8～～f/16

EFL	間距 d	BFL	L
16	1.56	11.0	12.563
12	2.08	7	9.08
10	2..5	5	7.5
8	3.125	3	6.125

雙片型透鏡的設計是基本又實用的組合，容易做有系統的設計。雙片鏡組有二種玻璃材料以及二個形狀因子四項變數。當兩片薄透鏡接合在一起時可以消除球面像差及彗形像差，同時也可以消除色差。而對 S_{III} 及 S_{IV} 而言，因為這兩項與形狀因子是無關的。

(1)色差修校

二片單透鏡間的聚焦能力關係，如果以薄透鏡計算：

$$k = k_1 + k_2$$

而縱向色差也可由下式算出：

$$C_I = (\frac{k_1}{V_1} + \frac{k_2}{V_2})h^2$$

當玻璃材料選定後（即 V_1 與 V_2 之值確定），可由消色差方面求得 $k_1 = k$ $(\frac{V_1}{V_1 - V_2})$ 及 $k_2 = -k (\frac{V_2}{V_1 - V_2})$。

(2)S_I 和 S_{II} 的修校：

雙片型有兩個形狀因子可以用來求解 S_I 和 S_{II}。由光闌在透鏡處的薄透鏡球面像差及慧形像差公式，可以求得我們的形狀因子 Λ_1 和 Λ_2 兩個值。Λ_1 和 Λ_2 分別代表透鏡一和透鏡二的形狀因子。

$$\Sigma S_I = S_{I1} + S_{I2} = 0$$
$$\frac{1}{H}\Sigma S_{II} = S_{II1} + S_{II2} = 0 \qquad\qquad （4\text{-}2\text{-}1）$$

透鏡的像差公式以形狀因子及共軛因子的型式表示後，從式（4-2-1），我們可以求解 S_I 和 S_{II} 為零，便可以確定我們的形狀因子，也因而可以得知透鏡的曲率。求解 S_I 和 S_{II} 為零的數值並不困難，我們從上述的求解過程中，可以得到兩個解，由歷史的過程，我們稱較成新月形狀的透鏡為高式雙合鏡（Gauss doublet）；而另一種則稱為福式雙合鏡（Fraunhofer doublet）。高式型一般是比較少見的，較常用於比較奇特的或大孔徑的系統，大部份的像差都是由第一面引起而由最後一面消除，因此容易導致次高級的像差；在福氏型中，像差主要由第一面影響較大，由第三面校消，在設計上是比較好用的練習。

雙片型鏡組在光學性能上的效果有限，原因是：

(1)$S_{III} = H^2 k$ 和 $S_{IV} = H^2 \Sigma \frac{k}{n}$ 兩者無法消除，故僅能對使用在視場範圍較小的系統中。

(2)高階球面像差較高，使光瞳之有效孔徑限在較小的範圍中，實際值需由焦距、放大率等因素來決定。

下面列出經由設計後的實例：

第一群鏡組：

Surf	Radius	Thickness	Glass
1	2.75098	0.5858831	BK7
2	−4.164803	0.2816873	SF2

第二群鏡組：

Surf	Radius	Thickness	Glass
1	−1.62969	0.2562825	BK7
6	−26.32631	0.5999988	SF2

SURFACE DATA SUMMARY:

Surf	Type	Comment	Radius Infinity	Thickness Infinity	Glass
OBJ	STANDARD		Infinity	Infinity	
1	STANDARD		2.75098	0.5858831	BK7
2	STANDARD		−4.164803	0.2816873	SF2
3	STANDARD		88.47062	參數一	
STO	STANDARD		Infinity	參數二	
5	STANDARD		−1.62969	0.2562825	BK7
6	STANDARD		−26.32631	0.5999988	SF2
7	STANDARD		−4.809503	參數三	
IMA	STANDARD		Infinity		

多重結構資料（MULTI-CONFIGURATION DATA）

Conf. NO	系統焦距（EFL）mm	參數一	參數二	參數三
1	8	0.2717556	4.994889	0.2499894
2	10	0.4113633	3.85723	2.086141
3	12	0.9439147	2.65949	3.919985
4	16	0.2362381	2.535818	8.082153

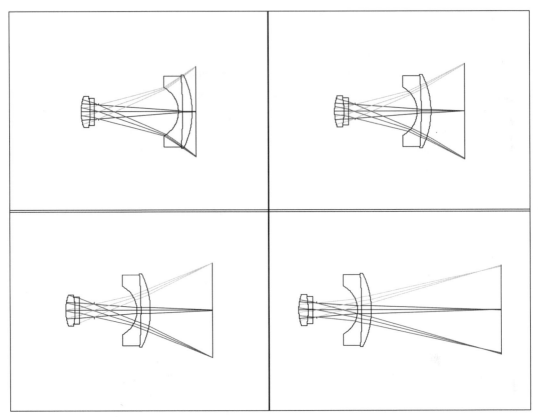

圖 4.19 ☼　不同焦距時的 **Layout** 圖（左上：**8mm**；右上 **10mm**；左下 **12mm**；右下 **16mm**）

　　以上對於傳統變焦鏡頭的設計並未多加論述，因為相關的設計原理及方法都是一樣的，而在此對傳統變焦鏡頭與吾人新型變焦鏡頭做一比較：

　　新型變焦鏡頭為多段式漸進變焦，與一般傳統變焦鏡頭不同。傳統變焦鏡頭可以做連續變焦，但實際上在每個位置的成像品質並未都能達到最好，同時需要精密的凸輪機械構造，來達到移動鏡組的距離改變系統焦距的功能；新型變焦鏡頭可以簡化機械上的困難，降低製造上的成本，就能達到漸進式變化焦距的功能。由設計的經驗中也可以知道，新型的變焦鏡頭利用少數目的透鏡（兩片）就能達到較高倍率的變焦比，在更多的位置可以有較好的成像品質，傳統的變焦鏡頭如果單只用兩片透鏡進行設計，是很難有好的成像品質。

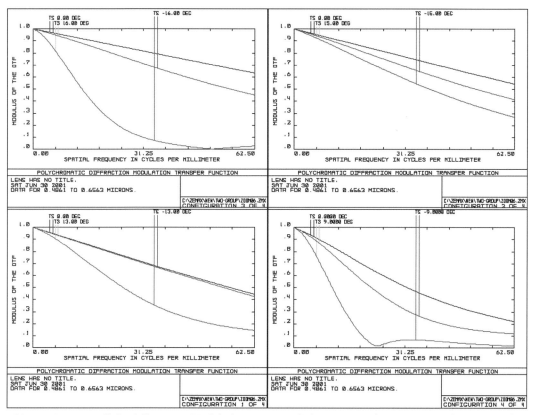

圖 4.20 ✿ 不同焦距時的 MTF 圖（左上：8mm；右上 10mm；左下 12mm；右下 16mm）

第 5 章

結論

　　傳統變焦距鏡頭的設計是相當困難的工作，本文對變焦系統的結構，利用兩群鏡組式的方法加以分析，可以簡化系統，同時提出新的變焦鏡頭設計的概念。我們的新型變焦鏡頭有下列特色：

　　1.固定間距的變焦鏡頭，利用鏡組的變換來達到變焦的效果；

　　2.簡單的機械構造，設計及製造方式較簡單；

　　3.不同於伸縮型變焦鏡頭，突破專利限制。

　　在新型變焦系統設計的概念用在在兩鏡系統上，可利用變換鏡片的方法達到變化焦距的效果。原本只是想替換第一面透鏡的參數，希望能達到漸進式變化焦距的目的，根據多次的思考與嘗試，所得到的結果不甚理想，因為此部份的工作在視場角逐漸變大時便無法繼續下去，變化焦距的效果也有限，因此改用選擇兩群鏡組替換的方式。利用這種方式，我們可以得到漸進變化焦距的效果。本文中僅針對三組焦距進行設計，當然可以依此設計出其它變焦效果的鏡組。

　　由設計實例來看，色像差是殘存比較大的像差，需要改進，現況如果再也無法進展時，可以考慮換材料，或是利用複合透鏡（doublet）來進行色差修正。同時因為是固定透鏡的間距，在變化系統焦距時，兩個透鏡的折射力隨之發生變化，正透鏡與負透鏡的折射力差距變大，因此造成像面彎曲隨之變大，解決的方法可以是再選擇固定不同的間距重新設計或是改換玻璃的材料。一般而言兩鏡的視場皆不大，因此可以得到明顯的變焦效果。此一概念將來能進一步擴展至三片鏡組，因為這樣將有更多的自由度，可以更有效的控制像差，也可以達到更高的變焦效果。

　　感謝國科會計劃變焦鏡頭之設計與製造（NSC89-2215-E008-010）提供研究經費，得以試作漸進式多焦點鏡頭。在嘗試不同於以往伸縮型的變焦鏡頭設計是本文的創新。同時在設計的過程中，學習光學設計理論跟方法是吾人最大的收穫，因個人時間與能力有限，難達到完美的設計成品，也沒辦法製作完成，較為遺憾。光學設計是門學問也是門藝術，要完成好的設計需要時間與經驗的累積，雖然傳統光學的理論發展已經相當完備，但其相關應用產品仍然有無窮的潛力，相信未來也將與人們的生活更緊密結合在一起，更加便利人類的生活。

參考文獻

[1] 林大鍵，「工程光學系統設計」，機械工業出版社，1987

[2] W.T.Welford, Aberrations of optical systems,1st ed. Adam Hilger Ltd. 1986。

[3] 楊志仁，「光學設計原理之研究及三合鏡組之設計」，國立中央大學光電所，碩士論文，民國 74 年。

[4] 劉怡緯，「數位相機鏡頭設計」，國立中央大學光電所，碩士論文，民國 88 年。

[5] Warren J. Smith, Modern Optical Engineering, 2nd ed., McGraw-Hill, New York, 1992.

[6] 黃旭華，「光學優化設計的數值方法探討」，國立中央大學光所，碩士論文，民國 85 年。

[7] 林瑞興，「高解析度變焦數位相機鏡頭設計」，元智大學電機工程研究所，碩士論文，民國 88 年。

[8] Huang, Kuang-Lung; Maxwell, Jonathan, Proc. SPIE Vol. 2774, p.329-341, Design and Engineering of Optical Systems, Joseph J. Braat; Ed.1996

[9] 葉茂勳，「變焦鏡頭高斯光學之設計」，國立中央大學光電所，碩士論文，民國 75 年。

[10] 秦寬忠，「變焦距物鏡像差平衡之研究碩士論文」，國立中央大學光電所，碩士論文，民國 84 年。

[11] M.S.Yeh, S.G.Shiue, and M.H.Lu, "Two-optical-component method for designing zoom system" Optical Engineering, Vol.34, pp.1826-1834, 1995.

[12] 張榮森，專利名稱：固定鏡片距的變焦鏡組；申請案號 087201338

[13] M. Herzberger, "Replacing a Thin Lens by Thick Lens", Journal of The Optical Society of America, Volume 34, Number 2 (1944), pp.114-115.

[14] 袁旭滄，「光學設計」，北京理工大學出版社，1988

[15] 陶純堪，「變焦距光學系統設計」，北京理工大學出版社，1988

[16] C.K.Tau, "Design of zoom system by the varifocal differential equation I," Applied Optics, 1992

[17] R, Ktngslake, "The Development of the Zoom Lens," JSMPTE69 ,pp.534,1960

[18] Focus Software, ZEMAX Optical Design Program User's Guide, Version 8.0,1999

第四篇

輕薄短小的 DLP 變焦投影鏡頭之設計探討

本篇摘要

投影機很可能是台灣產業,繼掃描器之後,下一個電腦周邊的明星產品。其中又以使用 DMD 的 DLP 投影機,結構上易於輕型化,能配合多媒體傳遞的盛行。

本篇完整的由規格的訂定開始、初階的配置、使用 Zemax 實際做設計、性能評價到公差分析為止,探討如何開發出輕薄短小而又能符合產品性能的變焦鏡頭。

最後得到符合預期目標的結果,並指出下一階段的努力方向。

第 1 章
緒論

1.1 ｜ 前言

投影機是多項電腦周邊設備在世界上佔有一席之地的台灣，相當看好的產品。近幾年來已經有數十家廠商投入到這個產品及相關零組件的開發，期望這項能應用到多媒體資訊簡報系統、投影電視、家庭電影院、視訊會議等領域的產品，能夠繼掃描器之後，成為下一個電腦周邊的明星產品。

投影機依照使用的面板可以分為三種類：

LCD（liquid crystal display）

DLP（Digital Light Processing）

LCOS（Liquid Crystal on Silicon）

LCD 雖然製程技術較為完整，具備量產技術，但由於面板掌握在 Epson 與 Sony 等日商手中；廠商採取以價制量方法，景氣好時有訂單也不見得有面板可以出貨，產能難以大幅成長。3 年多前投入的台灣廠商，就有因為面板取得困難的關係而退出市場。

LCOS 將來或許很有機會，但是目前仍在開發期，產品良率仍低，短期間內還難以成為市場的主流。

DLP 是由德州儀器（Texas Instruments）開發成功的技術，光的利用效率高，單片式的結構就可以有約 1000 流明的亮度，而且結構上較為容易輕型化。目前市場佔有率已經超過 22%，對 LCD 造成很大的威脅。雖然在 0.9 吋 DMD 的時代產品良率不高，但進入 0.7 吋產品時，已經大幅度改善，產能也呈倍數增加。目前世界上已有 40 家左右的廠商投入這項產品，但由於其中不像 LCD 有 Epson 與 Sony 等超強的對手，台灣廠商應該可以有很好的發展機會。

1.2 ｜ 本文目的

隨著多媒體傳遞的盛行，輕薄短小的 DLP 投影機，應該是正確的發展方向；而由完整的規格訂定，一直到設計的實務為止，探討如何開發出輕薄短小而又能符合產品性能的變焦鏡頭，正是本文研究的目的。

第 2 章

DMD 簡介

(1)DMD 是 Digital Micro-mirror Device 的縮寫，是由 Texas Instruments 在 1987 年使用微機電技術開發出來的產品，是 DLP 投影機的關鍵元件。DMD 是由許多的鋁金屬微小鏡面結構排列組合而成，每一個鏡面底下都有一個 CMOS 型式的靜態隨機儲存記憶體（SRAM），兩者構成一個半導體記憶光學開關，以有效且精確地控制光束的行徑，產生黑白數位元光學影像輸出。

(2)數位微鏡元件（DMD）的發展歷史要追溯到西元 1977 年，德州儀器公司接受美國政府的贊助，計劃發展一套『空間光學調變元件』，應用於光學資料/影像的處理。原先（1977～1987 年）這個元件稱為可變形鏡面元件，1987 年之後才改稱為數位微鏡元件，DMD 如圖（2-1）所示。兩者的差別在於，前者是由鏡面的變形結合 Schlieren 光閘，形成類比型式的光學輸出，工作時需要較高的電壓定址和混合製程；後者則是由鏡面如翹翹板般地偏轉並結合孔徑光閘，形成數位型式的明－暗光學輸出，只需要標準的 5-volt 電壓定址與單體 CMOS 相容製程。『可變形鏡面元件』由於可靠性、穩定性、與生命週期過短等問題，已於 1987 年更改為現今的數位微鏡元件結構，試圖製造出一個可靠性佳、工作穩定性高、生命週期長、製程良率高，以及具備良好的數位光學資料／影像輸出特性的空間光學調變元件。

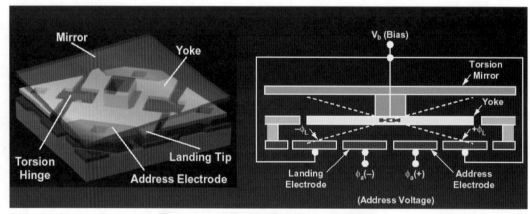

圖 2.1 ☼　下載授權重印自 TI 公司網頁

(3)DMD 是由微機械和微積體電路單元共同組合而成的微機電元件（圖 2-2），這兩個單元都是利用標準的半導體製程和設備在無塵室 Class10 環境中製造而成的。製造過程和技術包括有(1)SRAMCMOS 定址電路製程(2)微鏡片超結構製程（將微鏡片建構於CMOS電路之上）(3)視窗組裝製程(4)封裝製程和(5)元件測試特性等。

(4)SRAM CMOS 定址電路製程是利用 0.8μm（對於 0.9 吋面板而言）或 0.65μm（對於 0.7 吋面板而言）的雙井 CMOS 製程以及雙層金屬製程所共同完成的。其中單一 SRAM 單元是由六個電晶體電路和儲存等副單元所組成，並放置於單一個微鏡面之下。雙層金屬製程完成之後，再成長一個介電層，接著在它的表面上繼續長出鏡面機械結構。由於介電層需要有相當高的平坦度（約 880Å），因此製程上採用化學－機械研磨法將表面磨平，使得機械定位能非常精確穩定。當化學－機械研磨完成後，介電層上具有一對和 CMOS 的接觸點，而且每一個畫素（pixel 此處指的是單一微鏡面）都有一對定址電極與 SRAM 單元的互補位置相互連結，如（圖 2-3）所示。如此一來，藉由偏壓與定位電壓相互作用而產生靜電吸引力，藉著這個靜電力的操控，鏡面得以對角 45 度線為槓桿軸（選擇對角線的原因在於增加力矩量值，提升機電效率），朝向某一個定址位置偏轉，如（圖 2-1）所示。

(5)微鏡片結構製程基本上是利用反覆沈積、蝕刻與清潔等的標準 IC 製程。藉 IC 製程技術在 CMOS 表面長出四層金屬層，包括：鏡面定址電極、藏匿型力矩絞鏈（Hinge）、軛形架（Yoke）以及鋁金屬鏡面，共同組成一組微鏡面的機械結構，如圖（2-3）所示。每個微鏡面為 16μm 見方（對於 0.9 吋面板而言）或 13μm 見方（對於 0.7 吋面板而言），前者鏡面間間隔為 1μm，後者為 0.8μm。其中鏡面尺寸大小是依據光學系統和 CMOS SRAM 單元上的最小容許幾何機械結構所訂定的規格。

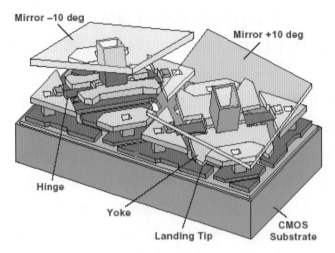

圖 2.2 ✿ 下載授權重印自 TI 公司網頁

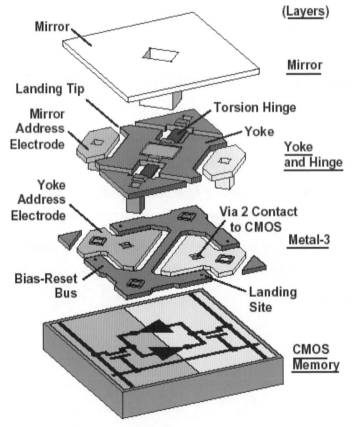

圖 2.3 ✿ 下載授權重印自 TI 公司網頁

(6)藏匿型力矩絞鏈和軛形架的機構設計是 DMD 得以商品化的關鍵性突破。1993 年以前，力矩絞鏈和微鏡面是共面的結構，因此在光學投射系統中，會導致光束的散射而降低影像的對比度和光的轉換效率。為了解決這個問題，TI 更改結構設計和製程，將力矩絞鏈及支撐物隱藏到微鏡面之下，因而大幅地提昇了對比和光的轉換效率。1994 年之後，為了防止微鏡面直接碰觸到定位平臺，造成長期工作下的鏡面損壞，又在微鏡面底部追加了一個與力矩絞鏈相互連結的軛形架。由於 DMD 的鏡面需要在約 15μsec 極短的時間間隔內快速且準確地反覆偏轉，因此需要一個強而穩定的機械結構來承受應力，這對微機電的半導體製程設計上是一項極具艱鉅的挑戰。直到 1997 年整個 DMD 微機電結構定案為止之前，這部份仍經過無數製程技術的變革，例如軛形架上的平臺式尖端和彈簧式尖端，不但提昇了 DMD 的穩定性和生命週期，更增加了機械與電子的轉換效能。1997 年，改進後的 DMD 生命週期超過 10 萬小時，而正式進入商品化階段。

(7)對於數位微鏡元件（DMD）而言，自 1987 至 2000 年為止，TI 不斷的研究，發展與改良包括了 DMD 微機電結構設計、製程技術、製程材料、殘留微粒控制、潤滑技術、封裝技術、自動化測試、良率提昇以及成本控制等；此外，同時針對影像處理演算法和光學投影系統等方面，從事深入的研究，企圖將 DMD 達到最佳化的光機電轉換效能，與光學影像的成像品質。

(8)至於 DMD 應用在投影系統上產生灰階影像的方法，則是利用 DMD 靜態隨機儲存記憶體的每一個記憶單元存取單一畫素，入射光束藉由單一反射鏡偏轉而轉換成單一方向的反射圖元，再結合投影鏡頭孔徑光闌（Aperture stop）的裝置，如同光學開關一般，產生明－暗的光學投影影像，（圖 2-4）。

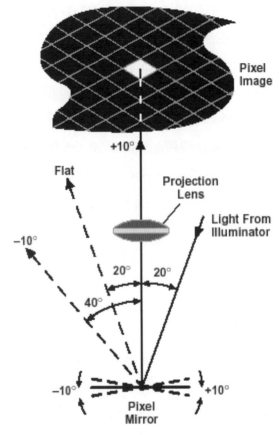

圖 2.4✿ 下載授權重印自 TI 公司網頁

(9)（圖 2-5）簡單說明使用一種所謂二元脈寬調變的訊號處理技術來表現 4 位元灰階。在這裏 1 表示明訊號，0 表示暗訊號，4 位元相當於可表現出 16 個灰階，表示 DMD 單一鏡面在做單一灰階的呈現時間內會有 16 次光學開關的切換，要呈現『全亮』畫素，則將 DMD 鏡面 16 次光學開關設定於『全開』狀態，數位電子訊號以（1111）表示，將這 16 個『明畫素』影像疊加起來就產生一個全亮畫素；反之，要呈現『全暗』畫素，則將 DMD 鏡面 16 次光學開關設定於『全關』狀態，數位電子訊號以（0000）表示。同理，如果將 DMD 鏡面設定於 8 次光學開關『全開』狀態和 8 次光學開關『全關』狀態下，數位電子訊號以（1000）表示，呈現出中性灰階的影像，進而推廣至其他灰階的呈現。

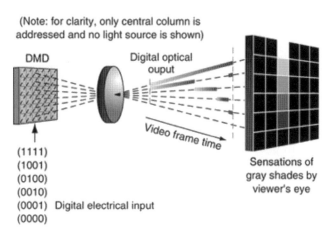

(10)在色彩表現方面，則在 DMD 與光學照明系統之間設置裝有彩色濾鏡的
轉輪，藉此呈現紅、綠、藍等三原色彩色影像，如（圖 2-6）所示。

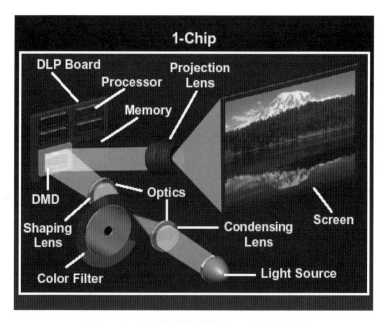

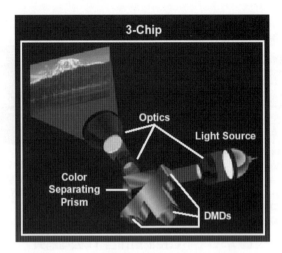

圖 2.7 ✿　下載授權重印自 TI 公司網頁

　　由於，DMD 鏡面之開關切換時間約 15μsec，因此，利用時間分割的光學影像疊加方式，可以呈現出 8 位元原色的灰階影像（相當於 256 個灰階），如果包含三原色灰階的混合，相當於可以營造出 16777216 個色彩影像。所以，DLP 投影機即是利用此種處理數位元彩色灰階影像的電子方式，加上 DMD 之數位元件特性來呈現出高品質且精緻的彩色動態影像。

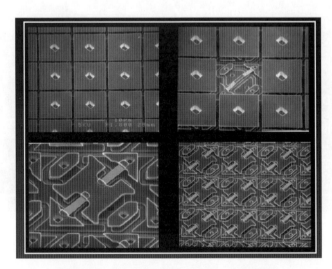

圖 2.8 ✿　下載授權重印自 TI 公司網頁

（註）本章資料參考自「參考文獻(1)」

第 3 章

規格決定時的考量

3.1 ｜ DMD 的選擇

(1)選擇目前現有解析度最高的 DMD→1024×768

(2)因為鏡頭的大小與 DMD 的大小成正比，既然目的是希望做出輕薄短小的鏡頭，就必然要選擇相同解析度中尺寸較小的 DMD→0.7"的 DMD

(3)希望有較大的亮度，所以選擇傾角較大的 DMD→12°傾角的 DMD

（結論）選定 0.7" XGA 12°傾角 Pixel Pitch 為 3.68μm 的 DMD

3.2 ｜ DMD 的 offset

(1)希望投影機放置在桌上，影像投射出去時能夠完全在桌子的上方，則 DMD 需要在鏡頭光軸的下方，而不是正好在光軸上。

(2)0.7" XGA 的 DMD 尺寸為 14.13×10.6

（結論）選定 DMD 的中心在光軸下方 6.5mm

3.3 ｜ 最大像高

(1)由 DMD 尺寸及上項的 offset 可知最大像高 y

$$y = \left[\left(\frac{14.13}{2} \right)^3 + \left(\frac{10.6}{2} + 6.5 \right)^2 \right]^{1/2} = 13.753$$

(2)考慮 DMD 製作時中心定位的誤差及系統組裝時的公差影響，預留 0.45mm 的餘裕。

（結論）選定最大像高為 14.2mm

3.4 ｜ 投射的畫面大小

考慮不是每個使用者都能有很開闊的使用空間，希望鏡頭在廣角位置時，在距離 2 公尺處約有對角線 60"的畫面。

3.5 ｜ F no

(1)由於是使用 12°傾角的 DMD

$$Fno = \frac{1}{2 \times Sin(12°)} = 2.4$$

(2)比這個數值更小的 F no 鏡頭，通常只會引進不必要的雜散光而降低影像的對比。

（結論）選定 F no＝2.4（廣角位置）（其他位置時，希望鏡頭光效率的損失＜5%）

3.6 ｜ 變倍比（Zoom ratio）

選擇一般常見的 1.3：1

3.7 ｜ 對焦（Focusing）範圍

考慮一般室內空間，最短距離選擇 1.5 公尺，最遠受限於亮度的關係，選擇 5 公尺距離。

3.8 ｜ MTF

(1)由於選擇的 DMD Pixel Pitch 為 13.68μm，因此系統能夠顯現的最高空間頻率＝1/（2*0.01368）≒36lp/mm

(2)考慮到量產時公差的累積影響，MTF 設計的目標希望全域都有 30%以上的數值。

（結論）MTF 設計的目標→2 公尺物距時，全域 36lp/mm 在 30%以上

3.9 | Lateral Color

Lateral Color 希望

465nm～620nm 範圍＜0.5 pixel pitch

435nm～650nm 範圍＜1 pixel pitch

（註）燈泡的光譜在 435nm 附近有一個峰值

3.10 | 歪曲（Distortion）

希望 Optical Distortion＜2.5％

3.11 | 周邊光量（Relative Illumination）

周邊光量 ≧ 70%

3.12 | 出瞳位置（Exit Pupil Position）

(1)與照明系統搭配，選定為 ≒ −41mm（廣角位置）

(2)定義上以 DMD 方為出瞳側，負值表示在 DMD 左方，正值表示在 DMD 右方。

（註）位置正負的定義，全篇中都一致為左方為負，右方為正。

3.13 | 後焦距

安置照明系統組件關係，後焦距希望 ≧ 36mm

3.14 | 外形限制

(1)輕薄短小的考量，鏡頭前端到 DMD 位置 ≦ 126mm（即鏡頭總長

≦90mm）

    (2)鏡片前端外徑≦45mm

    (3)鏡片後端外徑≦20mm（避免與照明系統組件干涉）

3.15 ┃ 重量

鏡片本身不含鏡室及變焦機構≦100公克

第 4 章

整理選定的目標規格

表 4.1

項目	規格	備註
最大像高	14.2mm	DMD 大小 14.13×10.6 offset 6.5
投射畫面大小	對角線約 60"	廣角位置 2m 物距
F no	2.4（廣角位置）	其他位置時鏡頭光效率的損失＜5%
變倍比	1.3：1	
對焦範圍	1.5～5m	
MTF	30%	36lp/mm
Lateral Color	465nm～620nm＜7μ 435nm～650nm＜13μ	
歪曲	Optical Distortion＜2.5%	
周邊光量	≧70%	
出瞳位置	−41mm（廣角位置）	
後焦距	≧36mm	
鏡頭總長	≦90mm	
鏡片前端外徑	≦45mm	
鏡片後端外徑	≦ 20mm	
鏡片本身重量	≦ 100 公克	

鏡頭型式選擇時的考量

　　變焦鏡頭是焦距可以連續改變並且像面維持穩定、性能滿足一定水準的鏡頭，近幾年來由於設計技術與加工能力的進步，性能上已經可以和固定焦距的鏡頭相提並論。

　　分類上大致可以分為光學補償和機械補償兩大類，前者為不使用 CAM，只利用部分鏡片群組在光軸上直線移動的方式進行改變焦距，並努力維持像面能夠落到焦點深度範圍內的動作；在 CAM 加工精度提升後，已經較少使用。

　　變焦鏡頭結構上大致分為四部份，即對焦鏡組（Focusing lens）、變倍組（Variator）、補償組（Compensator）和主鏡組（Master lens）；不過，近來常見每一個鏡組都做移動的變焦型式，那一個是主鏡組，那一個是變倍組，已經逐漸變得不再明確。

5.1 ｜ 變焦型式的選擇考量

　　(1)4 群變焦型式，通常第四群鏡片要比二、三群來得大，規格上鏡頭尾部直徑 ≦20mm 的要求不容易做到，而且結構較為複雜，鏡片總數要少於 10 片頗有困難。

　　(2)2 群變焦型式雖然結構簡單，但是除非另外有變焦過程中與 CAM 連動的光圈大小調變機構，否則 F no 的變化將正比於變倍比。以廣角端 F no＝2.4 的規格，望遠端 F no ≒ 2.4*1.3＝3.12，光量的減少，難以達成規格的要求。此外，性能上像差的補正，要廣角、望遠兩端兼顧較為不易。

　　(3)3 群變焦型式中的－++結構，－ 先行的結果，後焦比焦距長的要求可以達成，而且第一群外徑會比+先行的結構小；又三群的架構，變焦過程中 F no 的變化會比兩群型式的小，光量的減少較有可能達成規格的要求。

　　(4)進一步將原先在變焦中靜止不動的第 3 群也讓它移動，如此一方面變焦過程中各群移動量減少有助於小型化，另一方面像差補正上也比較有利。

　　(5)將光圈設在第 3 群，鏡頭尾部直徑 ≦ 20mm 的要求可望達成。

　　(6)對焦採用第 1 群。

　　（結論）選擇光圈設在第 3 群，－++結構 3 群都移動的 3 群變焦型式。

5.2 │ 三群變焦鏡頭的特性及初始架構

超過兩個移動群的變焦鏡頭已經被前人討論過,知道它不像兩群的變焦鏡頭一樣可以有直接的確定解;不過這裡還是試著由近軸及簡單的光線追跡(Ray trace),探討其特性並嘗試尋找比較簡單可行的初始值決定方法。

(1)三群變焦鏡頭的特性由下列的近軸關係分析。

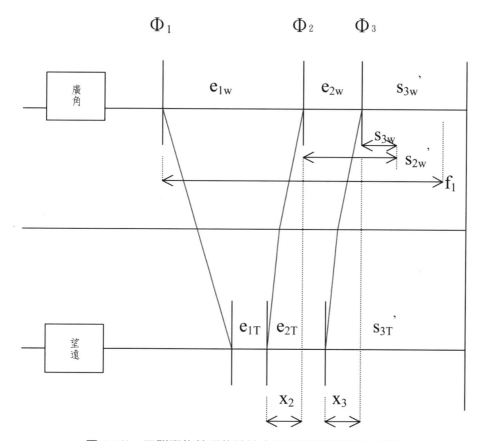

圖 5.1 ✿ 三群變焦鏡頭的特性由下列的近軸關係分析圖

其中　Φ_1 為第一群的 Power(焦距的倒數)　　Φ_2 為第二群的 Power

　　　Φ_3 為第三群的 Power　　　　　　　　f_1 為第一群的焦距

　　　f_2 為第二群的焦距　　　　　　　　　　f_3 為第三群的焦距

　　　e_{1w} 為廣角位置時一、二群之間的主點間隔

e_{2w} 為廣角位置時二、三群之間的主點間隔

e_{1T} 為望遠位置時一、二群之間的主點間隔

e_{2T} 為望遠位置時二、三群之間的主點間隔

s_{3w}' 為廣角位置時第三群的像距也等於此位置整體的後焦距

s_{3T}' 為望遠位置時第三群的像距也等於此位置整體的後焦距

s_{2w}' 為廣角位置時第二群的像距

s_{3w} 為廣角位置時第三群的物距

x_2 為第二群由廣角變化到望遠位置時的移動量

x_3 為第三群由廣角變化到望遠位置時的移動量

f_w 為廣角位置時的合成焦距　f_T 為望遠位置時的合成焦距

β_{2w} 為廣角位置時第二群的放大率

β_{3w} 為廣角位置時第三群的放大率

β_{2T} 為望遠位置時第二群的放大率

β_{3T} 為望遠位置時第三群的放大率

則可得下列式子

$$f_1 = \frac{f_W}{\beta_{2w}\beta_{3w}} \tag{5-1}$$

$$f_3 = \frac{S_{3w}'}{1 - \beta_{3W}} \tag{5-2}$$

$$s_{3T} = S_{3W} + x_3 \tag{5-3}$$

$$\beta_{3T} = 1 - \Phi_3 s_{3T} \tag{5-4}$$

$$s_{3T} = \frac{S_{3T}'}{\beta_{3T}} \tag{5-5}$$

$$\beta_{2T} = \frac{f_T}{f_1 \beta_{3T}} \tag{5-6}$$

$$s_{2T} = f_1 - e_{1T} \tag{5-7}$$

$$s_{2T}' = s_{2T} * \beta_{2T} \tag{5-8}$$

$$e_{2T} = s_{2T}' - s_{3T} \tag{5-9}$$

$$s_{2W}' = f_2 * (1) \tag{5-10}$$

（註）∵　$\dfrac{1}{s'_{2W}} - \dfrac{1}{s_{2W}} = \dfrac{1}{f_2}$

$f_2 = \dfrac{s_{2w}s'_{2W}}{s_{2W} - s'_{2W}} = \dfrac{s'_{2W}}{1 - \left(\dfrac{s'_{2W}}{s_{2W}}\right)} = \dfrac{s'_{2W}}{1 - \beta_{2W}}$

∴　$s'_{2W} = f_2 \quad *(1)$

$s_{3W} = \dfrac{s'_{3W}}{\beta_{3W}}$ （5-11）

$e_{2W} = s'_{2W} - s_{3W}$ （5-12）

$e_{1W} = f_1 - s_{2W}$ （5-13）

(2)由光線追蹤方法探討三群變焦鏡頭的特性。

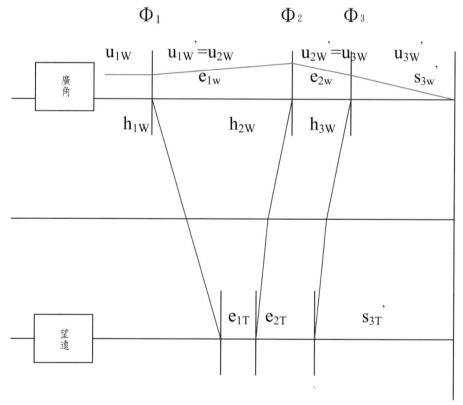

圖 5.2✿　由光線追蹤方法探討三群變焦鏡頭的特性圖

其中　u_{kw} 為廣角位置光線入射第 k 群時與光軸的夾角

u_{kw}' 為廣角位置光線離開第 k 群時與光軸的夾角

h_{kw} 為廣角位置光線交第 k 群時的高度

其他符號定義同（圖 5-1）

平行光入射時 $u_{1w}=0$　$h_{1w}=1$

$u'_{1W}=u_{1W}+h_{1W}\Phi_1=\Phi_1=u_{2W}$

$h_{2W}=h_{1W}-e_{1W}u'_{1W}=1-e_{1W}\Phi_1$

$u'_{2W}=u_{2W}+h_{2W}\Phi_2=\Phi_1+(1)\Phi_2=\Phi_1+\Phi_2-e_{1W}\Phi_1\Phi_2$

$u_{3W}=u'_{2W}$

$h_{3W}=h_{2W}-e_{2W}u'_{2W}=1-e_{1W}\Phi_1-e_{2W}（\Phi_1+\Phi_2-e_{1W}\Phi_1\Phi_2）$

$u'_{3W}=u_{3W}+h_{3W}\Phi_3$

$\qquad =\Phi_1+\Phi_2-e_{1W}\Phi_1\Phi_2+\Phi_3-e_{1W}\Phi_1\Phi_3-e_{2W}\Phi_3（\Phi_1+\Phi_2-e_{1W}\Phi_1\Phi_2）$

$\qquad =\Phi_1(1)+(1)\Phi_{23W}$

其中

$\Phi_{23W}=\Phi_2+\Phi_3-e_{2W}\Phi_2\Phi_3$（5-14）

$\Phi_W=u'_{3W}+\Phi_1(1)+(1)\Phi_{23W}$（5-15）

$s'_{3W}=\dfrac{h_{3W}}{u'_{3W}}=\dfrac{h_{3W}}{\Phi_W}$（5-16）

同理

$\Phi_{23T}=\Phi_2+\Phi_3-e_{2T}\Phi_2\Phi_3$（5-17）

$\Phi_T=u'_{3T}=\Phi_1(1)+(1)\Phi_{23T}$（5-18）

$s'_{3T}=\dfrac{h_{3T}}{u'_{3T}}=\dfrac{h_{3T}}{\Phi_T}$（5-19）

(3)初始值的決定步驟

f_W、f_T、s_{3W}'為已知 e_{1T} 為最小的間隔可考慮機構能做的程度先行決定，等同於已知。

自行決定 β_{2w}、β_{3w}、x_3 初始值。

由（5-1）算出 f_1

由（5-2）算出 f_3

由（5-3）算出 s_{3T}'

第五章│鏡頭型式選擇時的考量

由（5-4）算出β_{3T}

由（5-5）算出s_{3T}

由（5-6）算出β_{2T}

由（5-7）算出s_{2T}

由（5-8）算出s_{2T}'

由（5-9）算出e_{2T}

由（5-18）算出Φ_{23T}

由（5-17）算出Φ_2

由（5-11）算出s_{3W}

由（5-12）算出e_{2W}

由（5-13）算出e_{1W}

如果結果不滿意，重新決定β_{2W}、β_{3W}、x_3初始值。

(4)初始值選定

f_W	f_T	f_1	f_2	f_3
24.25	31.02	−44.396	38.678	145.462
e_{1W}	e_{2W}	e_{1T}	e_{2T}	
53.074	34.464	38.323	35.3	

5.3 │ 各群鏡片構成

(1)第 1 群−−+構成，第 1 片負的新月形透鏡靠近 DMD 側加入使負 Power 變弱的非球面，做非點（Astigmatism）及歪曲像差的補正。

(2)第 2 群最少片數的++構成。

(3)第 3 群+−+構成，靠近光圈側加入非球面做球面像差（Spherical aberration）的補正。

(4)預計使用 8 個鏡片其中有兩面為非球面。

219

5.4 ｜ 優化

除了使用一般的 Zemax 優化指令之外，並利用該軟體提供的巨集指令如「ra-ytrace」，「field」，「pupil」，「optreturn」等匯成巨集，直接將各種光線像差（球面、彗星、歪曲像差、像散、色像差等）變成可以優化的項目，加強優化的能力。

第 6 章
實際設計結果

6.1 │ 設計值與規格的比較

表 6.1 ∥ 設計值與規格的比較

項目	規格	設計結果
最大像高	14.2mm	14.2mm
投射畫面大小	對角線 60"（廣角 2m 物距）	58.9"
F no	2.4（廣角位置）	2.4（廣角）～2.7（望遠）
變倍比	1.3：1	1.28：1
對焦範圍	1.5～5m	OK
MTF	30%（36lp/mm）	（參性能評價圖）
Lateral Color	465nm～620nm＜7μ 435nm～650nm＜13μ	（參性能評價圖）
歪曲	Optical Distortion＜2.5%	（參性能評價圖）
周邊光量	≧ 70%	（參性能評價圖）
出瞳位置	−41mm（廣角位置）	−40.81mm
後焦距	≧ 36mm	36.41mm（廣角）
鏡頭總長	≦ 90mm	80.55mm（廣角）
鏡片前端外徑	≦ 45mm	42.3mm
鏡片後端外徑	≦ 20mm	20mm
鏡片本身重量	≦ 100 公克	85 公克

6.2 | 鏡頭配置

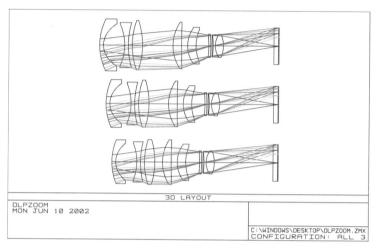

圖 6.1 ✿ 鏡頭配置圖

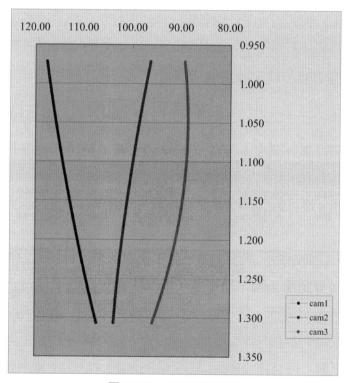

圖 6.2 ✿ CAM 軌跡圖

6.3 ｜ 群間隔變化值

表 6.2 ‖ 群間隔變化值

NO.	m	d6	d10
0	1.00000	19.752	8.208
1	1.00493	19.462	8.320
2	1.00988	19.173	8.431
3	1.01486	18.885	8.542
4	1.01987	18.598	8.651
5	1.02490	18.312	8.760
6	1.02995	18.026	8.867
7	1.03503	17.742	8.974
8	1.04013	17.458	9.081
9	1.04526	17.176	9.186
10	1.05041	16.894	9.291
11	1.05559	16.613	9.394
12	1.06079	16.333	9.497
13	1.06602	16.054	9.600
14	1.07128	15.776	9.701
15	1.07656	15.498	9.802
16	1.08187	15.222	9.902
17	1.08720	14.946	10.001
18	1.09256	14.671	10.099
19	1.09795	14.398	10.197
20	1.10336	14.125	10.294
21	1.10880	13.853	10.390
22	1.11427	13.581	10.485
23	1.11976	13.311	10.580
24	1.12528	13.042	10.674
25	1.13083	12.773	10.767

26	1.13641	12.506	10.859
27	1.14201	12.239	10.951
28	1.14764	11.973	11.042
29	1.15330	11.708	11.132
30	1.15898	11.444	11.222
31	1.16470	11.181	11.311
32	1.17044	10.919	11.399
33	1.17621	10.657	11.486
34	1.18201	10.397	11.573
35	1.18784	10.137	11.659
36	1.19369	9.878	11.744
37	1.19958	9.620	11.828
38	1.20549	9.363	11.912
39	1.21144	9.107	11.996
40	1.21741	8.852	12.078
41	1.22341	8.597	12.160
42	1.22944	8.344	12.241
43	1.23550	8.091	12.321
44	1.24160	7.839	12.401
45	1.24772	7.588	12.480
46	1.25387	7.338	12.559
47	1.26005	7.089	12.637
48	1.26626	6.841	12.714
49	1.27251	6.593	12.790
50	1.27878	6.347	12.866

6.4 ｜性能

實際設計時，使用的是 Zemax 光學設計軟體。以下是本設計分別在廣角（短焦距）、中間畫角、望遠（長焦距）三個位置於主設計物距（2m）及最短（1.5m）、最長（5m）投影距離時的性能表現。

(1)廣角位置（F2.4/24.25），物距＝2m

■三次像差係數

DLPzoom（Wide）（s=2m）

Wavelength：0.5500 microns

Petzval radius：−314.3663

Optical Invarian：2.9986

Seidel Aberration Coefficients：

表 6.3▎三次像差係數

Surf	SPHA S1	COMA S2	ASTI S3	FCUR S4	DIST S5	CLA（CL）	CTR（CL）
1	0.001219	0.003703	0.011246	0.078879	0.273733	−0.015758	−0.047861
2	−0.120448	0.144537	−0.123630	−0.223852	0.252719	0.064759	−0.093176
3	0.000006	−0.000634	0.072779	−0.073699	0.105631	0.000262	−0.030046
4	−0.233956	0.133703	−0.076409	−0.046453	0.070214	0.028393	−0.016226
5	0.323877	−0.191722	0.113492	0.058542	−0.101837	−0.083604	0.049490
6	−0.000046	0.001532	−0.050718	0.054032	−0.109736	−0.002338	0.077409
7	0.278091	−0.014596	0.000766	0.101471	−0.005366	−0.055999	0.002939
8	0.003163	−0.014118	0.063024	−0.006003	−0.254546	−0.009615	0.042923
9	0.030843	0.014287	0.006618	0.124363	0.060673	−0.029990	−0.013892
10	0.002473	0.009559	0.036960	−0.089850	−0.204489	0.006910	0.026715
11	−0.062025	0.095988	−0.148550	−0.034150	0.282743	0.017382	−0.026900
12	−0.453512	−0.072233	0.142339	0.034926	−0.270813	−0.017236	0.026197
STO	0.000000	0.000000	0.000000	0.000000	0.000000	0.000000	0.000000
14	−0.085513	0.117226	−0.160699	−0.056191	0.297322	0.052819	−0.072407
15	−0.045116	−0.032692	−0.023689	−0.022972	−0.033811	0.072757	0.052721
16	0.334762	−0.193737	0.112122	0.129557	−0.139867	−0.032643	0.018891

17	−0.002497	0.004286	−0.007356	0.000000	0.012626	0.000783	−0.001344
18	0.000473	−0.000812	0.001393	0.000000	−0.002391	−0.000148	0.000254
19	0.000000	0.000000	0.000000	0.000000	0.000000	0.000000	0.000000
IMA	0.000000	0.000000	0.000000	0.000000	0.000000	0.000000	0.000000
TOT	−0.028206	0.004276	−0.030314	0.028602	0.232805	−0.003267	−0.004312

■球面像差

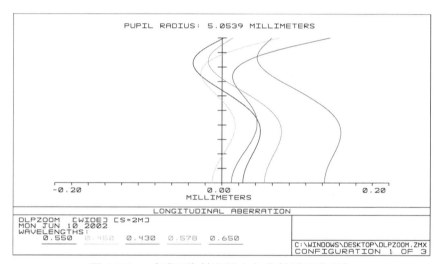

圖 6.3☼　（球面像差和軸上色像差補正良好）

■彗星像差

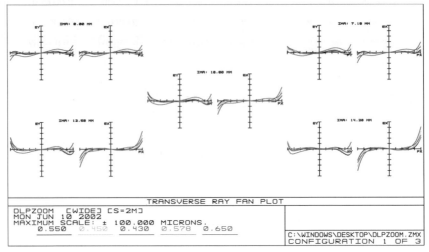

圖 6.4✿ 彗星像差圖

■歪曲像差

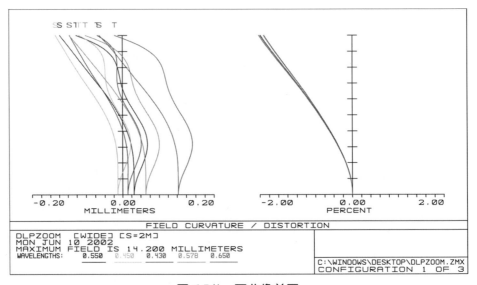

圖 6.5✿ 歪曲像差圖

■周邊光量

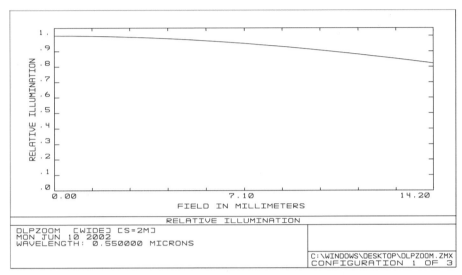

圖 6.6☼ （週邊光量超過 **80%**，高於規格的 **70%**）

■Lateral Color 像差

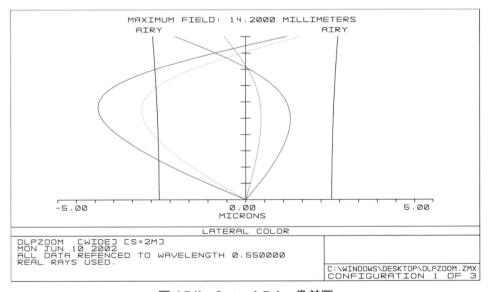

圖 6.7☼ **Lateral Color 像差圖**

■MTF（空間頻率─像高）

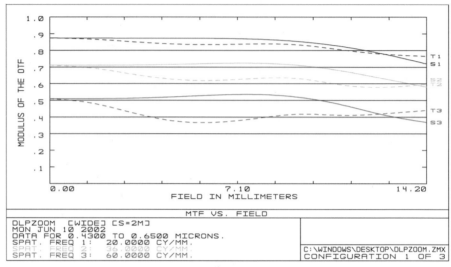

圖 6.8☼　全像面內 MTF 平坦

■MTF（36lp/mm 空間頻率─Through Focus）

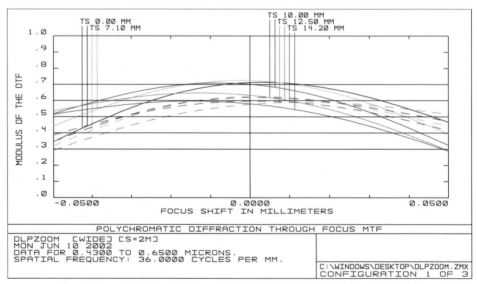

圖 6.9☼　圖中每一個像高，MTF 峰值的位置相當合致，焦深良好

■MTF

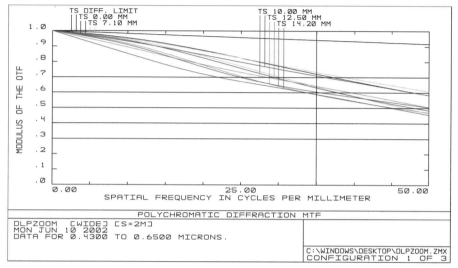

圖 **6.10**✿ **MTF** 圖

(2)中間畫角位置（F2.53/27.08），物距＝2m

■三次像差係數

DLPzoom（Mean）（s=2m）

Wavelength : 0.5500 microns

Petzval radius : －314.3663

Optical Invariant : 2.8169

Seidel Aberration Coefficients:

表 6.4 ▎三次像差係數

Surf	SPHA S1	COMA S2	ASTI S3	FCUR S4	DIST S5	CLA （CL）	CTR （CT）
1	0.001534	0.003990	0.010376	0.069609	0.208015	−0.017678	−0.045974
2	−0.151587	0.143634	−0.092139	−0.197545	0.158144	0.072650	−0.083366
3	0.000007	−0.000667	0.064149	−0.065037	0.085366	0.000293	−0.028209
4	−0.294440	0.124029	−0.052246	−0.040994	0.039276	0.031852	−0.013417
5	0.407608	−0.178688	0.078334	0.051662	−0.056988	−0.093791	0.041116
6	−0.000058	0.001611	−0.044573	0.047682	−0.086038	−0.002622	0.072568
7	0.281016	−0.018419	0.001207	0.089546	−0.005948	−0.055190	0.003617
8	0.002014	−0.009808	0.047773	−0.005297	−0.206898	−0.008136	0.039632
9	0.036623	0.014925	0.006082	0.109748	0.047204	−0.030240	−0.012324
10	0.002683	0.008520	0.027058	−0.079291	−0.165882	0.007754	0.024626
11	−0.052716	0.080629	−0.123323	−0.030137	0.234717	0.016481	−0.025208
12	−0.456090	−0.058860	0.118344	0.030821	−0.225085	−0.016377	0.024579
STO	0.000000	0.000000	0.000000	0.000000	0.000000	0.000000	0.000000
14	−0.073937	0.099626	−0.134241	−0.049587	0.247698	0.050535	−0.068093
15	−0.048920	−0.032727	−0.021894	−0.020272	−0.028208	0.074207	0.049643
16	0.313427	−0.174038	0.096639	0.114331	−0.117147	−0.032207	0.017884
17	−0.001999	0.003409	−0.005812	0.000000	0.009911	0.000698	−0.001190
18	0.000368	−0.000628	0.001071	0.000000	−0.001826	−0.000129	0.000219
19	0.000000	0.000000	0.000000	0.000000	0.000000	0.000000	0.000000
IMA	0.000000	0.000000	0.000000	0.000000	0.000000	0.000000	0.000000
TOT	−0.034466	0.006537	−0.023193	0.025241	0.136310	−0.001899	−0.003897

■球面像差

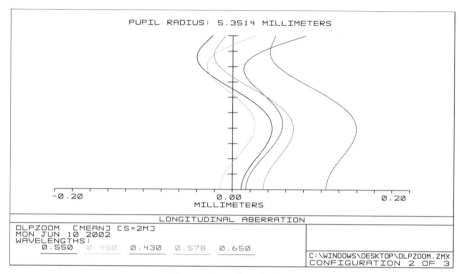

圖 6.11 ☼　球面像差圖

■彗星像差

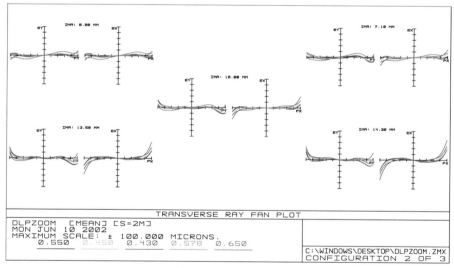

圖 6.12 ☼　彗星像差圖

■歪曲像差

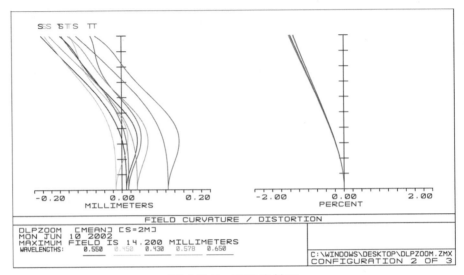

圖 6.13 ☼　歪曲像差圖

■周邊光量

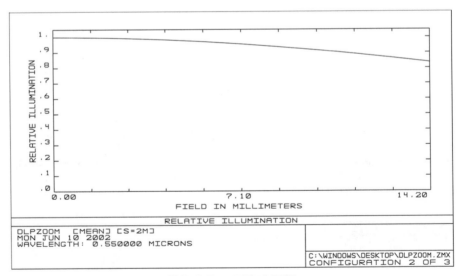

圖 6.14 ☼　周邊光量圖

■Lateral Color 像差

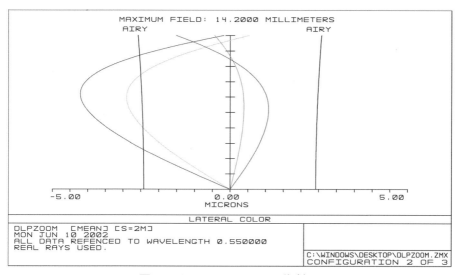

圖 6.15✿　Lateral Color 像差圖

■MTF（空間頻率─像高）

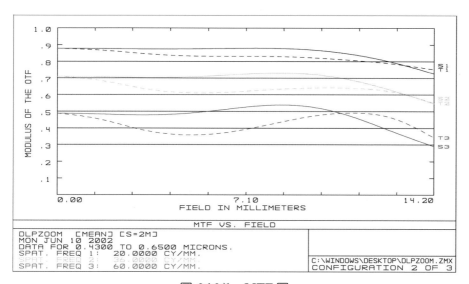

圖 6.16✿　MTF 圖

■MTF（36lp/mm 空間頻率—Through Focus）

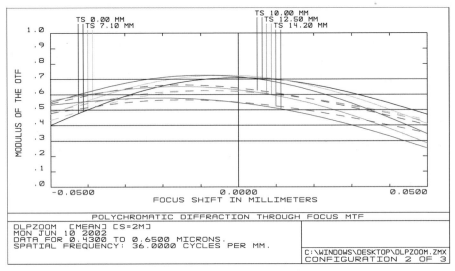

圖 6.17☼　MTF 圖

■MTF

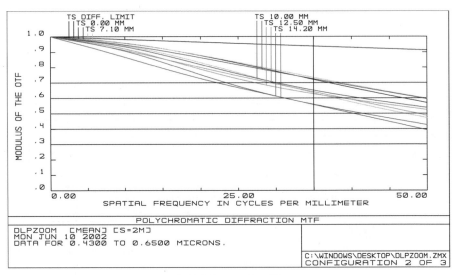

圖 6.18☼　MTF 圖

(3)望遠位置（F2.7/31.02），物距＝2m

■三次像差係數

DLPzoom（Tele）（s=2m）

Wavelength : 0.5500 microns

Petzval radius : −314.3663

Optical Invariant : 2.6192

Seidel Aberration Coefficients:

表 6.5▐ 三次像差係數

Surf	SPHA S1	COMA S2	ASTI S3	FCUR S4	DIST S5	CLA（CL）	CTR（CL）
1	0.002052	0.004391	0.009398	0.060182	0.148910	−0.020444	−0.043753
2	−0.202745	0.144480	−0.064953	−0.170791	0.090864	0.084019	−0.073382
3	0.000009	−0.000717	0.055391	−0.056229	0.064754	0.000339	−0.026212
4	−0.393808	0.113998	−0.033000	−0.035442	0.019812	0.036837	−0.010663
5	0.545169	−0.165327	0.050137	0.044665	−0.028750	−0.108469	0.032894
6	−0.000078	0.001728	−0.038366	0.041225	−0.063453	−0.003033	0.067326
7	0.291001	−0.023711	0.001932	0.077419	−0.006465	−0.054806	0.004466
8	0.001058	−0.005923	0.033154	−0.004580	−0.159951	−0.006435	0.036023
9	0.045187	0.015407	0.005253	0.094884	0.034143	−0.030885	−0.010530
10	0.002805	0.007044	0.017688	−0.068552	−0.127720	0.008881	0.022301
11	−0.043575	0.065443	−0.098284	−0.026055	0.186737	0.015559	−0.023367
12	−0.469264	−0.045535	0.094500	0.026647	−0.179345	−0.015502	0.022818
STO	0.000000	0.000000	0.000000	0.000000	0.000000	0.000000	0.000000
14	−0.062561	0.082150	−0.107871	−0.042871	0.197941	0.048282	−0.063399
15	−0.055235	−0.033237	−0.020000	−0.017527	−0.022582	0.076934	0.046295
16	0.295073	−0.154605	0.081006	0.098847	−0.094235	−0.032040	0.016787
17	−0.001520	0.002563	−0.004323	0.000000	0.007291	0.000605	−0.001020
18	0.000265	−0.000446	0.000753	0.000000	−0.001270	−0.000105	0.000178
19	0.000000	0.000000	0.000000	0.000000	0.000000	0.000000	0.000000
IMA	0.000000	0.000000	0.000000	0.000000	0.000000	0.000000	0.000000
TOT	−0.046166	0.007701	−0.017584	0.021822	0.066680	−0.000262	−0.003242

■球面像差

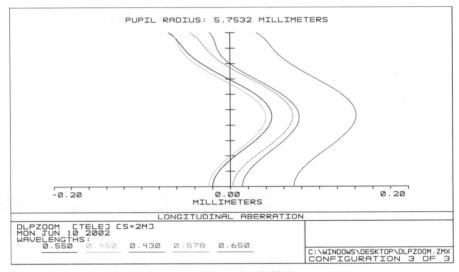

圖 6.19❖ 球面像差圖

■彗星像差

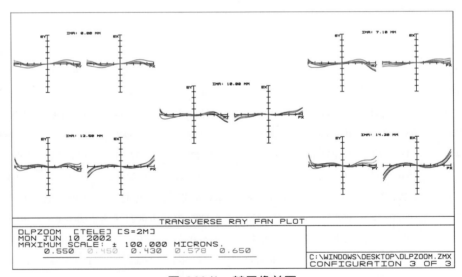

圖 6.20❖ 彗星像差圖

■歪曲像差

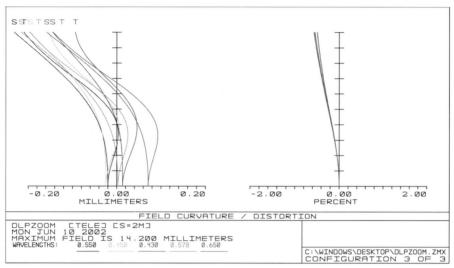

圖 6.21✿ 歪曲像差圖

■周邊光量

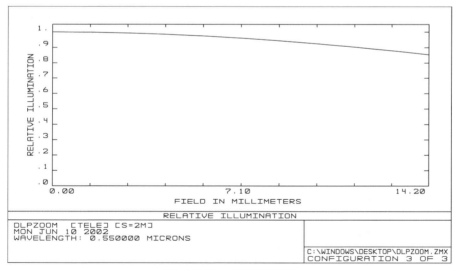

圖 6.22✿ 周邊光量圖

■Lateral Color 像差

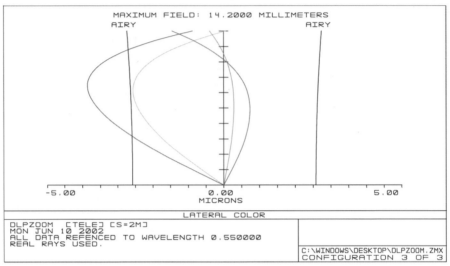

圖 6.23☼ **Lateral Color 像差圖**

■MTF（空間頻率─像高）

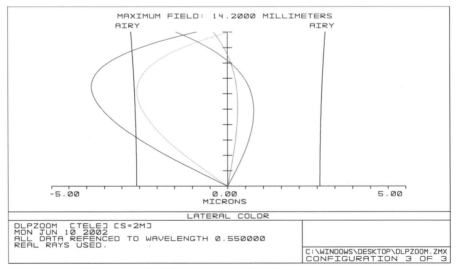

圖 6.24☼ **MTF 圖**

■MTF （36lp/mm 空間頻率—Through Focus）

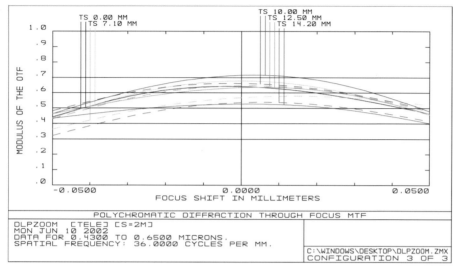

圖 6.25✿ MTF 圖

■MTF

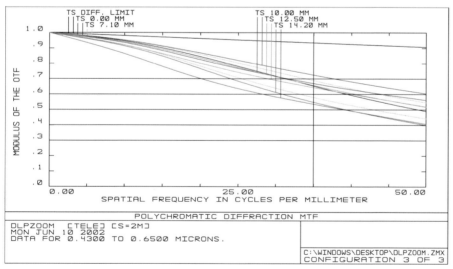

圖 6.26✿ MTF 圖

(4)廣角位置（F2.4/24.15），物距＝1.5m（一群移動 −0.313mm）

■球面像差

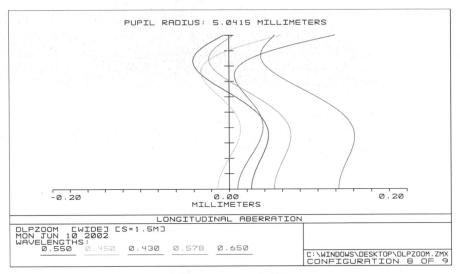

圖 6.27✿　球面像差圖

■彗星像差

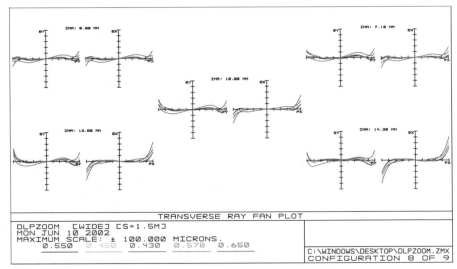

圖 6.28✿　彗星像差圖

■歪曲像差

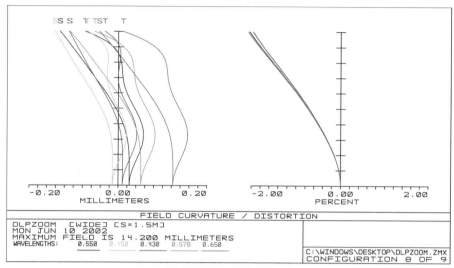

圖 6.29❖　歪曲像差圖

■周邊光量

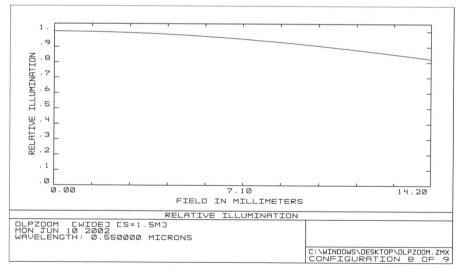

圖 6.30❖　周邊光量圖

■Lateral Color 像差

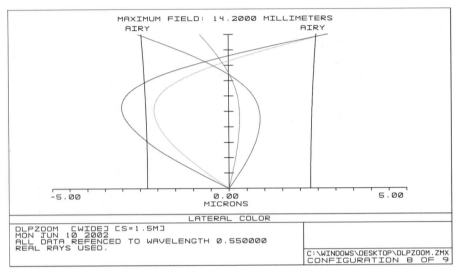

圖 6.31❁　**Lateral Color 像差圖**

■MTF（空間頻率一像高）

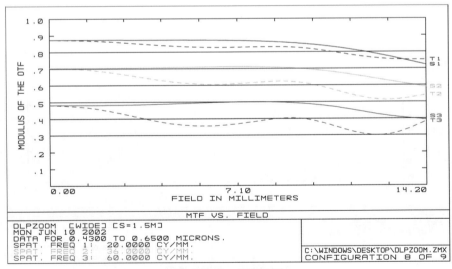

圖 6.32❁　**MTF 圖**

■MTF（36lp/mm 空間頻率—Through Focus）

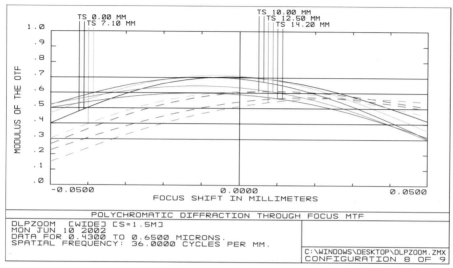

圖 6.33❖ MTF

■MTF

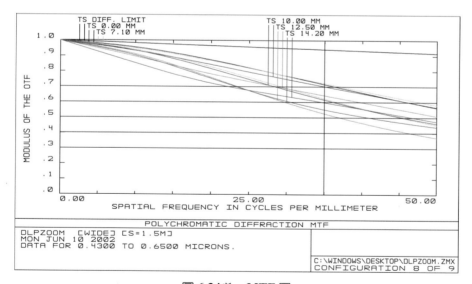

圖 6.34❖ MTF

(5)廣角位置（F2.4/24.47），物距＝5m（一群移動＋0.58mm）

■球面像差

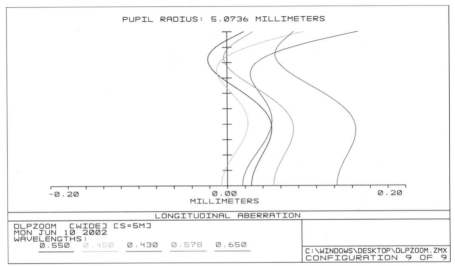

圖 6.35❖　球面像差圖

■彗星像差

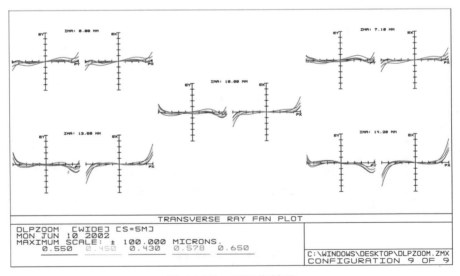

圖 6.36❖　彗星像差圖

■歪曲像差

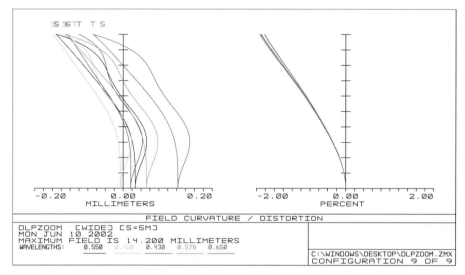

圖 6.37✿ 歪曲像差圖

■周邊光量

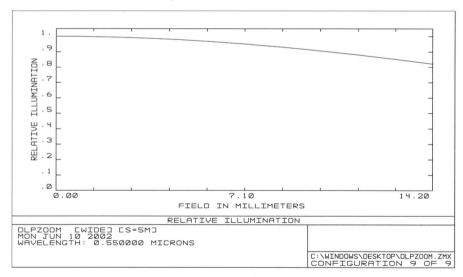

圖 6.38✿ 周邊光量圖

■Lateral Color 像差

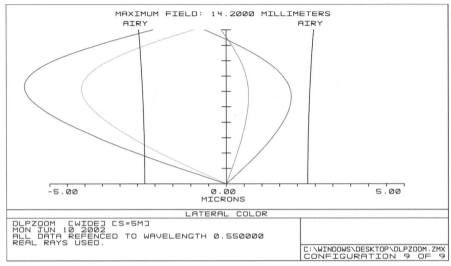

圖 6.39☼ **Lateral Color 像差圖**

■MTF（空間頻率─像高）

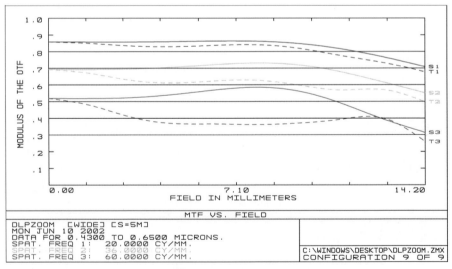

圖 6.40☼ **MTF 圖**

■MTF（36lp/mm 空間頻率—Through Focus）

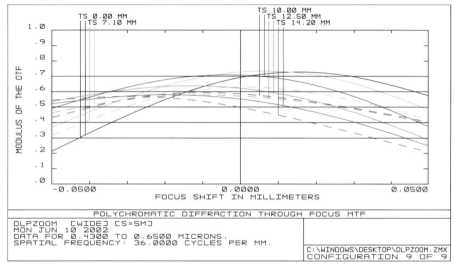

圖 6.41☼ MTF 圖

■MTF

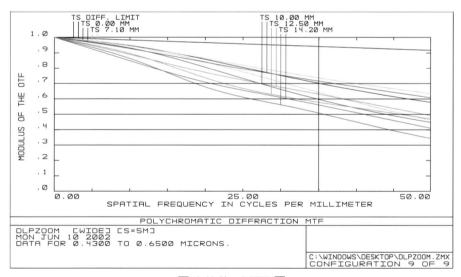

圖 6.42☼ MTF 圖

(6)中間畫角位置（F2.52/26.95），物距＝1.5m（一群移動－0.3mm）

■球面像差

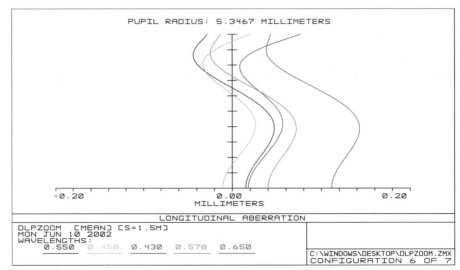

圖 6.43☼　球面像差圖

■彗星像差

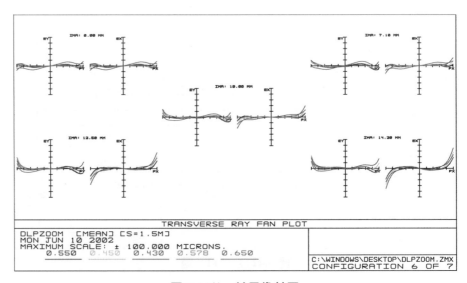

圖 6.44☼　彗星像差圖

■歪曲像差

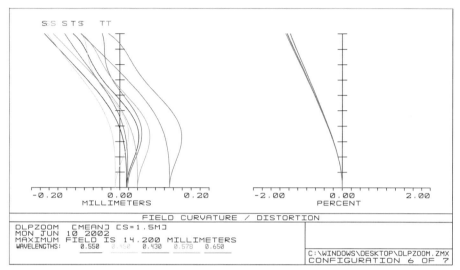

圖 6.45✿　歪曲像差圖

■周邊光量

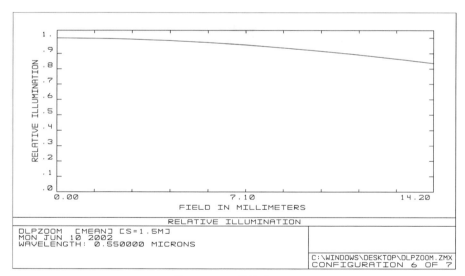

圖 6.46✿　周邊光量圖

■Lateral Color 像差

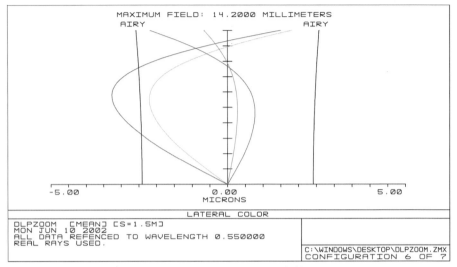

圖 6.47☼ Lateral Color 像差圖

■MTF（空間頻率─像高）

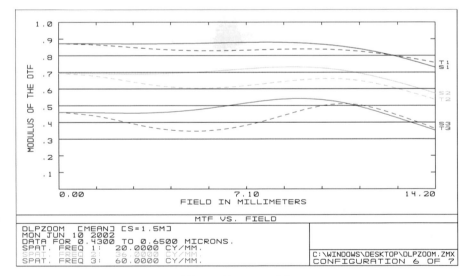

圖 6.48☼ MTF 圖

■MTF（36lp/mm 空間頻率—Through Focus）

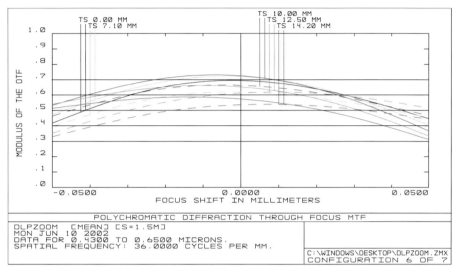

圖 6.49☼ MTF 圖

■MTF

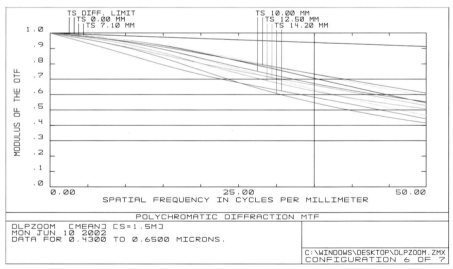

圖 6.50☼ MTF 圖

(7)中間畫角位置（F2.54/27.34），物距＝5m（一群移動＋0.587mm）

■球面像差

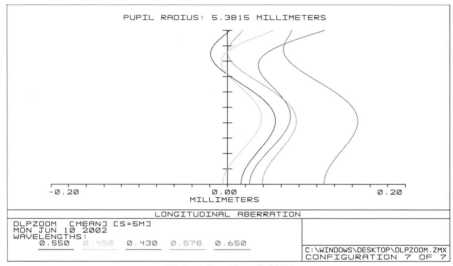

圖 6.51✿　球面像差圖

■彗星像差

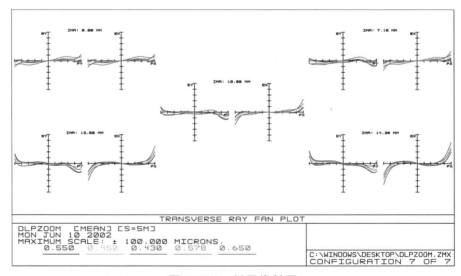

圖 6.52✿　彗星像差圖

■歪曲像差

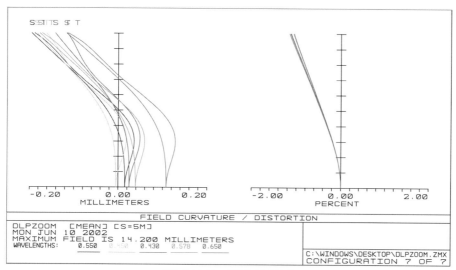

圖 6.53✿　歪曲像差圖

■周邊光量

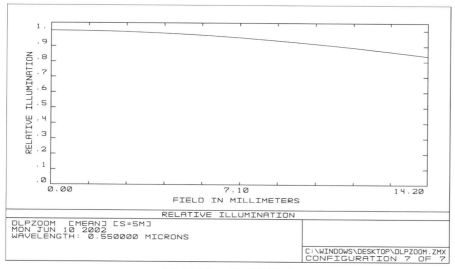

圖 6.54✿　周邊光量圖

■Lateral Color 像差

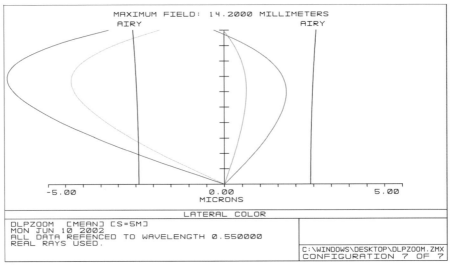

圖 6.55☼　**Lateral Color 像差圖**

■MTF（空間頻率─像高）

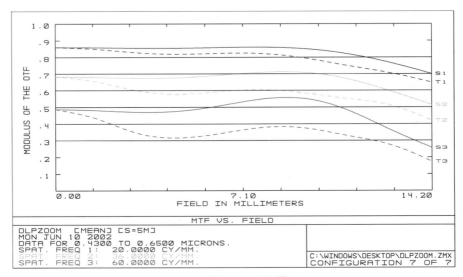

圖 6.56☼　**MTF 圖**

■MTF（36lp/mm 空間頻率─Through Focus）

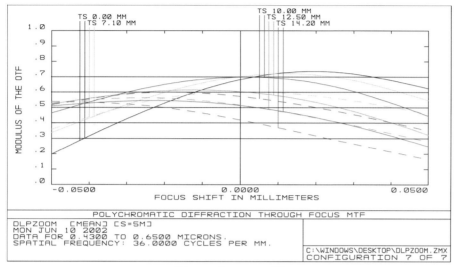

圖 6.57☼　**MTF** 圖

■MTF

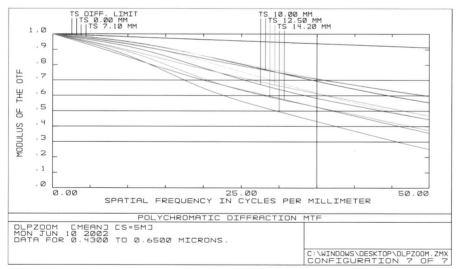

圖 6.58☼　**MTF** 圖

(8)望遠位置（F2.69/30.85），物距＝1.5m（一群移動－0.308mm）

■球面像差

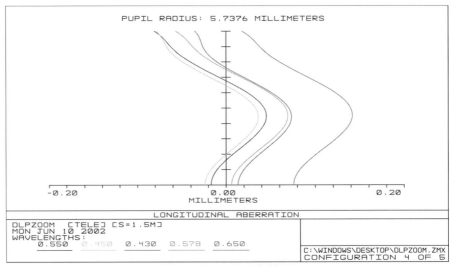

圖 6.59✿ 球面像差圖

■彗星像差

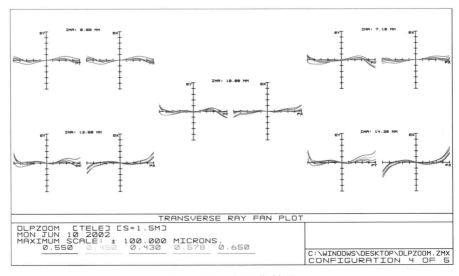

圖 6.60✿ 彗星像差圖

■歪曲像差

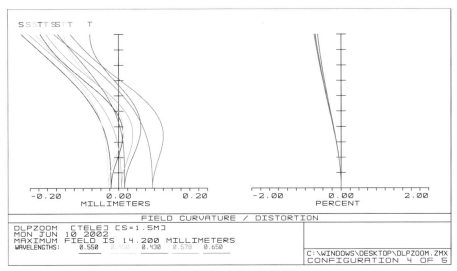

圖 **6.61**✿　歪曲像差圖

■周邊光量

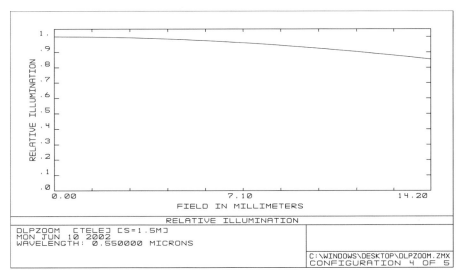

圖 **6.62**✿　周邊光量圖

■Lateral Color 像差

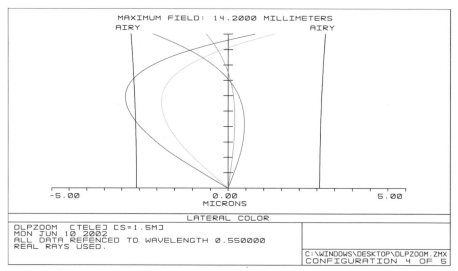

圖 6.63☼　**Lateral Color 像差圖**

■MTF（空間頻率一像高）

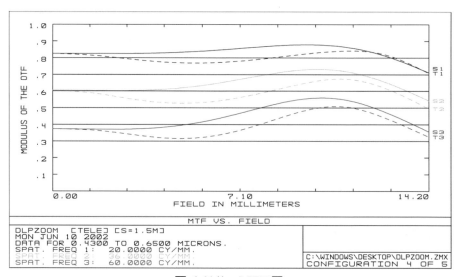

圖 6.64☼　**MTF 圖**

■MTF（36lp/mm 空間頻率—Through Focus）

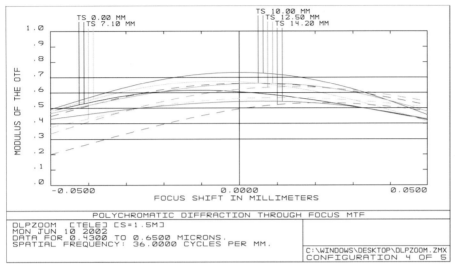

圖 6.65✿　MTF 圖

■MTF

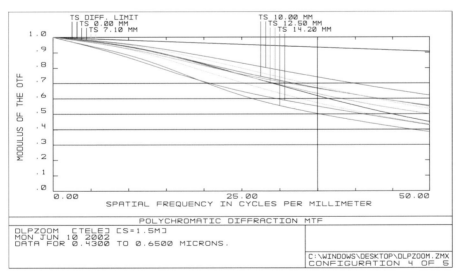

圖 6.66✿　MTF 圖

(9)望遠位置（F2.71/31.34），物距＝5m（一群移動＋0.555mm）

■球面像差

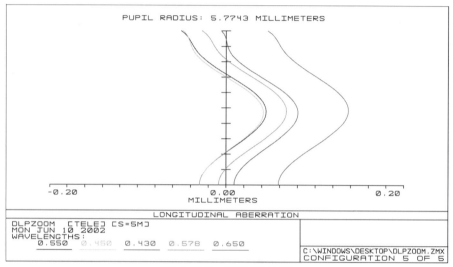

圖 6.67✿　球面像差圖

■彗星像差

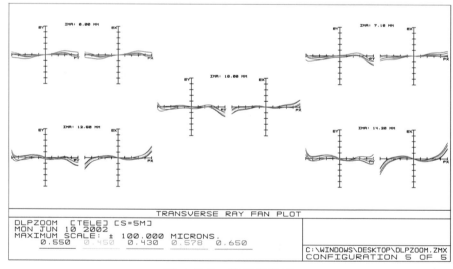

圖 6.68✿　彗星像差圖

■歪曲像差

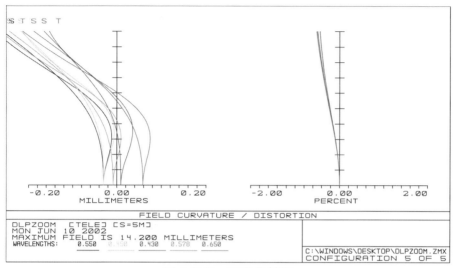

圖 6.69✿　歪曲像差圖

■周邊光量

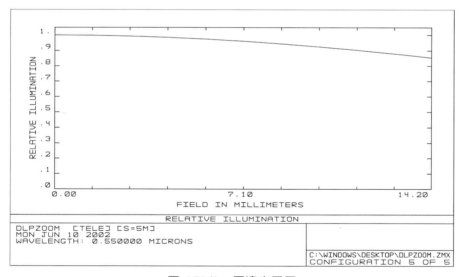

圖 6.70✿　周邊光量圖

■Lateral Color 像差

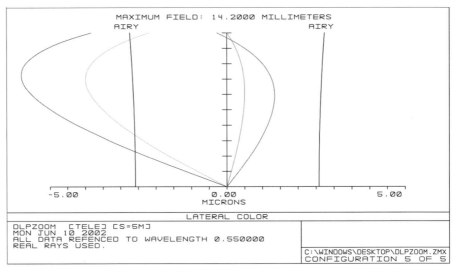

圖 6.71✣　**Lateral Color 像差圖**

■MTF（空間頻率—像高）

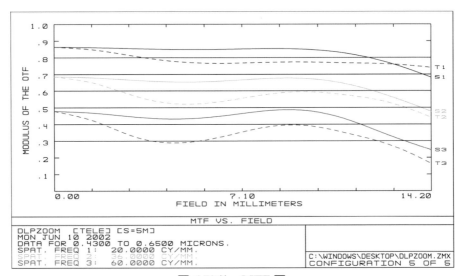

圖 6.72✣　**MTF 圖**

■MTF（36lp/mm 空間頻率—Through Focus）

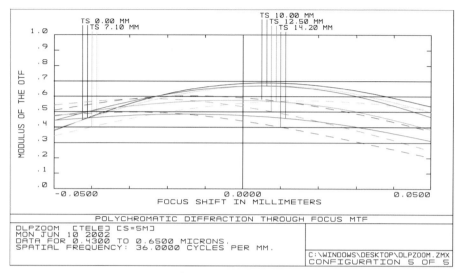

圖 6.73 ☼ MTF 圖

■MTF

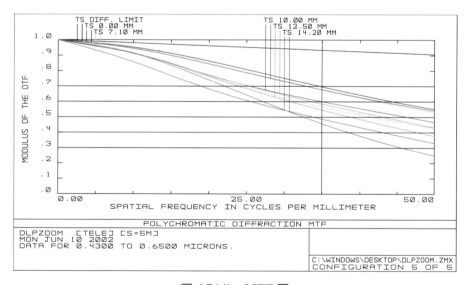

圖 6.74 ☼ MTF 圖

（結論）性能良好，相對於物距改變時性能也變化不大，滿足規格需求。

6.5 │ 公差模擬

(1)（方法 1）將每一個參數，如曲率半徑、面間隔、折射率等分別改變某些量，計算這時候的 MTF 變化，藉以瞭解該參數對性能變化的敏感度，判斷並訂定該參數的量產公差值。

(2)（方法 2）將方法 1 決定的公差值使用蒙地卡羅（Monte Carlo）方法做 200 次的模擬，做量產良率的預估及量產性的評斷。

（結果）由於資料量太大，方法 1 只摘錄三個參數的結果，方法 2 只列舉良率的預估而略去每一次模擬的性能變化值。

■廣角位置 2m 物距

（方法 1）

Sensitivity Analysis:

|------------ Minimum ------------| |------------ Maximum ------------|

Type Sf1 Sf2 Field	Value	MF	Change	Value	MF	Change

Fr inge tolerance on sur face 1

TFRN 1	All	-5.000000	0.643757	0.000070	5.000000	0.643566	-0.000121
	1		0.702328	-0.000116		0.702557	0.000114
	2		0.662533	-0.000398		0.663311	0.000380
	3		0.651216	-0.000005		0.651186	-0.000035
	4		0.597729	-0.000239		0.598138	0.000170
	5		0.590448	0.001025		0.588276	-0.001147
Change in Focus :			0.003473			-0.003473	

Thicknesstolerance on sur face 3

TTHl	3	3	All	−0.050000	0.641548	−0.002138	0.050000	0.634728	−0.008959
			1		0.702117	−0.000327		0.698497	−0.003946
			2		0.664552	0.001621		0.653998	−0.008933
			3		0.653514	0.002293		0.638817	−0.012404
			4		0.588538	−0.009430		0.594587	−0.003381
			5		0.585632	−0.003791		0.572279	−0.017144
		Change in Focus :			0.040914			−0.040826	

Tilt Y tolerance on sur faces 7 through 8　（degrees）

TETY	7	8	All	−0.070000	0.621096	−0.022591	0.070000	0.620935	−0.022752
			1		0.677820	−0.024624		0.677710	−0.024734
			2		0.635579	−0.027352		0.635452	−0.027479
			3		0.625163	−0.026058		0.624982	−0.026239
			4		0.578208	−0.019760		0.577992	−0.019976

Change in Focus : 0.000000　　0.000000

（方法 2）

Monte Car lo Analysis:

Statistics: Normal Distribution

	Merit	Change	0.0, 0.0 Field 1	0.0, 0.5 Field 2	0.0, 0.7 Field 3	0.0, 0.9 Field 4	0.0, 1.0 Field 5
Nominal	0.653239		0.712490	0.673794	0.661310	0.607324	0.597472
Best	0.624149		0.702442	0.676380	0.654175	0.602738	0.584846
Worst	0.376352		0.424924	0.420175	0.349928	0.257511	0.170473
Mean	0.513219		0.609016	0.558893	0.524812	0.451032	0.417468
Std Dev	0.060526		0.068730	0.065775	0.072701	0.087827	0.092752

Compensator Statistics:

Change in back focus:

Minimum：−0.143777

Maximum：0.180754

Mean：0.016154

Standard Deviation：0.071038

90% of Monte Carlo lenses have an MTF above 0.308.

50% of Monte Carlo lenses have an MTF above 0.413.

10% of Monte Carlo lenses have an MTF above 0.535.

■望遠位置 2m 物距

（方法 1）

Sensitivity Analysis:

Type	Sf1	Sf2	Field	|------------ Minimum ------------|		|------------ Maximum ------------|	
				Value	MF	Change	Value	MF	Change

Fr inge tolerance on sur face 10

Type	Sf1	Sf2	Field	Value	MF	Change	Value	MF	Change
TFRN	10		All	−5.000000	0.621841	−0.002848	5.000000	0.625770	0.001081
			1		0.628751	−0.011436		0.650249	0.010061
			2		0.617276	−0.005285		0.626464	0.003903
			3		0.685035	−0.003105		0.689209	0.001070
			4		0.647048	0.003222		0.638524	−0.005301
			5		0.542256	0.004801		0.530966	−0.006489

Change in Focus：　　　　　　　−0.027502　　　　　　　　　0.027527

Thickness tolerance on sur face 10

TTHI	10	10	All	−0.070000	0.597051	−0.027638	0.070000	0.583168	−0.041521
			1		0.673846	0.033659		0.527887	−0.112300
			2		0.592333	−0.030228		0.564299	−0.058263
			3		0.635355	−0.052784		0.664782	−0.023358
			4		0.581799	−0.062026		0.661985	0.018159
			5		0.490676	−0.046779		0.547426	0.009971
	Change in Focus :				−0.003395			0.003341	

（方法 2）

Monte Car lo Analysis:

Statistics: Normal Distribution

Merit	Change	Field 1	0.0, 0.0 Field 2	0.0, 0.5 Field 3	0.0, 0.7 Field 4	0.0, 0.9 Field 5	0.0,1.0 Nominal
0.624689		0.640188	0.622561	0.688139	0.643826	0.537455	Best
0.595328		0.637930	0.656486	0.664795	0.621968	0.540899	Worst
0.340452		0.371831	0.285754	0.327733	0.300220	0.241603	Mean
0.497786		0.559560	0.500673	0.532228	0.487796	0.404682	Std Dev
0.063074		0.057915	0.090600	0.084898	0.081368	0.078365	

Compensator Statistics:

Change in back focus:

Minimum : −0.183122

Maximum : 0.214716

Mean : 0.026855

Standard Deviation : 0.091300

90% of Monte Carlo lenses have an MTF above 0.302.

50% of Monte Carlo lenses have an MTF above 0.420.

10% of Monte Carlo lenses have an MTF above 0.516.

（結論）不論廣角或是望遠位置 200 次的亂數取樣搭配模擬結果，有 90% 以上的數量，MTF 值高於 30%→量產性良好。

第 7 章

結論與討論

(1)由規格的逐一選定開始，經過一番的努力，最後如願的完成了長度 80.55mm、總重 85 公克、只有八個由容易取得的光學玻璃材料鏡片構成、性能良好的 DLP 變焦鏡頭，心情是喜悅的。繕寫論文的此時，正好收到日本光學會 2002 年 5 月份的「光學」雜誌，「2001 年光學界的進展」文中指出「雖然還沒有人發表結果，但是 DataProjector 方面確信是在往 DLP 光學系的小型化方向努力」。

(2)在 61 左右的畫角，1.3 倍變焦的範圍內要維持良好的 Lateral Color 並不太容易，鏡片材料的選擇需要非常的注意；尤其是基於成本的考量，不選用異常分散（Anomalous dispersion glass）材料時，更是頗為困難的挑戰。而這種困難，將會隨著 DMD 畫素尺寸的縮小而更為升高。

(3)德州儀器下一個正準備量產的 DMD 是 0.55 吋 SVGA 的規格。以擴大變倍比的方式，讓一個鏡頭能夠同時適用在相同的光機，但分別使用 0.7 吋 XGA 和 0.55 吋 SVGA 的投影機種，是接下來值得探討的方向。

參考文獻

[1]　Texas Instruments 網頁

[2]　j. Brian Caldwel & Ellis 1. Betensky, "Compact, Wide Range, Telecentric Zoom Lens for DMD Projectors", SPIE Vol. 3482 pp 229-232

[3]　Rekha Doshi & Eugene Curatu, "Zoom Lens Design for Video Projector", SPIE Vol. 3129 pp50-59

[4]　松居吉哉「……設計法」共立出版株式會社，1972

[5]　中川治平「……設計工學」東海大學出版會，1986

[6]　草川徹「……光學」東海大學出版會，1988

[7]　ZEMAX Optical Design Program User's Guide Version 10.0, Focus Software, Incorporated, 2001

授權同意書

本篇內相關DLP的圖片已經 Texas Instruments 授權同意使用，原件如下文：

Enclosed is the Image Library link for you to use and download images free.

http://www.dlp.com/about_dlp/about_dlp_image_library.asp

Please feel free to contact us if you have further questions regarding DLP (tm) technology.

Sincerely,

DLP Webmaster

Texas Instruments

第五篇

Double Cassegrain
紅外線熱成像鏡頭
之研究

本篇摘要

　　近年來，關於紅外線熱成像系統應用於醫學、工業及軍事等領域的研究不斷被提出。而關於光學成像系統的研究，也可在許多書籍中看到。隨著紅外線光學材料、探測器與電子技術的研製與進步，各種型態的熱成像系統也被開發出來。

　　輕、薄、短、小、價格便宜，幾乎已成為近年來科技產品的宗旨，紅外線熱成像系統當然也不例外。

　　基於紅外線透鏡材料來源取得不易、價格昂貴、加工困難；相對而言，反射鏡片則便宜許多，可以使用金屬加工，也可以使用塑膠成形鏡片，鍍上金屬反射膜即可。

反射系統雖然具有無色差的優點，但是在反射面數不多的情況下，其餘像差的修正並不容易。

Double Cassegrain 延伸自 Cassegrain，為反射式之紅外線鏡頭，搭配 11mm×11mm 之面型 IR CCD，解析度 220×220pixels，畫素尺寸 50μm×50μm，操作波長為 8μm 至 14μm。使用於室內，近距離（1M）拍攝身體局部，例如臉部、手部。

在相同之設計規格與條件下，將設計「Doublet折射式鏡頭」、「Cassegrain反射式鏡頭」以及「Double Cassegrain 反射式鏡頭」三種

鏡頭，並比較其優缺點。

由於 Cassegrain 系統已經預期會有約 20%的中心遮蔽，Double Cassegrain 系統則預期起碼會有兩倍（40%）以上的中心遮蔽。設計結果，除了中心遮蔽以外，加上周邊遮蔽，遮蔽量遠超出預期。

至於像差的修正與解像力表現的部分，雖然略遜於 Doublet 系統，但卻遠高於 Cassegrain 系統。

反射系統的便宜價格非常誘人，但有許多不同於折射系統的缺點有待克服，是非常值得研究與發展的方向。

第 1 章

緒論

1.1 | 前言

夜間行動的坦克、軍人,為能在遠距時比敵人更快速更準確鎖定對方,但又不被對方發現,可以利用紅外線熱像儀。工廠的安全維護,定期檢查是必要的工作,但是有許多危險機具、巨型設備、複雜的管線或電路,維護上既不安全也不方便,這時紅外線熱像儀便是一個既方便又安全的監控設備。三年前SARS入侵台灣時,所有公共場所進出時都必須測量體溫,中正機場入境處更引進紅外線熱像儀,讓每位檢測與受測者既能保持安全距離,又能迅速在顯示器上得知體溫。

人眼可見的光譜範圍,大約在 0.4μm 至 0.7μm 之間;而紅外光譜,則大約從 0.8μm 至 1000μm(1mm)之間〔圖 1.1.1〕。相較於可見光,紅外線具有較強的輻射能量,在大氣中又具有較高的穿透力,而且可以提供許多可見光無法提供的線索,但是這些線索人眼看不到。基於紅外線具有如此優異的特點,科學家積極研發各種紅外線系統,幫助人類獲得了許多肉眼看不見的有用資訊。

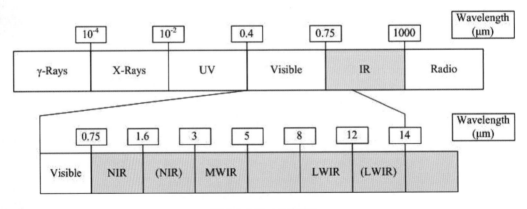

圖 1.1.1✿ 光譜圖

其中 25μm 至 1000μm,主要應用於天文及固態物理領域。12μm 至 25μm,主要應用於大氣科學領域。最短的 0.8μm 至 1.6(或 3)μm,被歸類為近紅外光(NIR),主要應用於通訊、雷射、紅外線攝影等領域。

其它包括 3μm 至 5μm 的中波紅外光(MWIR),及 8μm 至 12(或 14)μm 的長波紅外光(LWIR),是熱成像系統的操作範圍,廣泛應用於醫學、工業及軍事等領域。

紅外線熱成像系統的原理，其實就像日常生活中常用的數位相機、數位攝影機，同樣都包含了鏡頭、探測器、訊號處理運算模組及儲存、顯示系統，可以將人像、景物攝錄成圖片或影片。最主要的差別，就在於一個利用可見光，記錄影像，另一個利用紅外光，記錄溫差分佈。

紅外線熱成像系統是一個整合光、機、電、材料、以及製造生產等各種領域的複雜系統。

早年紅外線探測器發展較為緩慢，紅外線系統既不成熟也不普及。直到 50 年代後，各種性能優越的紅外線探測器陸續研發成功，而紅外線材料、光學系統、電子系統等等也愈加成熟與進步，也因此得以發展出各種精確且實用的紅外線系統。

隨著應用領域、使用條件的差異，也受制於機械結構、電子系統等空間條件的限制，甚至基於重量、體積、尺寸及價格等實用面的考量，各種不同類型的光學成像系統也就應運而生。包括掃瞄式光學系統、折射式成像系統、反射式成像系統、折反射式成像系統等等。

1.2 │ 研究目的及範圍

大部分紅外線折射材料，其折射率介於 2 至 4 之間，屬高折射率材料，對 3μm 至 12（或 14）μm 之光學系統而言，像差校正比起可見光容易許多。也就是說，以同等性能之光學系統相比，紅外線系統所需之鏡片數一般而言較可見光系統少。

但是，紅外線折射材料來源取得不易、加工困難、價格偏高，乃是一個不爭的事實。再加上折射率的熱效應（dn/dt）並不低，隨著溫度變化，折射率、厚度、表面形狀跟著改變，光學性能也因此受到影響。而高反射及部分吸收的特性，使得高效率的抗反射膜成為必要的工程，但是熱輻射能量的耗損卻無可避免。

反射式成像系統所用的反射鏡，不需要昂貴的折射材料，僅需要普通的金屬（如鋁）加工即可。如果大量生產，可以採用塑膠射出成形的反射鏡，鍍上低價位（如鋁）的高反射膜即可（鋁在紅外光的反射率可達約 98%）。

　　為彌補反射式成像系統在像差校正能力上的不足，折反射式成像系統也就應運而生。當然，成本也因此又提高了。

　　基於上述考量，於是便思考如何設計一種價格便宜、且性能優異的熱成像系統。「Double Cassegrain 鏡頭」就是在 Cassegrain 鏡頭的基礎上，所延伸出的一種架構簡單的反射式成像系統，預計應用於動物或人類之醫學領域，如臉部、腦部或其它身體局部的熱成像。

　　搭配之面型 IR CCD，尺寸 11mm × 11mm，解析度 220 × 220pixels，畫素尺寸 50μm × 50μm。由於 IR CCD 及後段之訊號處理有一定的特性，與其搭配之光學成像系統必須滿足一定之規格，紅外線熱像儀才能正常運作。

　　研究的目的，便是以上述面型 IR CCD 及預定規格為目標，進行「Double Cassegrain 鏡頭」之光學設計。由於是新型態之光學系統，所以設計之成果將有助於研判此光學系統之優缺點。

　　如果符合預定目標，將來便可商品化，而且可以提供鏡頭生產、組裝、以及搭配 IR CCD 和訊號處理時之所有公差及注意事項。如果不符合預定目標，也可以從中獲知原因及缺點，進而提出改善或修改設計之建議。

　　「熱靈敏度」及「解像力」是評價熱成像系統的兩大重要指標。由於設定基本要件，包括固定之探測器、訊號處理系統、及固定之目標物、距離、及環境。所以，設計與研究的重點，將著重在光學系統之「解像力」；而「熱靈敏度」的部分，雖已限定條件，但仍將指出其要點，及與光學系統相關之要件。

1.3 ｜文獻探討

　　關於紅外線熱成像系統的研究與應用，過去曾經被提出的型態相當多，但是在面型陣列探測器（two-dimensional arrays detector）尚未開發出來以前，仍多採用掃瞄式光學系統。

　　類似 Cassegrain 反射式成像系統之研究，舉例如下：

Robert T. Jones, "Coma of Modified Gregorian and Cassegrain Mirror Systems,"

Journal of the Optical Society of America, (1954)，是早年針對 Gregorian 及 Cassegrain 系統像差校正之研究，有助於基本觀念之建立。

S. C. B. Gascoibne, "Recent Advances in Astrnomical Optics," Applied Optics, (1973)，以雙反射系統為基礎，延伸至非球面鏡片的加入及其應用，是早年從雙反射系統延伸發展之折反射系統。

近年來，由於加工技術的進步，可供運用的材料增加，再加上電腦與設計軟體的輔助，使得設計與製造的成熟度進步許多。但是，基本的觀念卻不容忽視。

國內關於紅外線熱成像系統的相關研究相當多，但多數朝應用領域，例如醫療、監視、工業量測…等，也有朝影像處理、電子材料、機械結構等領域之研究，但是在光學領域，搭配面型探測器且採用反射式成像系統之研究則不多。

賴政榆，《通信衛星望遠鏡之光學設計》，國立中央大學碩士論文（1991），提出折射式望遠鏡與 Cassegrain 反射式望遠鏡之比較，類似於本文之研究主題與方法，但差異則在於本文研究的光學系統應用於紅外線，而且是成像系統（focal system），更重要的是要提出前所未有的全新架構。

1.4 ┃研究方法

早年為了設計一顆鏡頭，必須耗費許多的人力及時間，進行龐大的資料運算。近年來藉由光學設計軟體的輔助，要快速設計一顆成像品質良好的鏡頭，已經不是難事。但是，如何設計出更符合需求，包括：解像力更高、價格更低、生產簡化、良率提升、甚至體積更小、重量更輕的產品等，才是設計者必須更深深追求的重點。

在設計一顆鏡頭之前，必須先對操作環境、周邊系統或模組、探測器、空間限制、成像目標、甚至於生產條件及成本等等，進行全盤且詳細的評估，如此才不會顧此失彼、掛一漏萬。

所以，紅外線熱成像系統的原理與概念、基本規格、以及成像品質的評估與目標，都將在鏡頭設計之前瀏覽、檢討與計算。

Zemax 是目前市面上非常普及且實用的光學設計軟體，具備人性化的介面、功能強大的工具、以及高效率的優化能力。本研究所採用的光學設計軟體，基於上述考量，選定 Zemax。

在相同之設計規格與條件下，將設計「Doublet 折射式鏡頭」、「Cassegrain 反射式鏡頭」以及「Double Cassegrain 反射式鏡頭」三種鏡頭，並比較其優缺點。

第 2 章

紅外線熱成像
系統簡介

2.1 | 紅外線系統

　　紅外線系統，如何擷取目標物發出的紅外線訊號，呈現出所需的資訊，包括：方位、距離等數值資料、熱溫分佈之影像或影片、以及輻射通量…等等。其運作過程，就如同一部數位相機，目標物發出之光線，經過鏡頭，抵達探測器，接收到之訊號，經過轉換及運算處理，最後輸出至螢幕顯示。其簡易模型〔圖2-1.1〕如下，並簡要說明之。

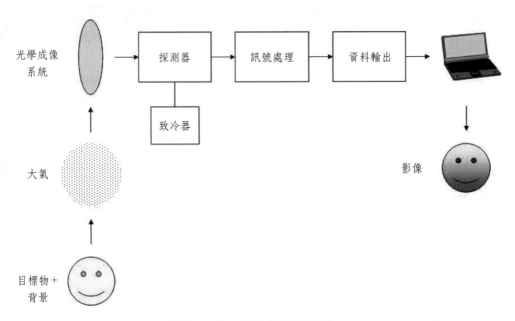

圖 2-1.1 ✿　紅外線系統模型

(1)目標物輻射紅外線，稱之為被動式紅外線系統。部分紅外線系統具備紅外線光源，發射至目標物後再接收其反射回來之訊號，稱為主動式紅外線系統。

(2)紅外線穿透過大氣，抵達紅外線光學系統。由於大氣具有CO_2、H_2O等吸收紅外線的物質，將減損目標物發出的輻射能量，同時視場外的部分雜散光可能散射至紅外線光學系統，形成雜訊。

(3)紅外線光學系統將目標物成像於探測器（detector）上。

(4)訊號處理系統，負責將探測器接收到之類比訊號轉換成數位訊號，並經過放大及訊號處理等過程，將資料傳送至螢幕顯示、儲存系統儲存、或另一系統進行其他目的之應用。

關於紅外線熱成像系統之性能評價，主要有二類指標：「解像力」及「熱靈敏度（或溫度分辨率）」。

(1)解像力：採用 MTF（modulation transfer function，調制傳遞函數）評價。

‧MTF 是評價成像系統成像質量或解像力非常實用的物理量。

‧於成品製造前，可用於設計評價；於成品完成後，可用於檢測評價。

‧對於不同的空間頻率（spatial frequency），各有其代表數值，介於 0 至 1 之間，數值愈高表示解像力愈好。

‧系統整體之MTF，主要由四個部分共同決定，包括：光學成像系統（包括：鏡頭、濾光片等）、探測器（detector）、電子系統及顯示器。以方程式表示如下：

$$MTF_{系統} = MTF_{鏡頭} \times MTF_{探測器} \times MTF_{電子} \times MTF_{螢幕}$$

(2)熱靈敏度（溫度分辨率）：一般採用 SNR、NETD、MRTD 或 MDTD 評價。

‧紅外線系統，除了接收目標物所輻射出的訊號，同時也接收了雜訊。這些雜訊，可能來自背景，也可能來自系統本身的探測器（detector）。

(a)SNR（signal-to-noise ratio，S/N，訊噪比或雜訊比）

$$SNR = \frac{P}{NEP}$$

其中 P 表示探測器所接收到來自目標物所輻射出之能量。

NEP（noise-equivalent power，雜訊等效能量）表示探測器所接收或輸出的能量與探測器本身固有的雜訊相等時之能量。

‧經推導，SNR 可擴展成下式，用以清楚表示，目標物所輻射之能量，經大氣、光學成像系統、至探測器的過程中，各環節對 SNR 之影響。

$$SNR = [W_T\varepsilon_T - W_E\varepsilon_B] \times [\tau_A] \times \left[\frac{\tau_o d'}{4\,(Fno)^2}\right] \times \left[\frac{D^*}{\sqrt{\Delta f}}\right] \quad （式\ 2\text{-}1）$$

其中

$[W_T\varepsilon_T - W_E\varepsilon_B]$ 表示目標物能量扣除背景能量。

$[\tau_A]$ 表示大氣的輻射穿透率。

$\left[\dfrac{\tau_0 d'}{4\,(Fn_0)^2}\right]$ 表示光學成像系統之處理能力。

$\left[\dfrac{D^*}{\sqrt{\Delta f}}\right]$ 表示探測器之效能。

(b)NETD（noise equivalent temperature difference，雜訊等效溫差），是探測器可感測或分辨的最小溫差。

‧當二個輸出訊號差異等於系統本身的雜訊時，此二個目標物點的溫度差異即 NETD，也就是說，此二個目標物點在探測器上產生之 SNR 等於 1。

‧另一解釋，NETD 是溫度差異與 SNR 變化的比值。

$$NETD = \frac{\partial T}{\partial SNR}$$

(c)MRTD（minimum resolvable temperature difference，最小可分辨溫差）。

‧MRTD 的概念結合了 NETD（雜訊等效溫差）與 MTF（調制傳遞函數），不僅量測熱靈敏度，同時也將人眼對於不同空間頻率（spatial frequency）的分辨率一起考慮進去。

‧MRTD 是人眼對於不同空間頻率（spatial frequency）的目標物 vs.背景溫差系統，個別可以分辨的最小溫差。通常，空間頻率愈高（目標物 vs.背景溫差系統之標板線對愈密），MRTD 也愈高〔圖 2-1.2〕。

‧MRTD 通常使用於室內之系統性能評價。

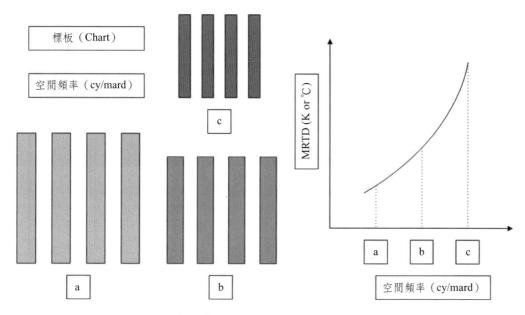

圖 2.1.2 ✿ 最小可分辨溫差（MRTD）vs.空間頻率（spatial frequency）

(d)MDTD（minimum detectable temperature difference，最小可識別溫差）。

· MDTD 是人眼對於不同尺寸或距離的目標物 vs.背景溫差系統，個別可以識
別的最小溫差。通常，目標物尺寸愈小，MDTD 則愈大〔圖 2.1.3〕。

· MDTD 通常使用於戶外之系統性能評價。

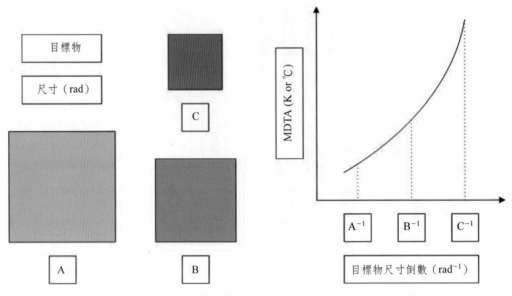

圖 2.1.3✿　**最小可識別溫差（MDTD）vs.目標物尺寸倒數**

2.2 ｜熱輻射及大氣

SNR 表示式（式 2.1）中，目標物及背景之決定項為

$$[W_T\varepsilon_T - W_B\varepsilon_B]$$

其中 W 表示輻射度（radiant emittance），即單位面積所輻射出的能量，單位為 W/cm²。

ε 表示發射率（emissivity），為輻射源之輻射度（W'）與同溫黑體輻射度（W）的比值（W'/W），無單位〔圖 2.2.1〕。

下標T、B分別代表目標物及背景。

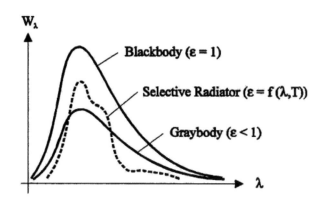

圖 2.2.1✿ 輻射度（W）、波長（λ）與發射率（ε）之關係（轉引自 **Optical Design Fundamentals for Infrared Systems**）

　　很清楚地，目標物與背景輻射能的差異，能否被探測器接收，是目標物與背景能否辨別的重要關鍵。

　　就人體而言，在室溫約 20℃時，臉部、手部等皮膚溫度約為 32℃，若是在寒冷的室外，最低可能降至 0℃。人體皮膚的發射率（ε）很高，4μm 以上的平均值約為 0.99，接近於黑體。但絕大部分的輻射度（W）分佈在長波紅外光（LWIR，8μm 至 12（或 14）μm），僅少數分佈在中波紅外光（MWIR，3μm 至 5μm）。

　　SNR 表示式（式 2.1）中，大氣之決定項為：SNR，表示大氣的輻射穿透率，單位為%。

　　$[\tau_A]$ 在大氣中，最會吸收紅外線的兩大殺手，就屬二氧化碳（CO_2）與水蒸氣（H_2O）〔圖 2.2.2〕。

　　當然，本文研究之系統使用於室內，若有必要，對於室內溫、濕度及二氧化碳濃度之控制並非難事，所以大氣對紅外線的吸收影響有限。

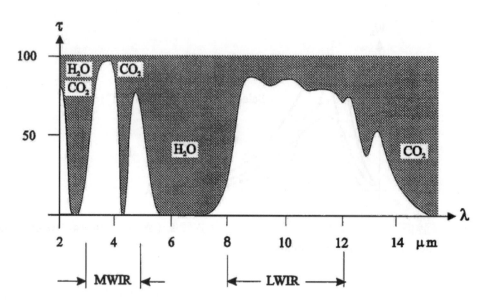

圖 2.2.2　二氧化碳與水蒸氣對紅外線之吸收
（轉引自 Optical Design Fundamentals for Infrared Systems）

2.3 ｜探測器及致冷光圈

SNR 表示式（式 2.1）中，探測器（detector）之決定項為

$$\left[\frac{D^*}{\sqrt{\Delta f}}\right]$$

其中 D*表示探測器之探測率，是探測器於標準狀態下性能表現的量測值，單位為 $cm\,Hz^{1/2}W^{-1}$。

Δf 表示探測器之雜訊等效帶寬，單位為 Hz。

紅外線探測器的主要功能，是接收來自外界的紅外線輻射能，並轉換成電子訊號。基於對紅外線輻射響應形式的不同，紅外線探測器通常區分為「熱探測器（thermal detector）」及「光子探測器（photon or quantum detector）」兩大類。

熱探測器的最大特色是對所有波長的響應都一樣，且不需冷卻。但響應時間長（milliseconds 等級），且探測率（D*）遠低於光子探測器，是最大缺點。

光子探測器運用光電效應，響應速度快（microseconds 等級），探測率高，是最大特色。但是通常需加入致冷器使其在低溫下（例如 77K 或更低）工作，方能維持高探測率。

其中最被廣為使用的，就是光電導探測器（photoconductive detector），包括焦平面陣列（FPA，focal plane arrays）、電耦合元件（CCD）…等等。

若以畫素排列結構區分，通常包括線型陣列（linear arrays）與面型陣列（two-dimensional arrays）兩種。線型陣列通常需搭配掃瞄光學系統，瞬時視場範圍較小。面型陣列雖可即時成像，但也因為同時負載更大範圍的視場，光學系統的像差校正將更為困難。

為提高探測器的感度，且消除不要的雜訊，通常除了加入致冷器外，還會在探測器前加入隔熱器（Dewar or bottle，俗稱保溫瓶），而其內阻隔雜訊的最重要元件，便是致冷檔板（cold shield）。

隨著致冷檔板擺放位置的不同，其效能（cold shield effiency）也跟著變化。若剛好位於光學系統出瞳位置，也就是所有視場的光束通過此檔板時的截面積接近相等，阻隔雜訊的效能將達 100%，此時的致冷檔板稱為致冷光圈（cold stop），相當於光學系統的光圈〔圖 2.3.1〕。

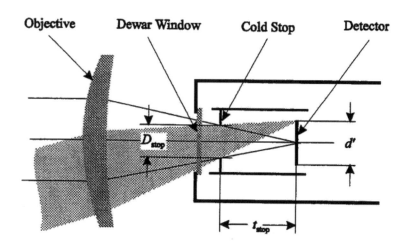

圖 2.3.1 ✿ **Dewar and Cold Stop**（轉引自 **Optical Design Fundamentals for Infrared Systems**）

2.4 ｜光學成像系統

SNR 表示式（式 2.1）中，光學成像系統之決定項為

$$\left[\frac{\tau_o d'}{4\,(Fno)^2}\right]$$

其中 τ_o 表示熱輻射經過光學成像系統後，扣除吸收、反射、甚至包括 Fresnel 損失之後的穿透率。

d'表示探測器之尺寸。

Fno 表示光學成像系統之相對孔徑（relative aperture or speed，中國大陸相對孔徑之定義為 1/Fno）。

可見，為提高紅外線熱成像系統之熱靈敏度（或 SNR），除了選擇適當探測器，減少光學成像系統之吸收、反射等能量損失外，最重要就是要縮小 Fno（相對孔徑），或是縮小焦距（EFL）、擴大入射瞳徑（entrance pupil）。

光學成像系統，除「掃瞄式光學系統」外，通常可區分為「折射式成像系統」、「反射式成像系統」及「折反射式成像系統」三大類。舉例說明如下：

A.折射式成像系統：

(1)單片式（Singlet）〔圖 2.4.1〕：結構簡單，價格便宜，但像差校正能力有限。

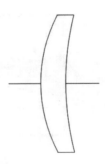

圖 2.4.1 ✿　單片式（Singlet）

(2)雙片式（Doublet）：由於沒有紅外光可穿透之膠合材質，所以所有 Doublet

都是分立式。常見的型態有：

· ++結構，相鄰，相同材質〔圖 2.4.2〕。消球差能力好。

· +-結構，相鄰，不同材質〔圖 2.4.3〕。消球差、彗差及軸上色差能力好。

· Petzval Lens：++結構，遠離〔圖 2.4.4〕。消球差及軸上色差能力好。

· Telephoto Lens（望遠鏡頭）：+－結構，遠離〔圖 2.4.5〕。具有長焦距（EFL）、短後焦（BFL）的特色。

· Inverted Telephoto Lens（或 Retrofocus Lens）（反望遠鏡頭）：-+結構，遠離〔圖 2.4.6〕。具有短焦距（EFL）、長後焦（BFL）的特色。

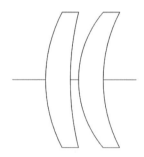

圖 2.4.2 ✧ Doublet（++）

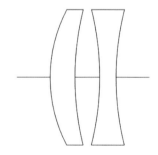

圖 2.4.3 ✧ Doublet（+－）

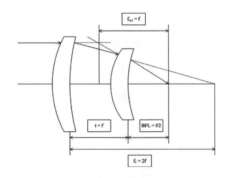

圖 2.4.4☼　**Petzval Lens**（＋＋）

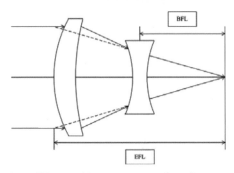

圖 2.4.5☼　**Telephoto**（＋－）

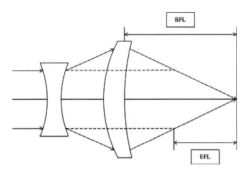

圖 2.4.6☼　**Inverted Telephoto**（－＋）

(3)三片式（Triplet）：具有更多參數可供安排與調整，成像品質更佳，但成本也更高。常見的型態如 Cooke Triplet〔圖 2.4.7〕。

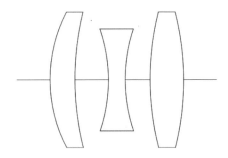

圖 2.4.7✧　**Cooke Triplet**

B.反射式成像系統：無色差，價格便宜，但視場角小，且大部分二片式都有光量遮蔽的損失。

(1)單反射系統（Single Mirror System）：常見的型態有：

　‧ Herschelian〔圖 2.4.8〕：傾斜單片式，因像差校正不易，所以僅適用於大 Fno。

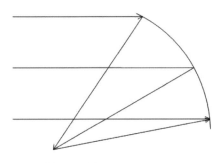

圖 2.4.8✧　**Herschelian**

(2)雙反射系統（Two Mirror System）：常見的型態有：

　‧ Newton〔圖 2.4.9〕：延伸自 Newton 望遠鏡。

　‧ Cassegrain〔圖 2.4.10〕：＋－結構，延伸自 Galilean 望遠鏡或 Cassegrain 望遠鏡，系統較短。

　‧ Gregory〔圖 2.4.11〕：＋＋結構，延伸自 Keplerian 望遠鏡或 Gregory 望遠鏡，系統較長。

　‧ Schwarzschild〔圖 2.4.12〕：－＋結構，如同 Cassegrain 的反向或 Inverted

Telephoto Lens（反望遠鏡頭），常用於 UV 和 IR 的顯微物鏡。

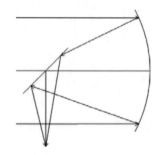

圖 2.4.9☼　**Newton**

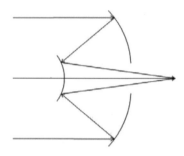

圖 2.4.10☼　**Cassegrain**

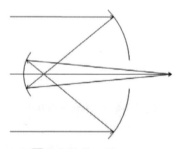

圖 2.4.11☼　**Gregory**

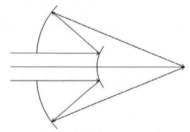

圖 2.4.12☼　**Schwarzschild**

(3)其他三次（含）以上反射之複雜系統

C.折反射式成像系統：為改進反射式成像系統像差校正困難的缺點，於是便加入
穿透鏡片，以提高解像力。常見的型態有：

・Schmidt System〔圖 2.4.13〕

・Maksutov System〔圖 2.4.14〕

・Mangin Mirror〔圖 2.4.15〕

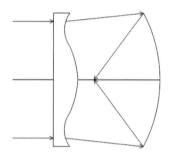

圖 2.4.13✿　**Schmidt System**

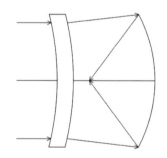

圖 2.4.14✿　**Maksutov System**

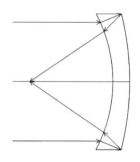

圖 2.4.15✿　**Mangin Mirror**

第 3 章

成像品質預估

3.1 ｜ 整體考量

　　紅外線熱成像系統如何形成？解像力及熱靈敏度（或溫度分辨率）是否滿足需求？基本上有幾個要件需仔細考量。

(1)目標物及背景的輻射特性

　・目標物的尺寸、距離、運動、與背景的溫差、輻射特性、及環境條件，包括溫度、濕度等。

(2)大氣的傳輸效率

　・大氣的穿透、吸收、散射等特性。

(3)系統架構、模組責任分配

　・光學系統、探測器、致冷器、訊號處理系統、顯示器、控制器等元件或模組之選擇、工作分配、任務安排、及彼此間之訊號聯繫與空間安排。

(4)探測器的規格與特性

　・幾何尺寸、工作波長、操作溫度（或致冷溫度）、雜訊等效溫差（NETD）、探測率（D*）…等等。

(5)致冷方式

(6)電子系統、訊號處理系統與輸出單元

　・訊號處理系統、控制系統、顯示器。

(7)光學系統的架構與性能

　・掃瞄系統（可能包括望遠系統（Telescope）、掃瞄系統（Scanner）及中繼系統（Relay Lens or Reimager）等副系統）或成像鏡頭，包括組成元件、空間安排、尺寸、重量、成像品質…等等。

(8)生產技術、製程能力

　・紅外線穿透材質的研磨加工、非球面加工、反射鏡面製作、抗反射膜及高反射膜的鍍製，以及組裝、檢測…等等。

(9)其他特殊需求

　・成本、日程、供應商、甚至現成品共用…等等。

3.2 │ 光學設計考量

　　光學系統，是決定整體系統輸出影像品質非常重要的一環，所以最初的光學系統設計，便具有舉足輕重的地位。

　　包括觀測的目標、搭配的探測器、環境條件、乃至生產技術、成本…等等，都是光學設計前必須全盤考量與估算清楚，若有任何忽視或不符性能要求，都可能造成時間與金錢的損失。

　　以階段性區分，光學設計的考量點，大致可以分為三大類：「基本規格與要件」、「估算規格」與「設計完成規格」。其中可能有部分重疊或順序交換，可視情況調整。簡要說明如下：

A.基本規格與要件

　(1)目標物尺寸（Target Size）

　(2)物距（Object Distance）或拍攝範圍（Focusing Extent）

　(3)探測器（Detector）規格

　　(a)畫素尺寸（Pixel Size）。

　　(b)解析度（Resolution or Number of Pixels）。

　　(c)探測器尺寸（Detector Dimension）。

　　(d)保護視窗（Window）。

　　(e)光譜範圍（Spectral Range）。

　(4)鏡頭尺寸與重量

　(5)環境條件（包括溫度、濕度等）

B.估算規格

　(1)Airy 圓盤（Airy Disc or Blur Diameter）

　　‧一個理想的光學系統，在沒有任何像差的情況下，一個物點仍然無法匯聚成一個完美像點，而是一個亮圓盤，稱之為 Airy 圓盤。這是由於光圈邊緣的繞射所引起。

　　‧一般設定 Blur Diameter 小於或等於探測器畫素尺寸。

　　‧$B = 2.44 \times \lambda \times Fno$（直徑，mm），其中λ為波長，或 $\theta = \dfrac{2.44 \times \lambda}{D}$（角直

徑，mrad），其中 D 為光圈直徑。

(2)Rayleigh 標準（Rayleigh Criterion）

‧兩個像點可以被清楚分辨的最短距離，一般訂為 Airy 圓盤的半徑。

‧$d = 1.22 \times \lambda \times Fno$（長度，mm），其中λ為波長，或$\theta = \dfrac{1.22 \times \lambda}{D}$（角度，mrad），其中 D 為光圈直徑。

(3)光學截止頻率（Optical Cut-off Frequency）

‧一個沒有任何像差的理想光學系統，其繞射極限 MTF 為 0 時之空間頻率。

‧$f_{oco} = \dfrac{1}{\lambda \times Fno}$（lp/mm or cy/mm），其中λ為波長，或$f_{oco} = \dfrac{D}{\lambda}$（lp/mrad or cy/mrad），其中 D 為光圈直徑

(4)Nyquist 頻率（Nyquist Frequency）

‧探測器的能量接收，是由一個個獨立的畫素完成，也就是成像系統是一個取樣（sampling）系統。當接收的訊號頻率低於取樣頻率的一半時，該訊號可以被重建或複製；相反地，如果高出時，結果將會失真。該頻率稱為 Nyquist 頻率。

‧$f_N = \dfrac{1}{2 \times p}$（lp/mm or cy/mm），其中 p 為探測器畫素尺寸。

(5)繞射極限調制傳遞函數（Diffraction-Limited MTF）

‧一個沒有任何像差的理想光學系統，其解像力可以用繞射極限 MTF 表示。

‧$MTF_{diff} = \dfrac{2}{\pi}\left[\cos^{-1}\left(\dfrac{f}{f_{oco}}\right) - \left(\dfrac{f}{f_{oco}}\right)\sqrt{1 - \left(\dfrac{f}{f_{oco}}\right)^2} \right]$　$f < f_{oco}$。
其中 f 為空間頻率，f_{oco} 為光學截止頻率，定義同上述。

‧當入瞳中心遮蔽時（如：Cassegrain 鏡頭、Double Cassegrain 鏡頭），繞射極限 MTF 將低於上述定義值，遮蔽量愈大繞射極限 MTF 愈低〔圖 3.2.1〕。

(6)系統焦長（EFL, Effective Focal Length）

(7)相對孔徑（Fno, Relative Aperture or Speed）

‧表示光學系統聚光能力的物理量，數值愈小聚光能力愈強。

‧Fno 數值的平方與訊噪比（SNR）成反比，也就是 Fno 數值愈小，則訊噪

比（SNR）愈大，熱靈敏度愈佳。

· $Fno = \dfrac{f}{D}$

其中 f 為光學系統焦距，D 為入射瞳徑。

· 當入瞳中心遮蔽時（如：Cassegrain 鏡頭、Double Cassegrain 鏡頭），其 Fno 將向上修正，稱為等效相對孔徑（Effective Fno）。

· $Fno_{eff} = \dfrac{f}{D\sqrt{1 - \left(\dfrac{D_{obs}}{D}\right)^2}}$

其中 D_{obs} 為遮蔽瞳徑

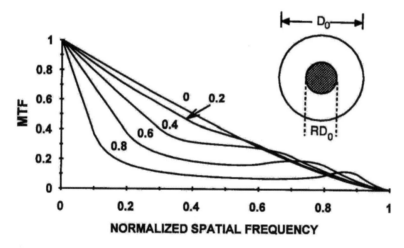

圖 3.2.1✿　入瞳中心遮蔽時之繞射極限 MTF
（轉引自 **Electro-Optical Imaging System Performance**）

(8)成像範圍（Image Circle）

　·探測器透過光學系統，接收來自外界的影像或訊號，光學系統必須將觀測的目標物範圍，放大或縮小於探測器上。

　·基於製造公差的考量，成像範圍須比探測器大。

　·若光學系統為軸對稱系統，成像範圍以成像直徑表示。

(9)視場角或畫角（FOV, Field of View）

　·配合探測器，光學系統可觀測的最大角度。

‧若探測器為面形，則須個別指出長、寬及對角之視場角。

(10)拍攝範圍或對焦範圍（Focusing Extent）

‧鏡頭對焦（focusing）後可拍攝之最遠與最近之物距。鏡頭若無對焦機能，則拍攝範圍即固定對焦距離之景深。

(11)景深（Depth of Field）或焦深（Depth of Focus）

‧在某一固定對焦距離，可以清楚成像之最遠與最近之物距，稱為景深；相對之最短與最長像距稱為焦深。

‧以軸上光線估算，

焦深（Depth of Focus）：$\dfrac{2 \times Fno \times \delta \times S'}{f}$

其中δ為錯亂圓，一般訂定為探測器畫素尺寸之 0.5 至 2.5 倍

S'為像距，f 為光學系統焦距

‧以軸上光線估算，

景深（Depth of Field）：$\dfrac{2 \times Fno \times \delta \times S^2 \times f^2}{f^4 - Fno^2 \times \delta^2 \times S^2}$

其中 S 為物距，其餘定義同上。

C.設計完成規格

(1)鏡頭組成（Lens Composition）

‧掃瞄式、折射式、反射式或折反射式系統，群數、片數，非球面數…等等。

(2)鏡頭總長（Lens Length）

‧鏡頭最前面至最後面之總長。

(3)後焦長（BFL, Back Focal Length）

‧鏡頭最後面至探測器之距離，包含保護鏡（如 Ge Window）。

(4)系統總長（Total Track）

‧鏡頭最前面至探測器之距離，包含保護鏡（如 Ge Window）。

(5)光學畸變（Optical Distortion）及 TV 畸變（TV Distortion）

‧畸變是由於橫向倍率隨著視場不同而變化所產生的影像變形。

‧光學畸變指出光學系統成像後變形的程度。

‧TV 畸變指出面形探測器接收影像輸出至螢幕後之變形程度。

(6)周邊光量（Relative Illumination）

‧由於入瞳遮蔽或視場角不同的關係，通常像面之周邊照度較中心照度為低。

(7)調制傳遞函數（MTF）

‧可以指出調制傳遞函數 vs.空間頻率（MTF vs. Frequency）、離焦調制傳遞函數（Through Focus MTF or MTF vs. Optical Axis）及調制傳遞函數 vs. 視場（MTF vs. Field）三種不同關係。

(8)公差及靈敏度分析（Tolerance）

‧公差指出加工或組裝時各項元件參數須遵守的範圍。

‧靈敏度分析指出各項元件參數之變化對整體或單一性能之影響程度。

3.3 ｜設計規格

從下一章起，將以同樣的設計規格，分別採用「Doublet 折射式鏡頭（Petzval 鏡頭）」、「Cassegrain 反射式鏡頭」及「Double Cassegrain 反射式鏡頭」三種不同型態進行設計，並比較其優缺點。

其共同之基本規格及估算規格如下：

A.基本規格與要件

(1)目標物尺寸（Target Size）

‧約長寬 170mm × 170mm 之方形或直徑 240mm 之圓。

‧設計時基於製造公差的考量，訂定為長寬 183.8mm × 183.8mm 之方形或直徑 260mm 之圓。

(2)物距（Object Distance）：1M

(3)探測器（Detector）規格：面型 IR CCD

(a)畫素尺寸（Pixel Size）：50μm × 50μm。

(b)解析度（Resolution or Number of Pixels）：220 × 220 pixels。

(c)探測器尺寸（Detector Dimension）：11mm × 11mm。

(d)保護視窗（Window）：1mm Germanium。

(e)光譜範圍（Spectral Range）：8μm～14μm。

(4)鏡頭尺寸與重量：條件開放

(5)溫度：－10℃～+50℃

B.估算規格

(1)焦長（EFL）：約 64.8mm

$$\cdot f \cong \frac{15.556}{240} = 64.8 \circ$$

(2)相對孔徑（Fno）：約 0.9

- 基於探測器感度及訊噪比（SNR）之考量，定 Fno 約 0.9。

- 當入瞳中心遮蔽（如：Cassegrain、Double Cassegrain）時，定等效相對孔徑（Effective Fno）約 0.9。

(3)視場角（FOV）：對角約 13.7°

$$\cdot FOV_D \cong \tan^{-1}\left(\frac{120}{1000}\right) \times 2 \cong 13.7°$$

(4)成像範圍（Image Circle）：約 16.4mm

- 設計時基於製造公差的考量，選取成像範圍較探測器大約 5.5%。

- 取 $11 \times \sqrt{2} \times (1 + 5.5\%) \cong 16.4$。

(5)Airy 圓盤（Airy Disc）：0.024mm

$\cdot B = 2.44 \times 0.011 \times 0.9 = 0.024$

取中心波長 11μm

- 0.024mm $\leqq$ 探測器畫素尺寸（pixel size）0.050mm

(6)Rayleigh 標準（Rayleigh Criterion）：0.012mm

$\cdot d = 1.22 \times 0.011 \times 0.9 = 0.012$

取中心波長 11μm

(7)光學截止頻率（Optical Cut-off Frequency）：101 lp/mm

$$\cdot f_{OCO} = \frac{1}{(0.011 \times 0.9)} = 101 \circ$$

(8)Nyquist 頻率（Nyquist Frequency）：10 lp/mm

$$\cdot f_N = \frac{1}{(2 \times 0.050)} = 10 \circ$$

(9)繞射極限調制傳遞函數（Diffraction-Limited MTF）：

・參見各種型態設計成果之調製傳遞函數 vs.空間頻率（MTF vs. Frequency）。

(10)景深（Depth of Field）：42.9mm，非常短！

　　・焦距 f 約 64.8mm，Fno＝0.9，物距 S＝1000mm，錯亂圓訂定為探測器
　　　畫素尺寸之 2 倍（δ＝0.1mm）。

　　・$DOF = \dfrac{2 \times 0.9 \times 0.1 \times 1000^2 \times 64.8^2}{64.8^4 - 0.9^2 \times 0.1^2 \times 1000^2} = 42.9$。

　　根據上述之基本規格及估算規格，訂定設計目標值，作為設計時之依據與比較。整理如下表〔表 3.3.1〕：

表 3.3.1▌設計規格表

	項目	設計規格
1	EFL	about 64.8mm
2	Effective Fno	about 0.9
3	Target Size (Diameter)	260mm
4	Object Distance	1M
5	Image Circle	about 16.4mm
6	TV Distortion	(absolute) ≦ 2%
7	Relative Illumination	≧ 60%
8	Depth of Field	≧ 40mm
9	RMS Spot Size	(all) ≦ 100μm
10	MTF (5lp/mm)	(all) ≧ 40%
	MTF (10 lp/mm)	(all) ≧ 20%

Doublet 折射式鏡頭 設計成果

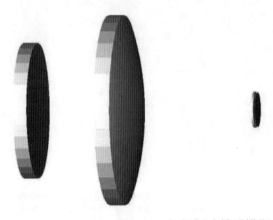

圖 4.0.1 ✿　**Doublet（Petzval）折射式鏡頭模型**

4.1 │ 設計完成規格

(1)焦長（EFL）：62.485mm

(2)相對孔徑（Fno）：0.9

(3)成像範圍（Image Circle）：16.4mm（diameter）

(4)視場角（FOV）：10.4° × 10.4° × 14.8°(H × V × D, full angle)

(5)鏡頭總長（Lens Length）：62.67mm

(6)後焦長（BFL）：62.355mm（包含 Ge Window 1mm）

(7)系統總長（Total Track）：125.025mm

(8)拍攝範圍（Focusing Extent）或景深（Depth of Field）：970mm～1035mm

(9)光學畸變（Optical Distortion）：−0.67%（max，1.0field）

(10)TV 畸變（TV Distortion）：−0.17%

(11)周邊光量（Relative Illumination）：99%（min，1.0field）

(12)出瞳位置（Exit Pupil Position）：−207.4mm

　　·從探測器接收面算起，位於探測器接收面之左側。

(13)出瞳徑（Exit Pupil Diameter）：226.8mm

(14)鏡頭組成（Lens Composition）：

‧Petzval Type。

‧2 群 2 枚，包含 1 個非球面。

(15)鏡頭主要尺寸（Lens Dimension）：

　　‧第 1 面有效徑：69.2mm

　　‧最後 1 面有效徑：97mm

4.2 ｜ 光學性能

A.說明

(1)物距（Object Distance）或對焦點（Focusing Point）：1M

(2)視場（Field）

　　‧6 個視場皆位於 Y 軸，分別為 0%、30%、50%、70%、90%、100%視場。

　　‧設定 100%視場相當於

　　　(a)像高（或成像範圍半徑）：8.2mm。

　　　(b)半視場角（對角）：7.39°。

　　　(c)物高（或目標物半徑）：130mm。

(3)漸暈（Vignetting）

（單位：%）

	Axial	0.3F	0.5F	0.7F	0.9F	1.0F
Vig.-Y	0.01	0.13	0.21	0.29	0.85	1.25
Vig.-X	0.01	0.01	0.01	0.01	0.02	0.02

(4)波長範圍（Wavelength Range）：8μm～14μm

(5)溫度：室溫（20℃）

B.性能表現

(1)光路（Layout）

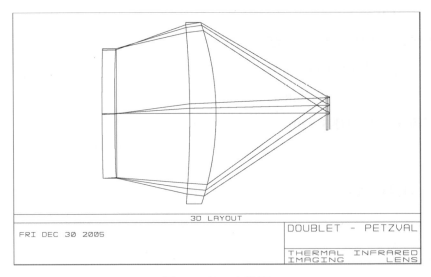

圖 4.2.1✿　光路圖

(2)球差（Longitudinal Aberration or Spherical Aberration）

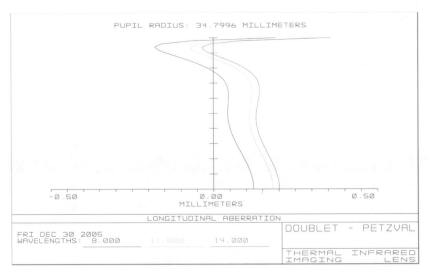

圖 4.2.2✿　球差圖

(3)場曲、像散／畸變（Field Curvature、Astigmatism/Distortion）

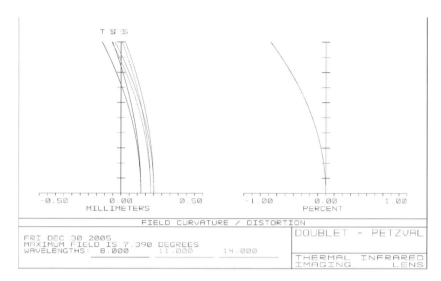

圖 4.2.3✿　場曲、像散／畸變圖

(4)格狀畸變（Grid Distortion）

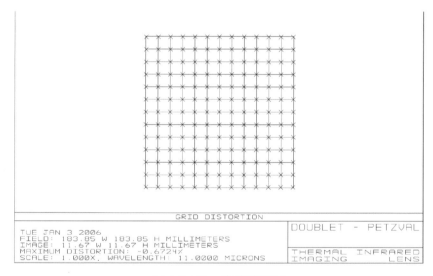

圖 4.2.4✿　格狀畸變圖

(5)彗差（Coma）

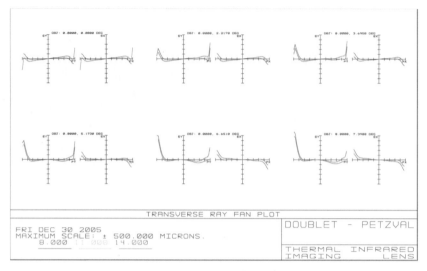

圖 4.2.5☼　彗差圖

(6)橫向色差（Lateral Chromatic Aberration）

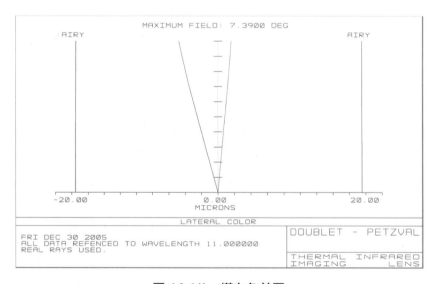

圖 4.2.6☼　橫向色差圖

(7)包圍能量（Encircled Energy）

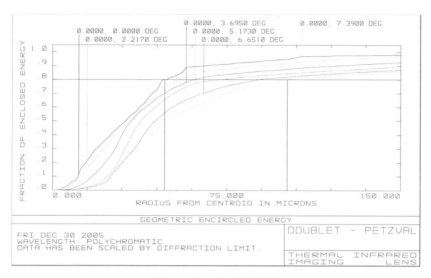

圖 4.2.7☼　包圍能量圖

(8)點分佈（Spot Diagram）

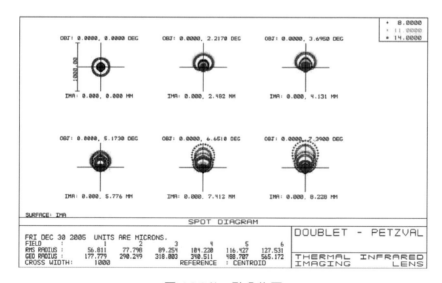

圖 4.2.8☼　點分佈圖

(9)離焦點分佈（Through Focus Spot Diagram）

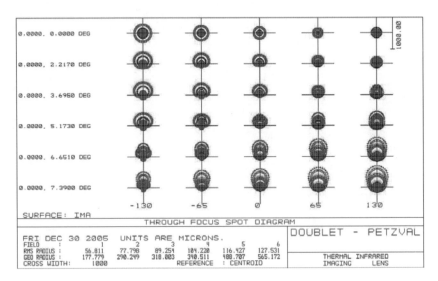

圖 4.2.9✿　離焦點分佈圖

(10)周邊光量（Relative Illumination）

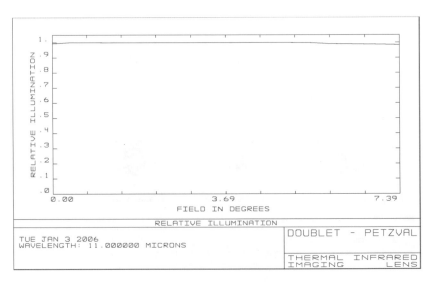

圖 4.2.10✿　周邊光量圖

(11)調制傳遞函數 vs.空間頻率（MTF vs. Frequency）

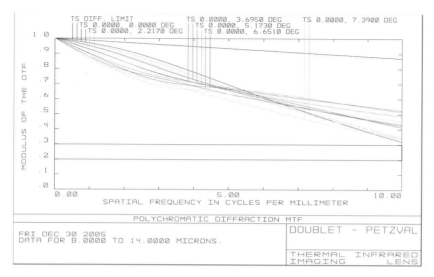

圖 4.2.11✿　調制傳遞函數 vs.空間頻率圖

(12)離焦調制傳遞函數（Through Focus MTF or MTF vs. Optical Axis）

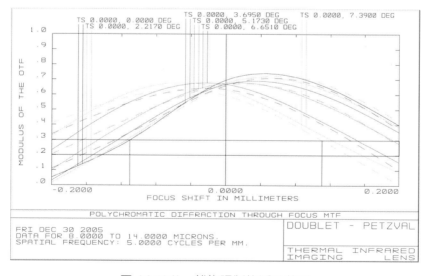

圖 4.2.12✿　離焦調制傳遞函數圖

(13)調制傳遞函數 vs.視場（MTF vs. Field）

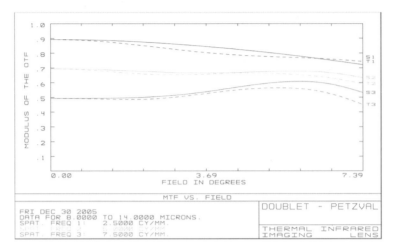

圖 4.2.13 ✿　調制傳遞函數 vs.視場圖

4.3 ｜ 討論

設計值與設計規格比較如下〔表 4.3.1〕：

表 4.3.1 ▐ 設計值與設計規格比較表

	項目	設計規格	設計值
1	EFL	about 64.8mm	62.485mm
2	Effective Fno	about 0.9	0.9
3	Target Size (Diameter)	260mm	260mm
4	Object Distance	1M	1M
5	Image Circle	about 16.4mm	16.4mm
6	TV Distortion	(absolute) $\leqq 2\%$	$(-)\ 0.17\%$
7	Relative Illumination	$\geqq 60\%$	99%
8	Depth of Field	$\geqq 40mm$	65mm
9	RMS Spot Size	(all) $\leqq 100\mu m$	$\leqq 127.5\mu m$ ※
10	MTF (5 lp/mm)	(all) $\geqq 40\%$	$\geqq 59.4\%$
	MTF (10 lp/mm)	(all) $\geqq 20\%$	$\geqq 32.0\%$

(1)RMS Spot Radius 約 57μm～128μm，稍微偏大。

(2)MTF 表現不差，可惜景深（Depth of Field）僅 970mm～1035mm（65mm），太短，主因為受制於 EFL、Fno 等基本規格。

(3)因為相對孔徑（Fno）小，所以選擇最靠近光圈的面（第 1 片第 2 面）當非球面，用以校正球差。

(4)由於像散和畸變並不大，其餘面採用非球面對成像品質的提升幫助有限。

(5)除 RMS Spot Size 外，其餘各項皆符合設計規格。

(6)本型態（Doublet-Petzval）鏡頭，如果使用於較長焦距或較小視場角（如：FOV ≦ 10°），及較大相對孔徑（如：Fno ≧ 1.2），應較合適。

第 5 章

Cassegrain 反射式鏡頭設計成果

圖 5.0.1✿　**Cassegrain** 反射式鏡頭模型

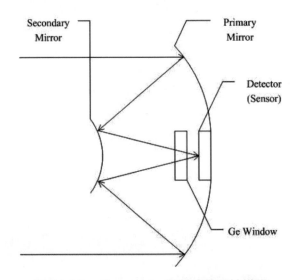

圖 5.0.2✿　**Cassegrain** 反射式鏡頭結構圖

5.1 ｜設計完成規格

(1)焦長（EFL）：51.528mm

(2)相對孔徑（Fno）：0.82，等效相對孔徑（Effective Fno）：0.9

(3)成像範圍（Image Circle）：16.41mm

(4)視場角（FOV）：10.43° × 10.43° × 14.72°(H × V × D, full angle)

(5)鏡頭總長（Lens Length）：18.832mm

　・次反射鏡頂點至主反射鏡頂點。

(6)後焦長（BFL）：16.212mm

　・次反射鏡頂點至探測器接收面，包含保護鏡 Ge Window 1mm。

(7)系統總長（Total Track）：18.832mm

　・因探測器位於次反射鏡與主反射鏡之間，所以系統總長計算從次反射鏡頂
　　點至主反射鏡頂點。

(8)拍攝範圍（Focusing Extent）或景深（Depth of Field）：850mm～1200mm
　　（僅考慮 0.4 lp/mm）

(9)光學畸變（Optical Distortion）：−3.2%（max，1.0 field）

(10)TV 畸變（TV Distortion）：−0.68%

(11)周邊光量（Relative Illumination）：83.9%

（單位：%）

	Axial	0.3F	0.5F	0.7F	0.9F	1.0F
θ(°)	0	2.21	3.69	5.16	6.63	7.36
R.I.	100	96.5	92.1	88.2	85.5	83.8

(12)出瞳位置（Exit Pupil Position）：−21.686mm

　・從探測器接收面算起，位於探測器接收面之左側。

(13)出瞳徑（Exit Pupil Diameter）：20.69mm

(14)鏡頭組成（Lens Composition）：

　・Cassegrain Type。

　　　　・2 群 2 枚，2 個反射面，皆為非球面。

(15)鏡頭主要尺寸（Lens Dimension）：

　　　　・主反射鏡（Primary Mirror）有效徑：62.6mm。

　　　　・次反射鏡（Secondary Mirror）有效徑：25.73mm。

(16)中心遮蔽率（Obscuration）：16.89%

5.2 ｜光學性能

A.說明

(1)物距（Object Distance）或對焦點（Focusing Point）：1M

　　・計算至次反射鏡頂點。

(2)視場（Field）

　　・6 個視場皆位於 Y 軸，分別為 0%、30%、50%、70%、90%、100%視場。

　　・設定 100%視場相當於

　　　　(a)像高（或成像範圍半徑）：8.21mm。

　　　　(b)半視場角（對角）：7.27°。

　　　　(c)物高（或目標物半徑）：130mm。

(3)漸暈（Vignetting）

（單位：%）

	Axial	0.3F	0.5F	0.7F	0.9F	1.0F
θ(°)	0	2.21	3.69	5.16	6.63	7.36
Vig.-Y	0	1.14	2.25	3.39	4.56	5.17
Vig.-X	0	0	0.02	0.05	0.07	0.10
V	17.16	19.86	23.08	25.72	27.21	28.25

　　・Vig.-Y 表示 Y 方向之漸暈。

　　・Vig.-X 表示 X 方向之漸暈。

　　・V 表示入瞳面積之漸暈。

(4)波長範圍（Wavelength Range）：8μm～14μm

(5)溫度：室溫（20℃）

B.性能表現

(1)光路（Layout）

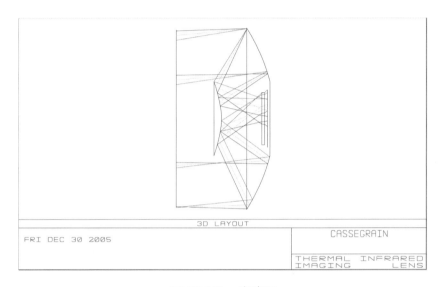

圖 5.2.1☼　光路圖

(2)球差（Longitudinal Aberration or Spherical Aberration）

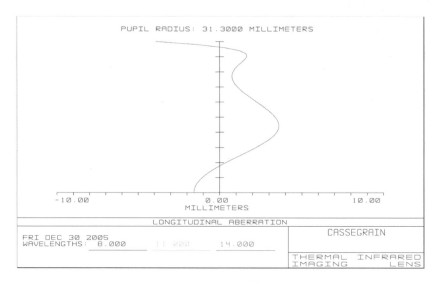

圖 5.2.2☼　球差圖

(3)場曲、像散／畸變（Field Curvature、Astigmatism/Distortion）

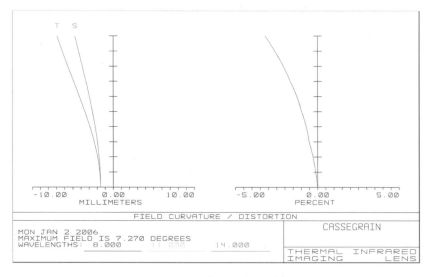

圖 5.2.3☼　場曲、像散／畸變圖

(4)格狀畸變（Grid Distortion）

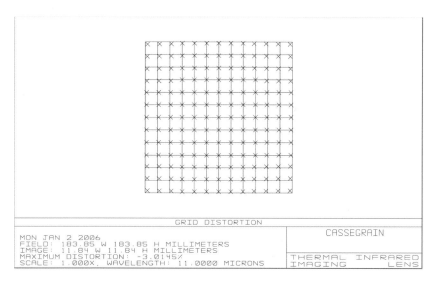

圖 5.2.4☼　格狀畸變圖

(5)彗差（Coma）

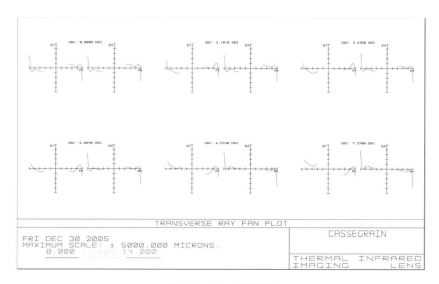

圖 5.2.5☼　彗差圖

(6)包圍能量（Encircled Energy）

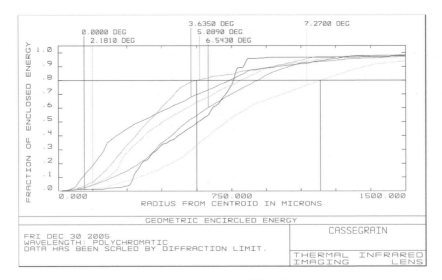

圖 5.2.6✿　包圍能量圖

(7)點分佈（Spot Diagram）

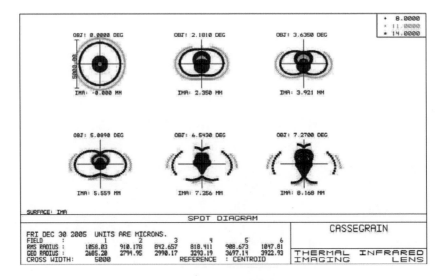

圖 5.2.7✿　點分佈圖

(8)離焦點分佈（Through Focus Spot Diagram）

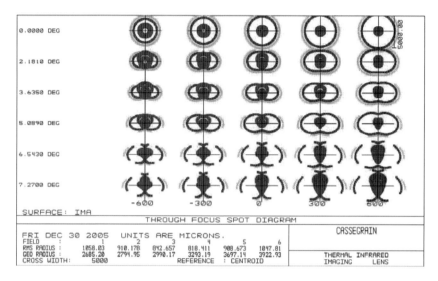

圖 5.2.8✿　離焦點分佈圖

(9)漸暈（Vignetting Diagram）

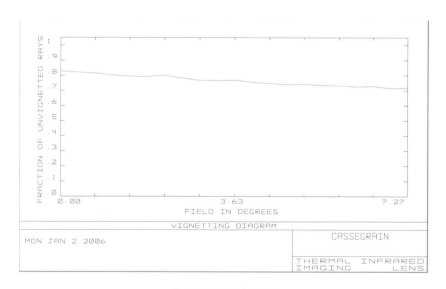

圖 5.2.9✿　漸暈圖

(10)調制傳遞函數 vs.空間頻率（MTF vs. Frequency）

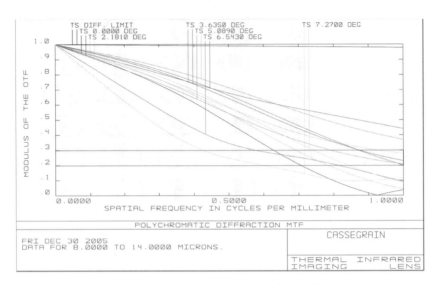

圖 5.2.10☼　調制傳遞函數 vs.空間頻率圖

(11)離焦調制傳遞函數（Through Focus MTF or MTF vs. Optical Axis）

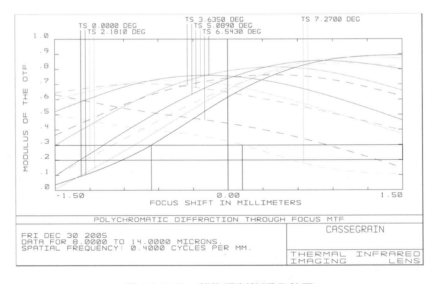

圖 5.2.11☼　離焦調制傳遞函數圖

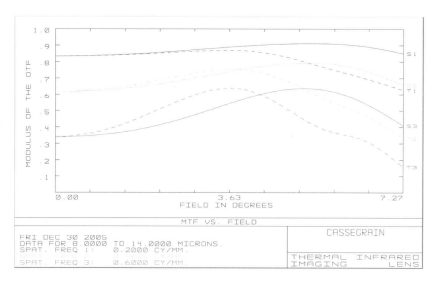

(12)調制傳遞函數 vs.視場（MTF vs. Field）

圖 5.2.12✿　調制傳遞函數 vs.視場圖

(13)橫向色差（Lateral Chromatic Aberration）

‧Cassegrain 為反射系統，所以無色差。

5.3 ｜討論

設計值與設計規格比較如下〔表 5.3.1〕：

表 5.3.1▐ 設計值與設計規格比較表

	項目	設計規格	設計值
1	EFL	about 64.8mm	51.528mm ※
2	Effective Fno	about 0.9	0.9
3	Target Size (Diameter)	260mm	260mm
4	Object Distance	1M	1M
5	Image Circle	about 16.4mm	16.41mm
6	TV Distortion	(absolute) ≦ 2%	(−) 0.68%

7	Relative Illumination	≧ 60%	83.9%
8	Depth of Field	≧ 40mm	(350mm)※
9	RMS Spot Size	(all) ≦ 100μm	≦ 1058μm ※
10	MTF (5 lp/mm)	(all) ≧ 40%	≧ (0%)※
	MTF (10 lp/mm)	(all) ≧ 20%	≧ (0%)※

(1)由於中心遮蔽，近軸光線並非通過反射鏡之頂點，而是通過大入瞳區域，也就是反射鏡之非球面區域，所以焦長（EFL）及視場角（FOV）與預估值有較大差異，但並不影響其他基本規格。

(2)等效相對孔徑（Effective Fno）：$Fno_{eff} = \dfrac{f}{D\sqrt{1 - \left(\dfrac{D_{obs}}{D}\right)^2}}$

‧ 中心遮蔽率（Obscuration）$\left(\dfrac{D_{obs}}{D}\right)^2$ 部分採用兩種不同方式計算

(a)利用遮蔽瞳徑（D_{obs}）與入射瞳徑（D）計算。

(b)採用軟體計算之中心漸暈（Central Vignetting）。

‧ 遮蔽瞳徑：$D_{obs} = 25.73$，入射瞳徑：$D = 62.6$

中心遮蔽率：$\left(\dfrac{D_{obs}}{D}\right)^2 = \left(\dfrac{25.73}{62.6}\right)^2 = 0.411^2 = 16.89\%$

等效相對孔徑：$Fon_{eff} = \dfrac{f}{D\sqrt{1 - \left(\dfrac{D_{obs}}{D}\right)^2}} = \dfrac{51.528}{62.6\sqrt{1 - 0.1689}} = 0.9$

‧ 中心漸暈：$V_C = 0.1716$

等效相對孔徑：$Fon_{eff} = \dfrac{Fno}{\sqrt{1 - V_C}} = \dfrac{0.82}{\sqrt{1 - 0.1716}} = 0.9$

‧ 兩種方式計算出之等效相對孔徑數值相當。

(3)周邊光量（Relative Illumination）

‧ 定義周邊光量：$R.I. = \dfrac{E}{E_C} = \dfrac{1 - V}{1 - V_C} \times \cos^4\theta = 0.9$

其中

E_C 表示中心照度，E 表示軸外視場照度。

V_C 表示中心漸暈，V 表示軸外視場漸暈。

$\dfrac{1-V}{1-V_C}$ 表示開口效率，即軸外視場入瞳面積與軸上入瞳面積之比。

θ 表示軸外視場之半視場角（或半畫角）。

· 以 1.0 軸外視場為例：

　中心漸暈：同上，$V_C = 0.1716$

　軸外視場漸暈：$V_{1.0F} = 0.2825$

　軸外視場之半視場角：$\theta_{1.0F} = 7.36°$

　周邊光量：$R.I._{1.0F} = \dfrac{1-0.2825}{1-0.1716} \times \cos^4 736° = 83.8\%$

· 軸外視場漸暈（V）、半視場角（θ）及周邊光量（R.I.）如下：

（單位：%）

	Axial	0.3F	0.5F	0.7F	0.9F	1.0F
$\theta(°)$	0	2.21	3.69	5.16	6.63	7.36
V	17.16	19.86	23.08	25.72	27.21	28.25
R.I.	100	96.5	92.1	88.2	85.5	83.8

(4)RMS Spot Radius 約 818μm～1058μm，過大，遠超出探測器畫素尺寸 50μm，不能使用。

(5)後焦長僅約 16mm，且探測器位於主反射鏡與次反射鏡之間，若要在探測器前加入隔熱器（Dewar or bottle）或致冷檔板（cold shield），可能沒有空間。

(6)系統總長不到 20mm，若要加入致冷器或其他周邊元件，仍有相當充裕的空間可供運用，是一大特色。

(7)本型態（Cassegrain）鏡頭，如果使用於較長焦距或較小視場角（如：FOV ≦5°），及較大相對孔徑（如：Fno ≧ 2），應較合適。

(8)如果增加反射面或加入穿透鏡片，對像差的校正會有相當的幫助。

第 6 章

Double Cassegrain
反射式鏡頭設計成果

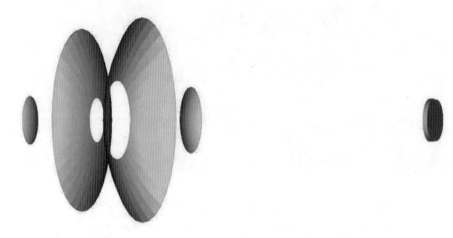

圖 6.0.1✿　　**Double Cassegrain 反射式鏡頭模型**

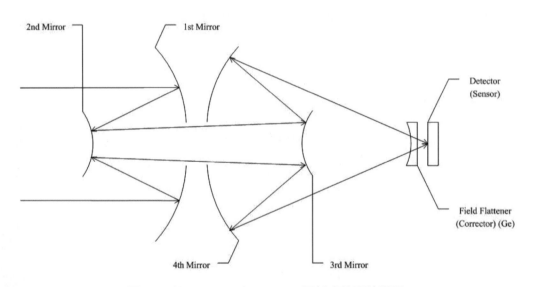

圖 6.0.2✿　　**Double Cassegrain 反射式鏡頭結構圖**

　　Double Cassegrain 反射式成像鏡頭的構想與產生，源自於對稱式的照相物鏡，例如雙新月型物鏡（Double Meniscus）、雙高斯物鏡（Double Gauss）。

　　此種對稱式物鏡，可以從左右兩半部所貢獻的像差去比較，通常彗差、畸變與垂軸色差容易互相補償，而球差、像散、場曲及軸上色差則因疊加關係，較不容易校正。

　　當然，反射式系統沒有色差，而且 Double Cassegrain 為複雜之多次反射系統，光軸上就有兩面反射鏡阻擋，入瞳的遮蔽造成光束的位移，像差的校正與入瞳遮蔽的排除，成為一件複雜的工作。

　　類似於對稱式物鏡，也類似於透鏡分裂，Double Cassegrain 將兩組對稱之 Cassegrain組合在一起，便是希望藉著反射鏡的增加與對稱的結構，彌補Cassegrain 成像能力之不足。

6.1 ｜設計完成規格

(1)焦長（EFL）：46.575mm

(2)相對孔徑（Fno）：0.66，等效相對孔徑（Effective Fno）：2.33

　・等效相對孔徑（Effective Fno）：2.33，遠超出設計規格 0.9！

(3)成像範圍（Image Circle）：16.45mm

(4)視場角（FOV）：8.72° × 8.72° × 11.45°(H × V × D, full angle)

(5)鏡頭總長（Lens Length）：66.106mm

　・第 2 反射鏡頂點至第 3 反射鏡頂點。

(6)後焦長（BFL）：139.34mm

　・第 4 反射鏡頂點至探測器接收面，包含校正板（field flattener or corrector）Ge 1mm。

(7)系統總長（Total Track）：174.268mm

　・第 2 反射鏡頂點至探測器接收面，包含校正板（field flattener or corrector）Ge 1mm。

(8)拍攝範圍（Focusing Extent）或景深（Depth of Field）：970mm～1100mm

(9)光學畸變（Optical Distortion）：4.2%（max, 1.0 field）

(10)TV 畸變（TV Distortion）：2.4%

(11)周邊光量（Relative Illumination）：

（單位：%）

	Axial	0.3F	0.5F	0.7F	0.9F	1.0F
θ(°)	0	1.33	2.66	4.32	5.30	5.72
R.I.	100	40.3	68.5	64.3	111.8	92.4

(12)出瞳位置（Exit Pupil Position）：−9.788mm

　　・從探測器接收面算起，位於探測器接收面之左側。

(13)出瞳徑（Exit Pupil Diameter）：11.05mm

(14)鏡頭組成（Lens Composition）：

　　・Double Cassegrain Type。

　　・3 群 3 枚，4 個反射面，皆為非球面。

　　・其中之第 1 及第 4 反射鏡，可以合而為一，成為同一鏡片之前後兩面。

(15)鏡頭主要尺寸（Lens Dimension）：最大之兩面反射鏡

　　・第 1 反射鏡有效徑：70.8mm。

　　・第 2 反射鏡有效徑：81.0mm。

(16)中心遮蔽率（Obscuration）

　　・由於軸上之入瞳遮蔽，除了來自入瞳中心（包括第 2 反射鏡及第 3 反射鏡）以外，大部分來自入瞳周邊，所以在此不討論中心遮蔽率。

6.2 ｜光學性能

A.說明

　(1)物距（Object Distance）或對焦點（Focusing Point）：1M

　　・從第 2 反射鏡頂點算起。

　(2)視場（Field）

　　・6 個視場皆位於 Y 軸，分別為 0%、30%、50%、70%、90%、100%視場。

　　・設定 100%視場相當於

　　　(a)像高（或成像範圍半徑）：8.22mm。

(b)半視場角（對角）：5.72°。

(c)物高（或目標物半徑）：130mm。

(3)漸暈（Vignetting）

（單位：%）

	Axial	0.3F	0.5F	0.7F	0.9F	1.0F
θ(°)	0	1.33	2.66	4.32	5.30	5.72
Vig.-Y	62.49	85.80	75.64	86.23	75.33	77.23
Vig.-X	62.49	63.52	62.12	60.07	58.42	63.99
V	92.01	96.78	94.50	94.80	90.91	92.47

．Vig.-Y 表示 Y 方向之漸暈。

．Vig.-X 表示 X 方向之漸暈。

．V 表示入瞳面積之漸暈。

(4)波長範圍（Wavelength Range）：8μm～14μm

(5)溫度：室溫（20℃）

B.性能表現

(1)光路（Layout）

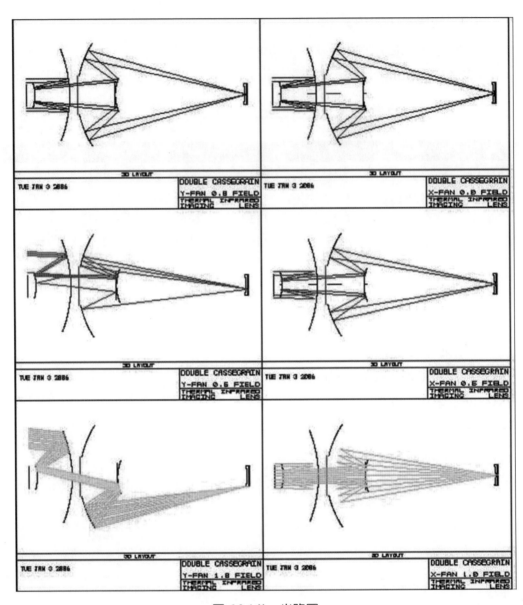

圖 6.2.1✿　光路圖

(2)球差（Longitudinal Aberration or Spherical Aberration）

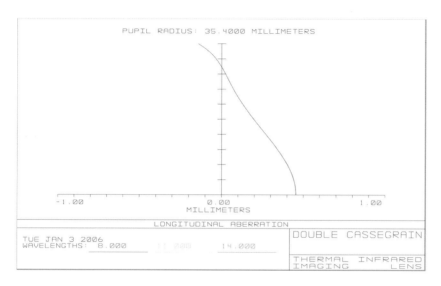

圖 6.2.2✿　球差圖

(3)場曲、像散／畸變（Field Curvature、Astigmatism/Distortion）

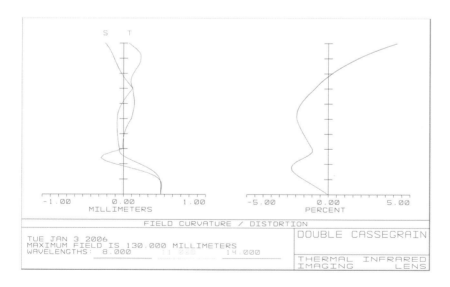

圖 6.2.3✿　場曲、像散／畸變圖

(4)格狀畸變（Grid Distortion）

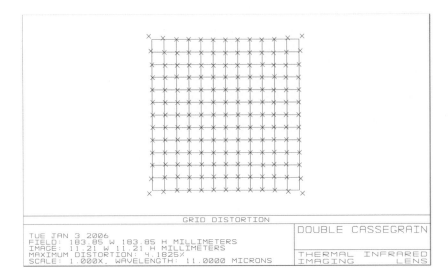

圖 6.2.4◌　格狀畸變圖

(5)彗差（Coma）

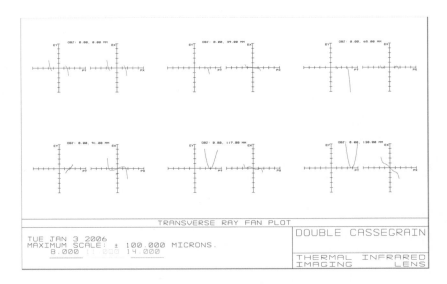

圖 6.2.5◌　彗差圖

(6)包圍能量（Encircled Energy）

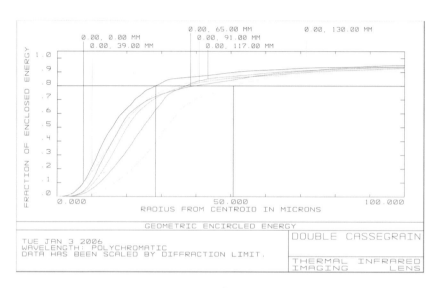

圖 6.2.6✿　包圍能量圖

(7)點分佈（Spot Diagram）

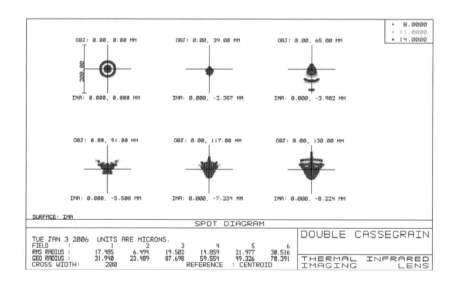

圖 6.2.7✿　點分佈圖

(8)離焦點分佈（Through Focus Spot Diagram）

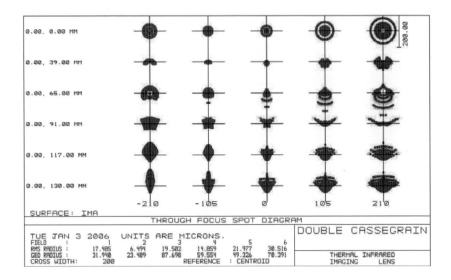

圖 6.2.8☼　離焦點分佈圖

(9)漸暈（Vignetting Diagram）

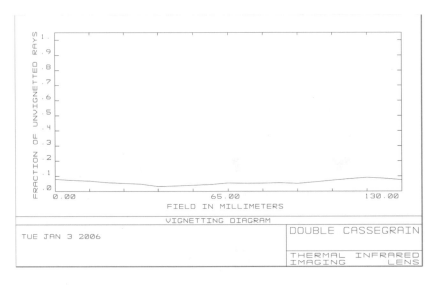

圖 6.2.9☼　漸暈圖

(10)調制傳遞函數 vs.空間頻率（MTF vs. Frequency）

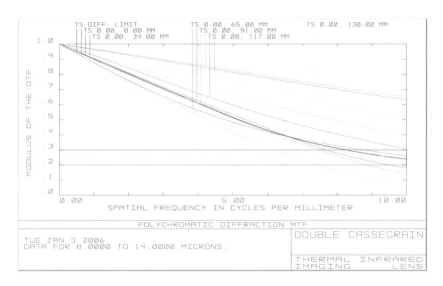

圖 6.2.10✿　調制傳遞函數 vs.空間頻率圖

(11)離焦調制傳遞函數（Through Focus MTF or MTF vs. Optical Axis）

圖 6.2.11✿　離焦調制傳遞函數圖

(12)調制傳遞函數 vs.視場（MTF vs. Field）

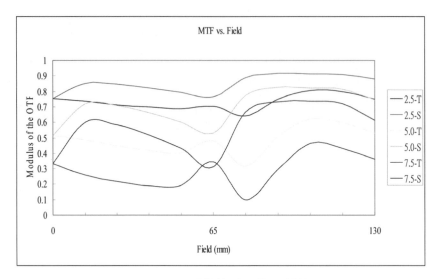

圖 6.2.12❂　調制傳遞函數 vs.視場圖

(13)橫向色差（Lateral Chromatic Aberration）

‧Double Cassegrain 為反射系統，所以無色差。

6.3 │討論

設計值與設計規格比較如下〔表 6.3.1〕：

表 6.3.1▌設計值與設計規格比較表

	項目	設計規格	設計值
1	EFL	about 64.8mm	46.575mm ※
2	Effective Fno	about 0.9	2.33 ※
3	Target Size (Diameter)	260mm	260mm
4	Object Distance	1M	1M
5	Image Circle	about 16.4mm	16.45mm
6	TV Distortion	(absolute) ≦ 2%	2.4%

7	Relative Illumination	$\geq 60\%$	40.3% (0.3 field)
8	Depth of Field	$\geq 40mm$	130mm
9	RMS Spot Size	(all) $\leq 100\mu m$	$\leq 30.5\mu m$
10	MTF (5 lp/mm)	(all) $\geq 40\%$	$\geq 42\%$
	MTF (10 lp/mm)	(all) $\geq 20\%$	$\geq 6.9\%$※

(1) 由於中心及周邊遮蔽，近軸光線並非通過反射鏡之頂點，而是通過入瞳之局部區域〔圖 6.3.1〕，也就是反射鏡之非球面區域，所以焦長（EFL）及視場角（FOV）與預估值有較大差異，但並不影響其他基本規格。

(2) 等效相對孔徑（Effective Fno）：$Fno_{eff} = \dfrac{f}{D\sqrt{1-\left(\dfrac{D_{obs}}{D}\right)^2}}$

· 由於軸上之入瞳遮蔽，除了來自入瞳中心（包括第 2 反射鏡及第 3 反射鏡）以外，大部分來自入瞳周邊〔圖 6.3.1〕。所以不採用中心遮蔽瞳徑（D_{obs}）與入射瞳徑（D）計算，而採用中心漸暈（V_C）取代上式之中心遮蔽率 $\left(\dfrac{D_{obs}}{D}\right)^2$，因為軟體計算之中心漸暈（$V_C$）數值包含了入瞳中心與入瞳周邊之遮蔽。

· 中心漸暈：$V_C = 0.9201$

等效相對孔徑：$Fno_{eff} = \dfrac{Fno}{\sqrt{1-V_C}} = \dfrac{0.66}{\sqrt{1-0.9201}} = 2.33$。

· 等效相對孔徑（Effective Fno）：2.33，遠超出設計規格 0.9！

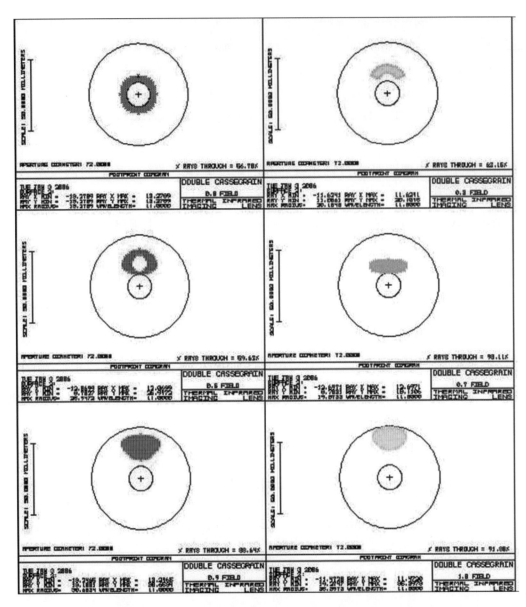

圖 6.3.1✿　入瞳（第 1 反射鏡、光圈）面上各視場之入瞳分佈

(3)周邊光量（Relative Illumination）：$R.I. = \dfrac{E}{E_C} = \dfrac{1-V}{1-V_C} \times \cos^4\theta$

‧中心漸量：同上，$V_C = 0.9201$。

‧軸外視場漸量（V）、半視場角（θ）及周邊光量（R.I.）如下：

（單位：%）

	Axial	0.3F	0.5F	0.7F	0.9F	1.0F
θ(°)	0	1.33	2.66	4.32	5.30	5.72
V	92.01	96.78	94.50	94.80	90.91	92.47
R.I.	100	40.3	68.5	64.3	111.8	92.4

‧由於 0.9 視場漸暈（$V_{0.9F} = 0.9091$）比中心漸暈（$V_C = 0.9201$）小，所以周邊光量（$R.I._{0.9F} = 1.118$）比中心（$R.I._C = 1.0$）大，使得設計軟體 Zemax 出現 Error。

‧0.3 視場周邊光量相較於附近視場，明顯偏低。

(4)從軸上至軸外的全部視場，漸暈（Vignetting）大於 90%，嚴重偏高，連軸上漸暈都高達 92%〔圖 6.2.9〕。所以即便 Fno 僅 0.66，但卻造成等效相對孔徑（Effective Fno）高達 2.33。

(5)初期為了提高進光量，除了盡量加大第 1 反射鏡（光圈）外徑，也盡量縮小第 2、3 反射鏡片之外徑，而第 1 反射鏡之內孔徑則處於尷尬地位，稍大一點或稍小一點，都有部分視場之進光量減損，造成設計之困擾。

(6)其實，第 1、4 反射鏡片的外徑，僅對大約 0.8 以外的視場有幫助，此時 Fno 的提升已無意義。

(7)光圈設定於第 1 反射鏡，雖然有效徑高達 70.8mm，但卻僅有少數光量通過〔圖 6.3.1〕。

(8)由於進光量低，所以建議使用於近距離。

(9)由於大量的遮光，使得彗差得以校正，RMS Spot Radius 也不大，僅約 7μm～31μm，整體 MTF 的表現也不錯。

(10)景深（Depth of Field）：970mm～1100mm，約 13cm 並不寬。故僅適用於固定距離。

(11)設計過程中，曾經對設計軟體 Distortion 之計算與理解誤會，造成設計偏差。提出供參考。

‧當入瞳不受遮蔽時（漸暈 V = 0），主光線會通過入瞳中心；當入瞳周邊受遮蔽時，主光線可能偏離入瞳中心。

．本系統為複雜之多面反射系統，入瞳中心與周邊都受到部分遮蔽，光束不僅限縮而且偏離入瞳中心。

．如果忽略漸暈，主光線通過入瞳中心，經過追跡後之像高，將與實際光線，通過入瞳周邊追跡後之像高不符。

(12)初步設計時，由於像散、場曲與畸變非常大，場曲大約 10mm，畸變大約 20%，在不得以的情況下，只好在探測器前之平板保護視窗（window）改為校正板（field flattener or corrector），一面非球面，一面平面（鄰近探測器側）。

(13)0.35 視場附近及 0.6 視場 T 方向 MTF 偏低，敏感度也較高，應再改善。

(14)不同物距、不同物高，漸暈（Vignetting）的變化很大，也因此對成像品質會造成明顯之影響，特別是在 0.3 視場附近，須注意！

第 7 章

總結

　　Double Cassegrain反射式鏡頭，先天條件最大的缺點，就是入瞳遮蔽過大。尤其要使用於大視場及大光圈（小的Fno），並搭配面型探測器，設計的過程中確實遭遇很大的困擾。

　　設計的結果，雖未臻完美，但設計的過程與結果，仍有許多啟示與發現。更重要的是，它提供了我們許多新的思考方向。

7.1 ｜設計成果比較

　　Cassegrain反射式鏡頭，僅僅只有兩面反射鏡，像差校正的能力有限。然而Double Cassegrain反射式鏡頭，利用Cassegrain主反射鏡的背面，僅僅再增加一片鏡片，其實增加了兩面反射鏡，在相同的規格條件下，相較於Cassegrain反射式鏡頭，解像力遠遠超越。

　　但是比起Doublet折射式鏡頭，除了光量較為遜色以外，其他方面的比較如何呢？

　　底下，將比較三種鏡頭之重點規格：

(1)焦長（EFL）：

Double Cassegrain	Doublet	Cassegrain
46.575mm*	62.485mm	51.528mm*

・由之前的討論得知，Cassegrain 及 Double Cassegrain 之焦長（EFL）及視場角（FOV），僅供參考，並無實質上之幾何意義。

(2)等效相對孔徑（Effective Fno）：

Double Cassegrain	Doublet	Cassegrain
2.33*	0.9	0.9

・Double Cassegrain入瞳的大量遮蔽，造成等效相對孔徑不易壓低，是嚴重缺點！

(3)視場角（FOV）：

Double Cassegrain	Doublet	Cassegrain
8.7° × 8.7° × 11.5°	10.4° × 10.4° × 14.8°	10.4° × 10.4° × 14.7°

‧同前述(1)之討論。
(4)鏡頭總長（Lens Length）：

Double Cassegrain	Doublet	Cassegrain
66.106mm	62.67mm	18.832mm*

‧Cassegrain 鏡頭總長特別短。
(5)後焦長（BFL）：

Double Cassegrain	Doublet	Cassegrain
139.34mm*	62.355mm	16.212mm

‧Double Cassegrain 後焦長偏長，須再檢討可行性與否。
(6)系統總長（Total Track）：174.268mm

Double Cassegrain	Doublet	Cassegrain
174.268mm	125.025mm	18.832mm*

‧Cassegrain 系統總長特別短。
(7)景深（Depth of Field）：

Double Cassegrain	Doublet	Cassegrain
130mm	65mm	350mm*

· Cassegrain 僅考慮 0.4 lp/mm，所以景深僅供參考。

· Double Cassegrain 景深較 Cassegrain 長。

(8)TV 畸變（TV Distortion）：

Double Cassegrain	Doublet	Cassegrain
2.4%	−0.17%	−0.68%

· Double Cassegrain 之 TV 畸變稍微偏大。

7.2 | 研究限制與建議

　　光學設計是一種潛能無限的工作，因為，要找出一個具有無窮多解函數的最佳解，確實需要知識的累積與經驗的判斷。

　　在侷限的條件與有限的時間內，目前的設計只是暫時最好的結果，諸如光量不足等問題，仍須設法解決。但是若能找到合適的探測器（例如可以接受較大的 Fno）、合適的環境與合適的使用條件（例如室內操作、近距離拍攝），Double Cassegrain 確實是一個價格低廉、成像品質適中的好鏡頭。

　　由於本研究的系統應用於室內，而且是近距離拍攝，所以 Fno 偏大的問題仍有討論的空間。

　　反射鏡片材料單純、價格便宜，在紅外熱成像系統中，相當受到歡迎。各種不同的組合與型態，非常值得研究，例如偏心系統（Eccentric System）、自由曲面（Free Form Surface）…等，都是不錯的思考與延伸發展方向。

參考文獻

[1]　Richard D. Hudson, JR., Infrared System Engineering, Wiley & Sons, Inc. (1969)

[2]　William L. Wofe, Introduction to Infrared System Design, SPIE (1996)

[3]　Max J. Riedl, Optical Design Fundamentals for Infrared Systems, SPIE (1995)

[4] Gerald C. Holst, Electro-Optical Imaging System Performance, SPIE (1995)

[5] Robert E. Fischer/Biljana Tadic-Galeb, Optical System Design, McGraw-Hill, Inc. (2000)

[6] Virendra N. Mahajan, Optical Imaging and Aberrations Part I Ray Geometrical Optics, SPIE (1998)

[7] Warren J. Smith, Modern Optical Engineering, McGraw-Hill, Inc. (1990)

[8] Milton Laikin, Lens Design, Marcel Dekker, Inc. (1995)

[9] William L. Wolfe, Optical Engineer's Desk Reference, OSA (2003)

[10] Robert T. Jones, "Coma of Modified Gregorian and Cassegrain Mirror Systems", Journal of the Optical Society of America, Vol. 44, No. 8, pp. 630-633 (1954)

[11] S. C. B. Gascoibne, "Recent Advances in Astrnomical Optics", Applied Optics, Vol. 12, No. 7, pp. 1419-1429 (1973)

[12] Zemax Optical Design Program User's Guide Version 10.0, Focus Software, Incorporated (2001)

[13] 楊臣華 梅遂生 林鈞挺，激光與紅外技術手冊，國防工業出版社 （1990）

[14] 袁旭滄，光學設計，北京理工大學出版社（1988）

[15] 張登臣 郁道銀，實用光學設計方法與現代光學系統，機械工業出版社（1995）

[16] 草川徹，レンズ光學,東海大學出版會（1988）

[17] 高橋友刀，レンズ設計,東海大學出版會

第六篇

利用光扇理論建構初階鏡頭模型與 500 萬畫素手機鏡頭設計

本篇摘要

　　本篇之研究目標是藉由現有的 CMOS 500 萬畫素的數位相機鏡頭規格，回頭訂製出合理的 500 萬畫素手機鏡頭規格後再進行鏡頭的設計。但設計的方法我們由基礎的薄透鏡理論研究開始出發，藉由折射力、薄透鏡的形狀因子、共軛因子及像差與光扇理論，以控制光扇值來求得形狀因子值，並且利用求得的形狀因子值與利用初階像差求到的每片透鏡的折射力來解聯立方程式，進而求得每一面的曲率半徑的初始值，之後再使用光學模擬軟體進行參數的優化，以便得到更好的光扇與 MTF 的特性。

　　當我們開始設計鏡頭前，可以試著先從單片透鏡設計開始，如此我們便會發現就一片透鏡而言，很難達到我們想要的影像品質，也因此勢必得進行透鏡的裂解,利用更多的可變參數來達到我們想要的影像品質,而所謂的影像品質即是進行像差與色差的修正,因為像差的好壞,會影響整顆鏡頭的解析度,相對的不好的鏡頭也會破壞CMOS原有的解析度能力;而色差的品質不好,也會造成影像模糊;五百萬畫素的手機鏡頭,因為受限於鏡頭本身的總長度就短,在想要達成高畫素的情況下,我們所能裂解使用的透鏡數相對不多,也因此能使用的參數便少的可憐,而想要在少許的參數下,還能達到對五百萬手機鏡頭影像品質的要求,其困難度可想而知;因此,本篇研究目的是利用理論的推導,藉由控制光扇、像差等的參數值回推到源頭,以便得到我們所要參數的初始值,之後進行鏡頭的優化時,能從合理且光學特性不錯的初階模型出發,進行鏡頭的發展。

第 1 章

緒論

1.1 ｜研究背景

　　現今大部分的光學設計者，在初階模型計算上並不會琢磨很多，大多數是利用光學模擬軟體進行像差的修正，如此在進行高層次的產品設計時，很容易遇到瓶頸無法解決，其原因是因為在初階模型建構時並不十分合理，因此在優化時還得進行光學系統模型的重組，如此在設計時容易遇到瓶頸。

1.2 ｜研究目的

　　本研究的目標期望利用基礎的光學理論建構更佳合理的光學系統初階的模型，如此在合理的模型更進一步的進行光學系統的優化，如此光學模擬軟體會在此合理的光學模型進行結構微調的優化，並不會漫無目的的優化出不合理的結構出現。

1.3 ｜研究方法

　　利用光扇理論來控制像差值與光扇值，進而解聯立方程組求得每一面的曲率半徑，如此所建構的初階模型能表現出來不錯的光學特性，之後再利用光學模擬軟體進行鏡頭的優化。

1.4 ｜研究貢獻

　　本研究貢獻除了利用基礎的光學理論進行計算，建構出更合理化的初階模型外，另外在產業界的貢獻為開發出更高階的手機鏡頭產品；因為目前在台灣的高階手機鏡頭還停留在三百萬畫素的水準，五百萬畫素的手機鏡頭則還為有產品開發出來，因此本研究除了在初階模型計算方法上的貢獻外，在產業界的產品設計上亦有貢獻。

第 2 章
薄透鏡理論

本章節主要在介紹單片薄透鏡的原理與特性，因為大部分的鏡頭設計者，皆是由薄透鏡做初步的評估，再由評估的透鏡參數初值開始做更趨近現實工業設計的參數值來調整，以便在把設計的產品製作出來時，能達到我們原來設計的要求。或是當初值算完後，卻得不到理想的影像品質，我們便可由薄透鏡的基礎原理來調整參數值，來達到我們對影像品質要求的水準。

2.1 ｜薄透鏡的原理

薄透鏡是屬於理想透鏡，所謂的理想指的是透鏡的厚度趨近於零，在透鏡厚度趨向於理想狀態，我們在初值計算時可以把公式整理簡化的精簡，如此對我們取得初值的計算困難度減少許多，但是畢竟這是理想狀態，換言之實際透鏡的厚度在我們評估影像品質實是不可忽略的，而且還非常重要。

一般談到薄透鏡初值設計時，設計者會先想到折射力（Power）的能力，其公式如下：

$$\phi_t = n_0 (n_i - 1)(c_1 - c_2)$$

其中 n_0 為薄透鏡所處的介質空間、$n_0 n$ 為此薄透鏡在此介質空間的折射力、$c_1 c_2$ 分別為薄透鏡兩面的曲率值。而如果一個鏡頭是由數個透鏡組合而成的，則折射力（Power）公式變成如下：

$$\phi = \frac{1}{y_a} \sum_i y_i \phi_i$$

折射力（Power）在視光學裡稱為屈光度，被用來測量受測者視力惡化的程度參考值，以便在進行視力矯正時能以此為依據進行治療。

從折射力（Power）可以瞭解到與單片薄透鏡兩面的曲率半徑與材料特性之間存在著一定的關係，但是也有一個參數與薄透鏡兩面的曲率半徑有關，其參數的名稱為形狀因子（shape factor），由名稱我們可以想像的到，隨著形狀因子（shape factor）值的不同我們可以看到不同形狀的薄透鏡，而不同的形狀因子與影像品質息息相關，因為不同的形狀因子會牽動著不同的像差特性，而像差也就是一顆鏡頭影像品質的主要的評估內容，也因此我們可以經由初值計算的評估取得較佳的形狀因子值後，再經由形狀因子與折射力之間的關係，解聯立方程式取得每單片透鏡兩面的曲率半徑值。

$$X = \frac{c_1 + c_2}{c_1 - c_2} \equiv q$$

隨著形狀因子的不同，薄透鏡的變化如下：

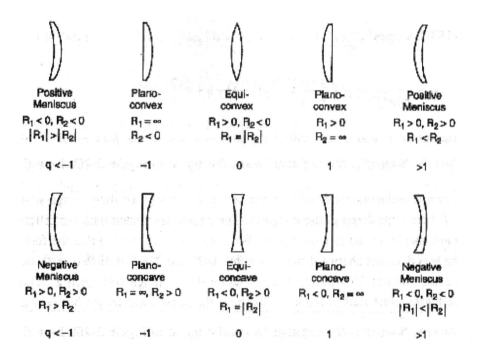

圖 2.1 ✿ 不同形狀因子值所呈現薄透鏡的形狀

除了形狀因子外，還有一個我們常用到的還有共軛因子參數，主要是說明與放大率之間的關係，其公式與圖形如下圖所示：

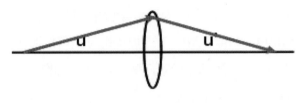

圖 2.2 ✿　共軛因子

$$Y = \frac{u + u'}{u - u'} = \frac{m + 1}{m - 1}$$

就正透鏡而言隨著放大率的不同其成像的情形與共軛因子值如下：

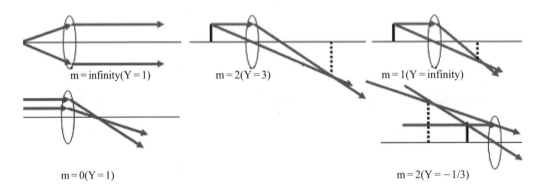

圖 2.3 ✿　不同放大率與共軛因子的值

2.2 ｜像差

　　造成像差的主要原因從光線追跡來看，是因為光波經過光學系統後，在不同入瞳位置入射的光線束最後在像平面成像的位置不同，因而造成了像差的出現，當我們在設計一顆鏡頭做初值計算時，因為在高階像差的數學太過繁瑣因此我們只能控制到賽德像差公式的影響；下面我概略介紹一下我們評估的像差種類：

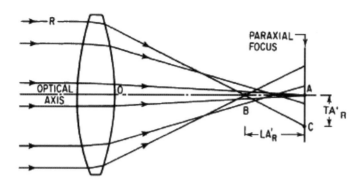

圖 2.4 ✿　球差

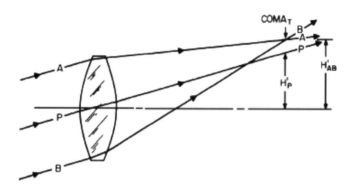

圖 2.5 ✿　慧差

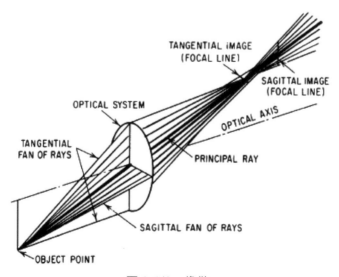

圖 2.6 ✿　像散

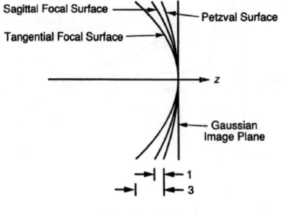

圖 2.7☼ 場曲

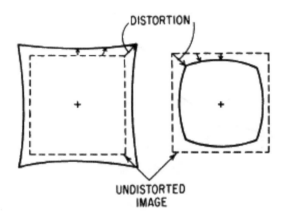

圖 2.8☼ 形變

而像差的公式如下：

$$W(x_p y_p \eta) = \frac{1}{8} S_1 \frac{(x_p^2 + y_p^2)^2}{h_p^4} + \frac{1}{2} S_{II} \frac{y_p (x_p^2 + y_p^2)}{h_p^3} \frac{\eta}{\eta_{\max}} + \frac{1}{2} S_{III} \frac{y_p^2}{h_p^2} \frac{\eta^2}{\eta_{\max}^2}$$

$$+ \frac{1}{4} (S_{III} + S_{IV}) \frac{(x_p^2 + y_p^2)}{h_p^2} \frac{\eta^2}{\eta_{\max}^2} + \frac{1}{2} S_V \frac{y_p}{h_p} \frac{\eta^3}{\eta_{\max}^3}$$

$$S_I = -\Sigma A^2 h \Delta \left(\frac{u}{n} \right)$$

$$S_{II} = -\Sigma \overline{A} A h \Delta \left(\frac{u}{n} \right)$$

$$S_{III} = -\Sigma \overline{A^2} A h$$

$$\Delta\left(\frac{u}{n}\right)$$

$$S_{IV} = -\Sigma H^2 c \Delta\left(\frac{1}{n}\right)$$

$$S_V = -\Sigma\left\{\frac{\overline{A}^3}{A}h\Delta\left(\frac{u}{n}\right) + \frac{\overline{A}}{A}H^2 c\Delta\left(\frac{1}{n}\right)\right\}$$

上面參數的意義：hp (incidence height at the exit pupil of the paraxial object point)、η (image height)、xp 和 yp (coordinates of any point in the exit pupil)

2.3 │ 光扇（Ray fan）

光扇是設計者喜愛參考用來評斷像差品質的圖表之一，他主要是由出瞳位置的光線束追跡到像平面上的位置，因此光扇圖可以分為縱軸與水平軸兩個剖面，光線束在透鏡與像平面間的示意圖和光扇圖如下：

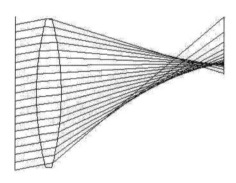

圖 2.9 ✿ 在對稱物件下光線束在透鏡與像平面間的剖面圖

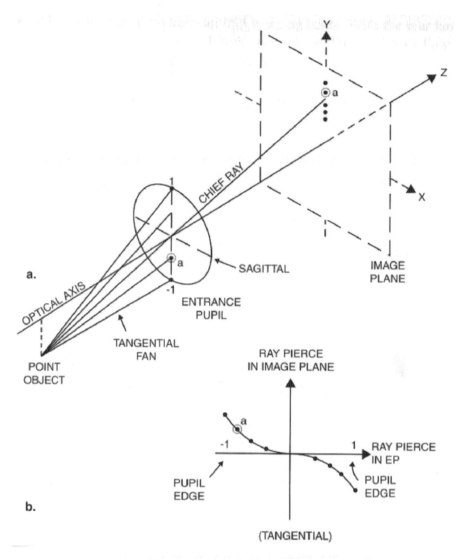

圖 2.10✿　光線追跡下由光瞳與像平面上的成像位置所形成的光扇圖

2.4 │ 光斑（Spot size）

　　光斑在物理意義的層面上屬於強度值，在成像光學的意義可以看成在已知的光斑半徑的圓內，光線束在光斑內分佈位置的密度，我們也可以由光線束所分佈的位置看出此鏡頭像差品質的好壞與種類，竟而進行修正來達到我們所要求的條件；在設計時我們選定感測器後，依據感測器的規格來訂定所希望的光斑半徑值，下列圖形為當出現不同種類像差時所出現的光斑圖形：

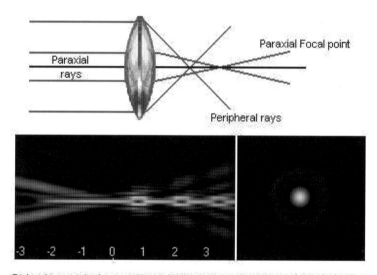

Side view and chromatic Airy disc of a bright star at image plan.
An asymmetry variation of the Airy disk occurs around the
paraxial focal plane, displaying spherical aberrations.

圖 2.11 ✿　球差：右下圖即是球差的光斑圖

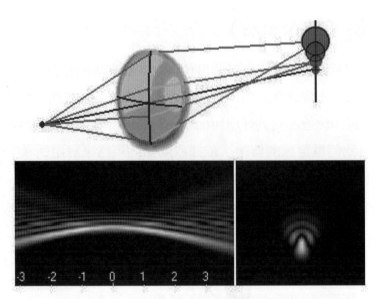

Side view and enlargement of a spot diagram showing coma
aberration. The resulting image takes the shape of a comet.

圖 2.12✿　慧差：右下圖即是慧差的光斑圖

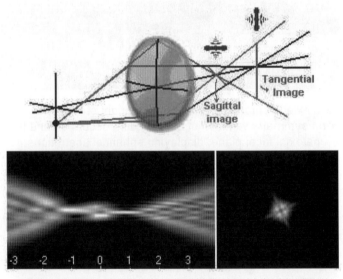

Side view and Airy disc of a bright star coming 25° off axis
showing astigmatism; the tangential and sagittal line image do
not coincide in the area of less confusion and in this case
display a cross shape.

圖 2.13✿　像散：右下圖即是像散的光斑圖

2.5 ｜色散像差（Chromatic aberration）

　　色散像差就鏡頭而言也是重要的影像品質評估條件之一，此像差與賽德像差的差異點為：色散像差是因為不同頻率的光對同一材質的玻璃有不同的折射率，造成不同頻率光在光軸上的焦點位置不同，這與因為形狀因子而形成的賽德像差是有所不同的；在色散像差部分可以分為 axial chromatic 與 lateral chromatic 兩個，並且色散像差中 axial chromatic 的修正主要是利用 K-glass 與 F-glass 的玻璃來做修正，另外在 lateral chromatic 可以由對稱性的結構來修正。Axial chromatic 與 leteral chromatic 的設計公式如下：

$$\textbf{axial chromatic: } TA_{ch}A = \frac{1}{u_k}\sum_i \frac{y_i^2\phi_i}{V_i}$$

$$\textbf{lateral chromatic: } T_{ch}A = \frac{1}{u_k}\sum_i \frac{y_i y_{pi}\phi_i}{V_i}$$

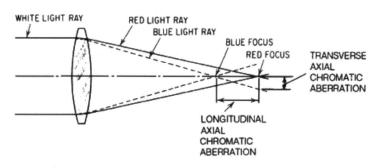

圖 2.14 ☼　axial chromatic

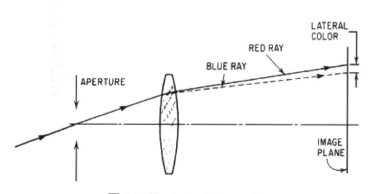

圖 2.15 ☼　lateral chromatic

而玻璃的材料我們可以參考 SCHOTT 的 Diagram of Optical Glasses 圖來選取：

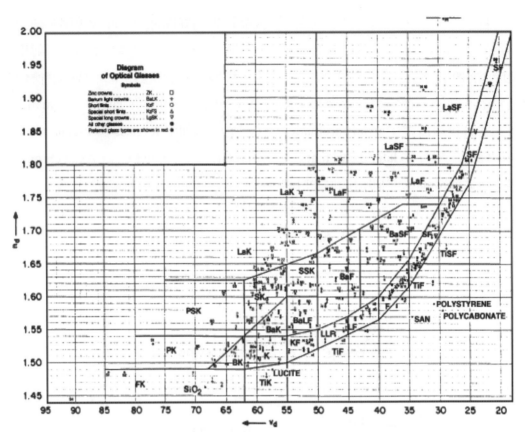

Figure 7.3　The "glass veil." Index (n_d) plotted against the reciprocal relative dispersion (Abbe *V*-value). The glass types are indicated by the letters in each area. The "glass line" is made up of the glasses of types K, KF, LLF, LF, and SF which are strung along the bottom of the veil. (Note that K stands for *kron*, German for "crown," S stands for *schwer*, or "heavy or dense.") (*Courtesy of Schott Glass Technologies, Inc., Duryea, Pa.*)

圖 2.16☼　玻璃材料 n-d 圖

而就玻璃材料而言高阿貝數的玻璃，對色散像差的修正有正面的意義。

2.6 │ 形狀因子與光扇光斑間的關係

本研究在選取形狀因子時，由控制光扇值達到我們條件進而得到形狀因子的參數值，形狀因子與光扇的關係如下：

$$E_Y = -2\,(F/\#)\left\{2\triangle W_{020} Y_p + \triangle W_{111} H + W_{311} H^3 + 4W_{040} Y_p^3 + \right.$$

$$\left. 3W_{131} H^2 Y_p + 2W_{222} H^2 Y_p + 2W_{220} H^2 Y_p \right\}$$

$$E_X = -2\,(F/\#)\left\{2\triangle W_{020} Y_p + 4W_{040} X_p^3 + 2W_{220} H^2 X_p \right\}$$

$$W_{040} = \frac{1}{8} S_I \;;\; W_{131} = \frac{1}{2} S_{II} \;;\; W_{222} = \frac{1}{2} S_{III}$$

$$W_{220} = \frac{1}{4} S_{IV} \;;\; W_{311} = \frac{1}{2} S_V \;;\; \triangle W_{020} = \frac{1}{2} C_I \;;\; \triangle W_{111} = C_{II}$$

Ex Ey 為在縱軸或水平軸的光扇值，經由整理後我們可以得到形狀因子、光扇值與出瞳位置間的關係式如下：

$$E_Y = -2(F/\#)\left[C_I Y_p + C_{II} H + \frac{1}{2} S_V H^3 + \frac{1}{2} S_i Y_p^3 + \frac{3}{2} S_{II} H Y_p^2 + S_{III} H^2 Y_p + \frac{1}{2} S_{IV} H^2 Y_p \right]$$

$$E_x = -2(F/\#)\left[C_1 X_p + \frac{1}{2} S_I X_p^3 + \frac{1}{2} S_{IV} H^2 X_p \right]$$

當我們給定下列參數值後可以得到下列光扇的 3D 圖：

表 2.1▐ 給定的參數值

焦點距離：100mm	鏡頭結構：單片	最大攝影倍率：0.14 倍
F/# = 2.0 H = 0	CCD = (1/2.5)"	材料：BK7 (n = 1.5168; V = 64.17)

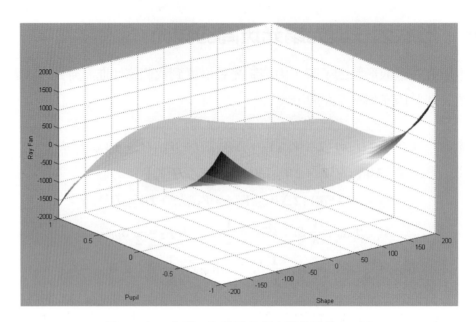

圖 2.17✿　光扇、形狀因子與出瞳位置的 3D 圖

　　我們由上面的 3D 圖可以瞭解單片的薄透鏡光扇值的分佈，我們期望在遠離出瞳的薄透鏡外端，可以得到較小的光扇值，也因此我們得選取出瞳值為 1 和 −1時的圖如下，並且在假設光扇值為零時，我們藉由解二元一次方程式得到形狀因子的解，接著我們便可畫出光扇值與出瞳位置的光扇圖；我們選取出光瞳為 1 或−1的作分析的原因是因為在出光瞳為 1 或−1時形狀因子與光扇值的起伏最大，從此關係圖可以選取出光扇值最接近零時存在的形狀因子值，如此我們可以從 3D 圖預知在所選出的形狀因子值所秀出的出光瞳與光扇值的關係圖中，其曲線的極大值與極小值的差不大，因此在在出光瞳的近光軸與離軸位置進行光線追跡至成像面時，希望能取得較佳的像差品質，以便於再發展鏡頭的結構時，從影像品質良好的初階鏡頭模型下，能減少優化的阻礙。

　　我們選取了出光瞳為 1 和−1時，所呈現出形狀因子值與光扇值的關係圖如下：

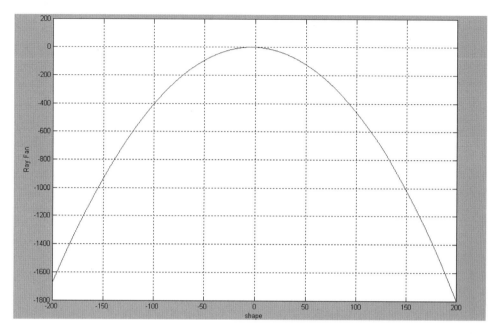

圖 2.18 ✿ 光扇與形狀因子（出瞳位置 1）

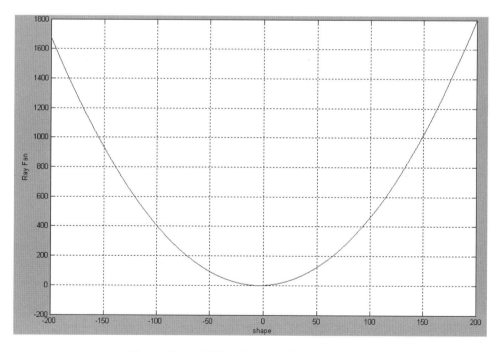

圖 2.19 ✿ 光扇與形狀因子（出瞳位置 -1）

　　由上列的二維圖可以得出當形狀因子為－1.2612時有最小的光扇值，因此可以畫出當形狀因子值為－1.2612下畫出光瞳與光扇值的關係圖如下，故下圖為控制初階與賽德像差下所呈現的光扇圖；所以我們在設計數群多片的鏡頭時，可以利用此方法來建構合理的鏡頭模型，以便於在後續的鏡頭優化時，能有不錯的光學特性。

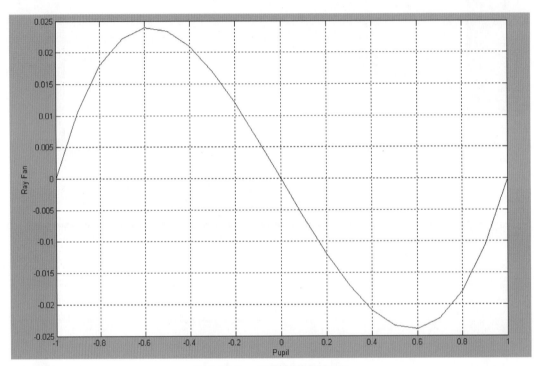

圖 2.20✿　光扇與出瞳位置

兩片式與三片式鏡頭 的分析

從事光學設計的研究者都知道，兩片式與三片式透鏡的鏡頭的光學原理與特性，是光學設計者應該進行瞭解的基本知識；因此在本章節將介紹兩片式與三片式鏡頭的基本原理與其光學特性。

3.1 ｜兩片式鏡頭

不管是單片的薄透鏡還是厚透鏡，對於自然光而言皆會有色差的存在，而由第二章理論的部分知道在色差的部分又可以分為縱向色差（axial chromatic）與橫向色差（lateral chromatic）兩種，在消除色差最基本的鏡頭結構為兩片式的鏡頭，兩片式消色差的鏡頭結構最早於 1729 年被設計來做望遠物鏡用，一直到半世紀後，兩片式鏡頭在光學設計仍然佔有舉足輕重的地位，而其他方面的應用包含了：顯微鏡、放大鏡、目鏡、相機鏡頭和準直鏡頭等。

使用消色差鏡片的最大的望遠鏡，是在 1900 年所製造的 Great Paris Refractor 望遠鏡，它的直徑達到 49.2 英吋但在一次世界大戰結束後便不再被使用了。而次大的望遠鏡是在 1897 年被製造完成，並在大戰結束後一直到今日仍然被使用，望遠鏡頭的直徑為 40 英吋。

現在來談談消色差鏡頭的玻璃材料該如何選取，記得在第二章有談到玻璃材料被分為兩大類，一為高阿貝數的的 crown 玻璃，另外一個為低阿貝數的 flint 玻璃；crown 玻璃具有較好的非色散的特性，而 flint 則顯示出色散較嚴重的情況，亦即 flint 在後焦面上有較大的色散位移，雖然如此但我們在設計消色差鏡頭時，卻不是單純的選取 crown 的玻璃材料，反而是要在 crown 和 flint 玻璃各選取一片來使用，善盡兩種不同玻璃材料的色散特性，來達到消色差的目的，而選取材料的大致精神使選取兩個高低值阿貝數的材料，且兩個折射率差值越大越好，但是相對的在越高或越低的阿貝數或折射率的玻璃材料，雖然在消色差的效果會好很多，但是在成本上卻會水漲船高的嚇人，也因此可以發現當設計者在設計鏡頭時，常常得秉持著政治哲學中妥協的精神來處理一些設計時的影像品質的問題。

兩片式鏡頭可以分為膠合式鏡頭與分離式鏡頭，這兩個鏡頭差在分離式鏡

頭,在兩片透鏡間存在空氣而膠合式則否,在設計短鏡頭時膠合式的較佔優勢,
但站在優化的角度來看,分離式的因此多了一個變數,所以在優化時較佔優勢;
底下為膠合式與分離式的鏡頭:

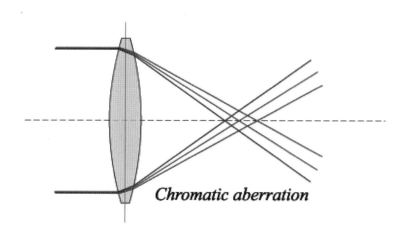

圖 3.1✿ 單片透鏡所造成的色散像差

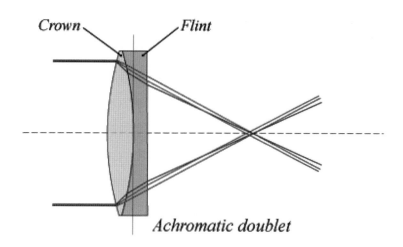

圖 3.2✿ 兩片不同特性的材料所造成的消色散像差的效果

3.2 ｜三片式鏡頭

　　底下要介紹的三片式鏡頭選用最知名的庫克式（cook）鏡頭來說明，下圖及為標準的庫克式鏡頭為正負正的鏡頭結構模式：

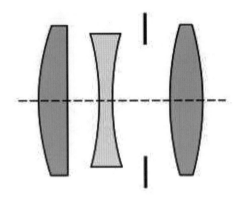

圖 3.3 ☼　庫克鏡頭

　　庫克試鏡頭的玻璃材料選取一般為：圖了第二片式 flint-glass 外，其餘兩片皆選用 crown-glass，此材料的選取對於片式的色散像差的修正有著不錯的效果。

　　在 1839 年相機鏡頭開始蓬勃的發展，也因此從兩片式的鏡頭開始進行鏡頭的演進，第一階段的發展在 1840 年 Joseph Petzval 使用數學演算的方式，設計出有效消除散光（astigmatism）的鏡頭，Petzval 鏡頭是屬於不對稱型鏡頭，且在離軸的狀態下有著明顯的像差，此像差大多由場曲（field curvature）所造成的，此鏡頭一直到 20 世紀仍然被廣泛的使用尤其在單槍投影機的鏡頭部分。

　　接著鏡頭的演化在 1886 年進入了第二階段，這段日子因為新型態的光學玻璃材料的蓬勃發展，尤其是高折射率的 crown-glass 玻璃材料的出現，在鏡頭的設計開始有了更多參數的選擇，因為就同一片的透鏡，在不同的光學玻璃材料中，所形成的光學特性也不盡相同，也因此對同一顆結構的鏡頭所呈現的光學特行也不一樣。

　　到了 1893 年由 H. Dennis Taylor 和 Cooke 發明了庫克三片式鏡頭，此鏡頭的結構如上圖，在第一片與第三片式屬於正透鏡，而第二片式屬於負透鏡，在材料的選取上第一片與第三片式使用 crown-glass，而第二片使用 flint-glass；此結構的鏡頭主要因為只需要少量的三片透鏡便能達到六片或更多透鏡才能達到消除散光像差（astigmatism）的目的，也因此到了二十一世紀的今日，庫克鏡頭仍然被廣泛的使用在相機等成像鏡頭設計中；到了 1902 年庫克鏡頭有演化出 Tessar 鏡頭。

另外，庫克三片式鏡頭除了能利用少量的透鏡便能設計出消除像差的鏡頭外，對 telecentric angle 也有不錯的平坦度，也因此在視角達到大角度的設計時的影像品質惡化的程度不會遽增。

第 4 章

五百萬畫數手機鏡頭
設計

　　現今主流高階手機鏡頭的解析度仍然只有三百萬畫素，只有韓國的廠商曾在資訊產品展覽會上發表過五百萬及八百萬的手機鏡頭，但是目前在社會上最高階的產品仍然停留在三百萬畫素的鏡頭，可見五百萬畫素的產品至今還有些問題尚未解決。鑑於目前本國的光學廠仍然沒有成熟的五百萬畫素的產品出現，因此本研究以五百萬的解析度為產品的設計目標；而本研究的重點在於當在建構初階模型計算時，使用光扇理論修正初階與賽德像差來提升影像的品質。

4.1 │ 設計流程與規格

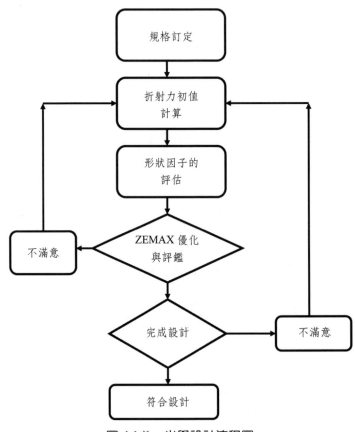

圖 4.1 ✿　光學設計流程圖

在開始設計產品前，我們得先設定合理的產品規格，以便在設計時在影像品質的評估上能有一個目標可以追尋。底下的表格內的數據是依據合理的商業規格所定的設計目標：

表 4.1 ▌ 產品規格

500M 手機鏡頭	
Wencase	
CMOS	MICRON (MT9P001)
Pixel size	2.2μm
Pixel number	2592(H) × 1944(V)
Sensor size	L × W × D
L	5.70mm
W	4.28mm
D	7.13mm
Optics	
Image circle	7.33mm
FOV(1)	
H	52 度
V	40 度
D	64 度
F/#	2.8
EFL(2)	5.843mm
ENP(3)	2.087mm
BFL	≧ 2.0mm
Total	≦ 10mm
Telecentric angle	≦ 20 度
TV distortion	≦ 1.5%
Relative illuminance	≧ 50%
Structure	5P
IR-cut filter(half)	650nm(10nm)

由上面的表格可以看到，本研究的感測器採用國際大廠 MICRON

（MT9P001）型號的產品，本型號的產品適用較大尺寸的手機或數位相機使用，使用的感測器是 CMOS 感測器，主要是因為目前發展的趨勢在耗電量與產品輕薄下，CMOS 感測器的優勢明顯剩餘傳統的 CCD 感測器，故在下一節我以和 CCD 感測器的差異為出發點來介紹 CMOS 的感測器。

接下來我們推導一下表 4.1 中 FOV(1)、EFL(2)、ENP(3)等參數的值：

(1)和(2)式：因為標準鏡頭的視角為 52 度，故在此定 CMOS 感測器的 H 的視角定為 52 度，因此視角的半角為 26 度，也因此有效焦長與 CMOS 感測器的 H 方向的尺寸有下列的數學關係式：

$$\tan \theta = \tan 26° = \frac{H/2}{EFL} = \frac{2.141}{EFL} = 0.4877$$

由上式可以求出 EFL 的值，接著由已知的 EFL 可以同理推導出 V 方向和 D 方向的視角分別為 40° 和 64°。

(3)由 F/# = 2.8 的已知值，及 F/#的定義可以得出 ENP 值：

$$F/\# = 2.8 = \frac{EFL}{ENP} = \frac{5.843}{ENP}$$

4.2 │ CMOS 感測器與 CCD 感測器的比較

從感光產生訊號的基本動作來看，CMOS 影像感測器與 CCD 影像感測器是相同的，但是從攝影面配置的畫素取出訊號的方式與構造，兩者卻有極大的差異。在本段落將分成五個特性來討論 CMOS 與 CCD 之間的差異：

（一）構造與動作方式的差異

下圖所顯示的為 CCD 影像感測器與 CMOS 影像感測器在動作方式上的差異，而此差異造成了 CCD 影像感測技術容易受到漏光雜訊的影響，而 CMOS 影像感測技術則不容易在訊號傳達路徑中受到雜訊的影響；CCD 影像感測器將接收入射光後所產生的訊號電荷不經放大直接傳輸至輸出電路後在一起放大電荷訊號，如此會加大干擾的雜訊訊號，而 CMOS 影像感測技術則是將接收入射光所產生的訊號電荷經由放大訊號處理後，再進行訊號電荷的傳輸，如此能降低在傳輸過程中因為雜訊電荷所造成訊號失真的程度。

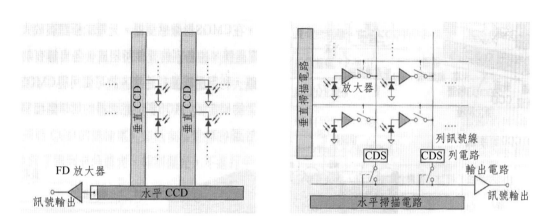

圖 4.2✿　CCD 與 CMOS 影像感測器動作方式上的差異

　　我們從下圖中可以看到CCD影像感測器與CMOS影像感測器在製成構造上的差異；在 CCD 影像感測器的畫素構造，從功能來看，是由進行光電轉換、儲存訊號電荷的光電二極體，將訊號電荷送至垂直的 CCD 的讀出閘極，以及傳輸訊號電荷的垂直 CCD 所組成，彼此間不分離連續形成。而 CMOS 影像感測器，光電二極體與放大、選擇與接受重設的 MOS 電晶體，由個別的元件所組成。各自擁有功能的元件，由於在畫素內分離，利用配線進行連接故可以使用與CMOSLSI 相同的電路符號顯示畫素的構造。

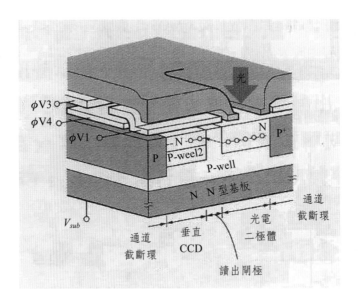

圖 4.3✿ CCD 畫素結構

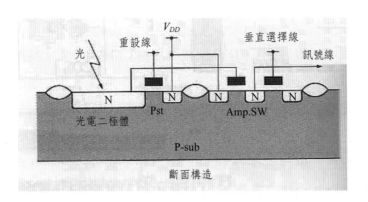

圖 4.4✿ CMOS 畫素結構

（二）製程

表 4.2 ‖ CCD 與 CMOS 製程比較

	CCD 影像感測器	CMOS 影像感測器
製程	光電二極體、CCD 特有構造	CMOS LSI 的標準製程
基板	N 型基板、P-well	P 型基板、N-well
元件分離	LOCOS 或注入雜質	LOCOS

匣極絕緣膜	50～100nm	10nm 以下
匣極電擊	2～3 Poly-Si	1～2 Poly-Si
層間膜	重視遮光、分光特性構造的材料	重視平坦性
遮光膜	Al、W	Al
配線	1 層（與遮光膜共用）	2～3 層

（三）特性與電源

表 4.3▌CCD 與 CMOS 特性與光源比較

特性比較

	CCD	CMOS
靈敏度	量子效率、轉換效率	量子效率、放大率
SN 比	FD 放大器	電晶體的性能
暗電流	專用製程	CMOS LSI 製程
漏光	影響度較大	可以忽略
動態範圍	良好	由畫素大小決定
混色	極少	隨構造不同發生

電源比較

	CCD (1/4)'33 萬畫數	CMOS (1/3)'33 萬畫數
電源數	3	1
電壓	15/3.3/-5.5	3.3
消耗電力	135mW	31mW

（四）儲存的同時性

　　CCD 影像感測器在儲存方式是將同一時期入射光電二極體的光，同一時間轉換成訊號電荷進行儲存，此動作方式稱為全面曝光。在 CMOS 則相反，採用的是逐步曝光，儲存時期有所偏差，如此對於拍攝動作快速的物體時會造成扭曲的影像產生，其原理如下圖：

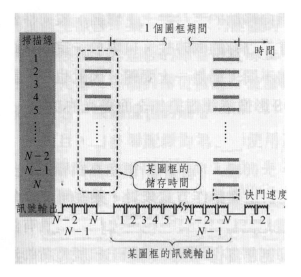

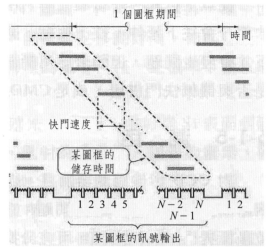

圖 4.5☼　CCD（上）和 CMOS（下）儲存時間的差異

（五）混色

　　對 CCD 影像感測器而言，從構造與動作方式來看，幾乎完全忽視所謂混色（Crosstalk）的問題。這是因為 N 型基板光電二極體，具有溢位及極提供的電氣特性，可充分意志相鄰光電二極體送出訊號電荷的滲入，再加上遮光 Al 薄膜可確實分離進入各畫素的光，而且 CCD 的訊號電荷傳輸動作，也不會導致電路相結合。相對於此，由於畫素構造與電路結合的關係，CMOS 影像感測器確實容易發生混色的問題。而混色是如何發生的，可以由下圖來加以說明：

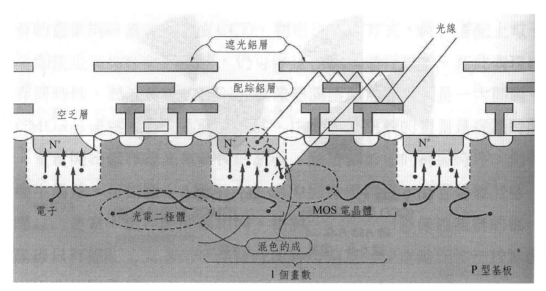

圖 4.6✿　CMOS 混色發生過程

　　在 CMOS LSI 較常使用的 P 型基板上形成畫素，空乏層內進行光電轉換的電子，因電位梯度產生飄移，集中的光電二極體的 N^+ 區域，但在空乏曾外，電子因擴散而移動，若基板的雜質濃度均勻，無法確定移動方向。如此一來，在相鄰光電二極體較深的位置進行光電轉換的電子，在一定機率下發生紛亂的狀態，成為混色的成分。這些混色的成分如果無法小到可以忽略，若在黑白影像感測器，會導致解析度基準 MTF 下降。

　　為了防止混色的發生，從改善光電二極體的構造進行檢討，參考下圖：

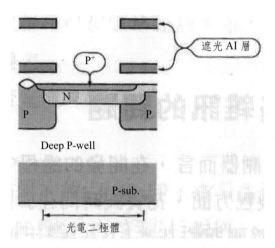

圖 4.7☼　防止混色的 CMOS 畫素構造

　　從此結構圖可看到，當引進深入 Si 表面形成 P-well，以及將第一層 Al 配線當作遮光層的光電二極體，P-well 延伸深入光電二極體的空乏層，可以有效的蒐集基板深處發生的電子，來降低因為電子擴散漏入相鄰的畫素，因而產生混色現象；此外，對於相鄰畫素亂射進入的光，第一層的遮光膜可以有效進行遮光，以降低混色的現象。

4.3 ｜鏡頭材料選取

　　在本節我們要談論的是鏡頭材料的選取，在鏡頭的材料有光學玻璃、光學晶體及光學塑膠；而光學玻璃根據折射率與色散係數可以分為冕牌玻璃與火石玻璃兩大類，一般而言冕牌玻璃只含有少量的氧化鉛或不含氧化鉛，屬於低折射率與高阿貝數的材料，火石材料則屬於高含氧化鉛、高折射率和低阿貝數的材料，下圖為蕭特基的 N-V 圖：

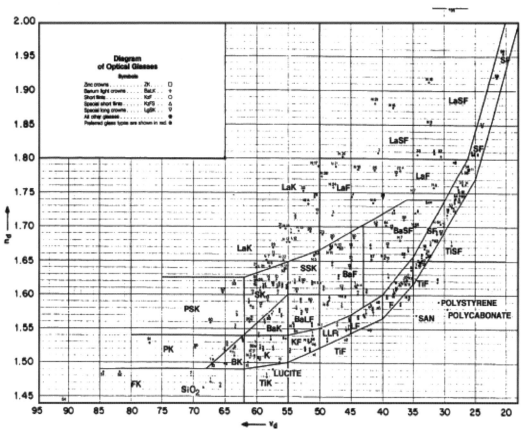

Figure 7.3 The "glass veil." Index (n_d) plotted against the reciprocal relative dispersion (Abbe *V*-value). The glass types are indicated by the letters in each area. The "glass line" is made up of the glasses of types K, KF, LLF, LF, and SF which are strung along the bottom of the veil. (Note that K stands for *kron*, German for "crown," S stands for *schwer*, or "heavy or dense.") (*Courtesy of Schott Glass Technologies, Inc., Duryea, Pa.*)

圖 4.8 ✩ 玻璃材料 n-d 圖

　　但在本設計基於成本的考量，決定使用光學塑膠的材料，光學塑膠的材料種類比起光學玻璃少很多，常用的只有下列幾種聚甲基丙烯酸甲酯（PMMA）、聚苯乙烯（Polystyr）、苯乙烯-甲基丙烯酸甲酯聚合物和聚碳酸酯（PC）等，本設計基於成本的考量僅採用聚甲基丙烯酸甲酯（PMMA）和聚碳酸酯（Polycarb）兩種材料來達到最佳的影像品質目標，下表為聚甲基丙烯酸甲酯（PMMA）和聚碳酸酯（Polycarb）的光學特性：

表 4.4▌聚甲基丙烯酸甲酯（PMMA）和聚碳酸酯（Polycarb）的光學特性

光學塑膠		單位	聚甲基丙烯酸甲酯（PMMA）	聚碳酸酯（Polycarb）
化學特性	耐酸性		除強氧化酸外有叫壓的抗酸性	抗稀酸性好
	耐鹼性		對弱鹼的抗鹼性較好	抗弱鹼性好
	耐油性		對動植物油及礦物油穩定	抗油好
	耐有機溶劑性		抗芳香族、氧化清類較差	抗脂肪族、碳氫化合物、醚類和醇類好
	耐光姓		紫外光透光率 73.5%	日光照射久微脆化
物理特性	密度	1000 (kg/m³)	1.17～1.20	1.2
	折射率		1.49	1.58547
	阿貝數		57.2～57.8	29.9
	透光率	%	90～92	80～90
	吸水率	%	0.3～0.4	0.15～0.35

4.4 │ 初值計算

　　本設計因為屬於高解析度的鏡頭，因此在規格端已預計本設計至少需使用 5 片鏡片，所以在初值計算時以 5 片的透鏡來做初階模型的建構；為了便於初值計算，我們考慮兩群的設計且分別為兩片與三片膠合的初階模型，且孔徑光闌設在第一群的最後一面上，初階模型圖如下：

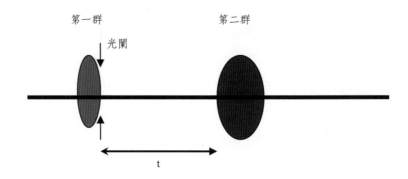

（一）兩群的折射力（POWER）的計算

由規格已知有效焦長（EFL）為 5.843mm，故 $\phi = 1/EFL = 0.1712$ 且由規格設 $t = 2mm$、$bf = 3mm$，ϕ_a、ϕ_b 分別為第一群與第二群的折射力（POWER）；

$$\begin{cases} \phi = \phi_a + \phi_b - t\phi_a\phi_b = \mathbf{0.1712} \\ \phi = \phi_a + \dfrac{(1 - t\phi_a)}{bf} = \mathbf{0.1712} \end{cases}$$

由上方程組我們可以解出

$$\begin{cases} \phi_a = \mathbf{-0.19456} \\ \phi_b = \mathbf{0.405175469} \end{cases}$$

（二）第一群的折射力（POWER）計算

由上一步驟可以得到第一群 ϕ_c 的折射力，也因此在第二步驟我們將開始把兩群個別透鏡的折射力（POWER）算出來，在第一群使用兩片膠合透鏡；故假設第一片與第二片透鏡的折射力（POWER）分別為 ϕ_1，ϕ_2 第一片的材料使用聚碳酸酯（Polycarb）、第二片材料使用聚甲基丙烯酸甲酯（PMMA）；

$$\begin{cases} \phi = \phi_1 + \phi_2 = \mathbf{-0.19456} \\ C_I = \left(\dfrac{\phi_1}{V_1} + \dfrac{\phi_2}{V_2} \right) y_A^2 = \mathbf{0} \end{cases}$$

由折射力（POWER）與軸像色差公式可以解出 ϕ_1、ϕ_2 值：

$$\begin{cases} \phi_1 = \mathbf{0.208506953} \\ \phi_2 = \mathbf{-0.403066953} \end{cases}$$

（三）第二群的折射力（POWER）計算

在第二群使用三片膠合透鏡；故假設第一片、第二片和第三片透鏡的折射力（POWER）分別為 ϕ_1、ϕ_2、ϕ_3，第一片的材料使用聚甲基丙烯酸甲酯（PMMA）、第二片材料使用聚碳酸酯（Polycarb）、第三片的材料使用聚甲基丙烯酸甲酯（PMMA）；

$$\begin{cases} \phi_b = \phi_3 + \phi_4 + \phi_5 = \dfrac{y_3\phi_b - 2.087\phi_a}{\phi_b} = 0.620701877 \\[2ex] \dfrac{y_3^2\phi_3}{V_3} + \dfrac{y_4^2\phi_4}{V_4} + \dfrac{y_5^2\phi_5}{V_5} = 0 \\[2ex] \dfrac{\phi_3}{n_3} + \dfrac{\phi_4}{n_4}\dfrac{\phi_5}{n_5} = 0 \end{cases}$$

由折射力（POWER）、軸像色差及像差公式可以解出 ϕ_3、ϕ_4、ϕ_5 值：

$$\begin{cases} \phi_3 = 0.952565178 \\ \phi_4 = -0.665196635 \\ \phi_5 = 0.3333333 \end{cases}$$

（四）計算第一群與第二群的形狀因子

在第二章薄透鏡理論中有提到賽德像差與光扇的原理與公式；現在先從下列的賽德像差公式看起：

$$\begin{cases} S_I = \left(\dfrac{h^4\phi^3}{4}\right)\left[\left(\dfrac{n}{n-1}\right)^2 + \left(\dfrac{n+2}{n(n-1)^2}\right)\left(X + \left(\dfrac{2(n^2-1)}{n+2}\right)Y\right)^2 - \left(\dfrac{n}{n+2}\right)Y^2\right] \\[2ex] S_{II} = \left(\dfrac{-h^2\phi^2 H}{2}\right)\left[\left(\dfrac{n+1}{n(n-1)}\right)X + \left(\dfrac{2(n+1)}{n}\right)Y\right] \\[2ex] S_{III} = \dfrac{H^2\phi}{1} \\[2ex] S_{III} = \dfrac{H^2\phi}{n} \\[2ex] S_V = 0 \end{cases}$$

但在視角為零時 H 的值為零，故上列的賽德像差公式變形為下列式子：

$$\begin{cases} S_I = \left(\dfrac{h^4\phi^3}{4}\right)\left[\left(\dfrac{n}{n-1}\right)^2 + \left(\dfrac{n+2}{n(n-1)^2}\right)\left(X + \left(\dfrac{2(n^2-1)}{n+2}\right)Y\right)^2 - \left(\dfrac{n}{n+2}\right)Y^2\right] \\ S_{II} = S_{III}\ S_{IV} = S_V = 0 \end{cases}$$

另外，在一階像差的部分公式如下：

$$\begin{cases} C_1 = \dfrac{h^2\phi}{V} \\ C_{II} = 0 \end{cases}$$

從一階與賽德像差的公式與第二章裡波前像差的公式，可以進一步推導出兩者的關係式：

$$W(x_p\, y_p\, \eta) = \frac{1}{8}S_1\frac{(x_p^2+y_p^2)^2}{h_p^4} + \frac{1}{2}S_{II}\frac{y_p(x_p^2+y_p^2)}{h_p^3}\frac{\eta}{\eta_{max}} + \frac{1}{2}S_{III}\frac{y_p^2}{h_p^2}\frac{\eta^2}{\eta_{max}^2} +$$

$$\frac{1}{4}(S_{III}+S_{IV})\frac{(x_p^2+y_p^2)}{h_p^2}\frac{\eta^2}{\eta_{max}^2} + \frac{1}{2}S_V\frac{y_p}{h_p}\frac{\eta^3}{\eta_{max}^3}$$

再分別（A）當 $X_p = 0$ 與（B）當 $Y_p = 0$ 時可以得到下列的公式：

（A）$W_Y = W_{020}Y_P^2 + W_{111}HY_P + W_{311}H^3Y_P + W_{040}Y_P^4 + W_{131}HY_P^3 + W_{222}H^2Y_p^2 + W_{220}H^2Y_P^2$

（B）$W_X = W_{020}X_P^2 + W_{040}X_P^4 + W_{220}H^2X_P^2$

經由上兩個式子，我們可以推得出光扇的公式如下：

（C）$E_Y = -2(F/\#)\{\triangle 2W_{020}Y_p + \triangle W_{111}H + W_{311}H^3 + 4W_{040}Y_p^3 + 3W_{131}HY_p^2 + 2W_{222}H^2Y_p + 2W_{220}H^2Y_p\}$

（D）$E(x) = -2(F/\#)\{2\triangle W_{020}X_p + 4W_{040}Y_p^3 + 2W_{220}H^2X_p\}$

上列是由一階與賽德像差開始一步一步的推導至光扇的公式，之後要試著控制光扇的值來求出我們要的形狀因子值；當我們把每片透鏡的折射力與基本的參數值帶入一階與賽德像差的公式後可以得到五組的像差公式：

$$\begin{cases} S_{I1} = -0.623469193 - 0.689622845\,(X - 0.699197707)^2 \\ C_{I1} = -0.18545078 \end{cases}$$

$$\begin{cases} S_{I2} = -3.236044348 - 3.056039083\,(X - 0.742403347)^2 \\ C_{I2} = 0.067045148 \end{cases}$$

$$\begin{cases} S_{I3} = -1.049640869 - 1.114791848\,(X - 0.264835669)^2 \\ C_{I3} = -0.014980049 \end{cases}$$

$$\begin{cases} S_{I4} = -0.20366921 - 0.183606227\,(X - 0.123475397)^2 \\ C_{I4} = -0.018073158 \end{cases}$$

$$\begin{cases} S_{I5} = 0.016809162 + 0.017736654\,(X - 0.037926054)^2 \\ C_{I5} = 0.003767635 \end{cases}$$

　　由上列所得到的值可以帶入波前像差公式；因為在設計鏡頭時，我們會以理想的狀態認為鏡頭是對稱性的，所以我們由 $X_P = 0$ 時的 W_Y 與 E_Y 來求得理想的形狀因子值；所以我們由上面所求得的一階與賽德像差的公式可以推導出下列五組聯立方程組：

$$\begin{cases} W_{Y1} = W_{040}\,Y_P^4 + W_{020}\,Y_P^2 \\ \quad = \left[-0.077933649 - 0.086202855\,(X - 0.699197707)^2\right] Y_P^4 - 0.009272539\,Y_P^2 \\ E_{Y1} = 2F/\#\,(4W_{040}\,Y_P^3 + 2W_{020}\,Y_P) \\ \quad = \left[-1.74571374 - 1.930943966\,(X - 0.69919770)^2\right] Y_P^3 - 0.103852436\,Y_P \end{cases}$$

$$\begin{cases} W_{Y2} = W_{040}\,Y_P^4 + W_{020}\,Y_P^2 \\ \quad = \left[-0.404505543 - 0.382004885\,(X - 0.742403347)^2\right] Y_P^4 + 0.033522574\,Y_P^2 \\ E_{Y2} = 2F/\#\,(4W_{040}\,Y_P^3 + 2W_{020}\,Y_P) \\ \quad = \left[-9.060924174 - 8.556909432\,(X - 0.742403347)^2\right] Y_P^3 + 0.375452828\,Y_P \end{cases}$$

$$\begin{cases} W_{Y3} = W_{040}\,Y_P^4 + W_{020}\,Y_P^2 \\ \quad = \left[-0.131205108 - 0.139348981\,(X - 0.264835669)^2\right] Y_P^4 - 0.007490024\,Y_P^2 \\ E_{Y3} = 2F/\#\,(4W_{040}\,Y_P^3 + 2W_{020}\,Y_P) \\ \quad = \left[-2.938994433 - 3.121417174\,(X - 0.2648355669)^2\right] Y_P^3 - 0.0.083888274\,Y_P \end{cases}$$

$$\left\{\begin{array}{l} W_{Y4} = W_{040}\,Y_P^4 + W_{020}\,Y_P^2 \\[4pt] = \left[-0.025458651 - 0.022950778\,(X - 0.123475397)^2\right] Y_P^4 - 0.009036579\,Y_P^2 \\[4pt] E_{Y4} = 2F/\#\,(4W_{040}\,Y_P^3 + 2W_{020}\,Y_P) \\[4pt] = \left[-0.570273788 - 0.5140974351\,(X - 0.123475397)^2\right] Y_P^3 - 0.101209684\,Y_P \end{array}\right.$$

$$\left\{\begin{array}{l} W_{Y4} = W_{040}\,Y_P^4 + W_{020}\,Y_P^2 \\[4pt] = \left[-0.002101145 + 0.002217081\,(X - 0.037926054)^2\right] Y_P^4 + 0.001883817\,Y_P^2 \\[4pt] E_{Y5} = 2F/\#\,(4W_{040}\,Y_P^3 + 2W_{020}\,Y_P) \\[4pt] = \left[-0.047065653 + 0.49662631\,(X - 0.037926054)^2\right] Y_P^3 + 0.021098756\,Y_P \end{array}\right.$$

　　我們由上面的五組聯立方程式中，可以由給定 $Y_P = 1 \sim 0 \sim -1$、形狀因子 X $= 10 \sim -10$ 與光扇的三維立體圖來尋找光扇最小值，其三維立體圖如下：

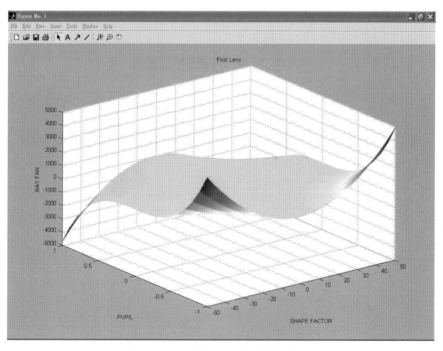

圖 4.9 ✿ 　第一片透鏡的立體圖

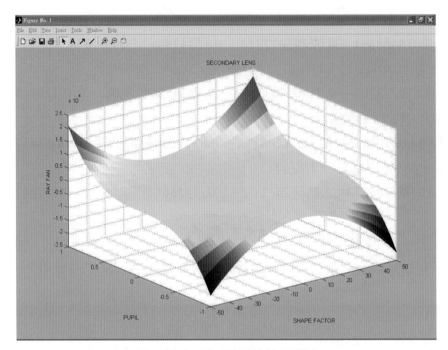

圖 4.10✿　第二片透鏡的立體圖

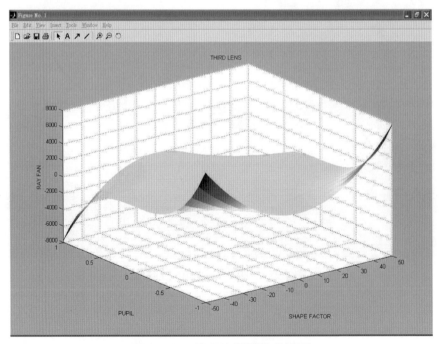

圖 4.11✿　第三片透鏡的立體圖

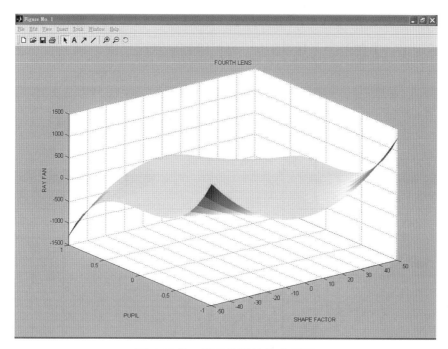

圖 4.12 ✿　第四片透鏡的立體圖

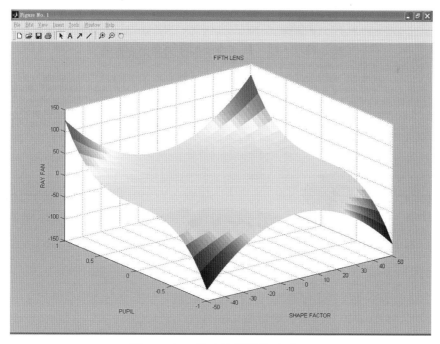

圖 4.13 ✿　第五片透鏡的立體圖

我們由上面的立體圖可以看到在 $Y_P = 1$ 和 $Y_P = -1$ 時有光扇值的極限值，因此我們給定 $Y_P = 1$ 和 $Y_P = -1$ 的值後，可以得到形狀因子與光扇之間的曲線圖：

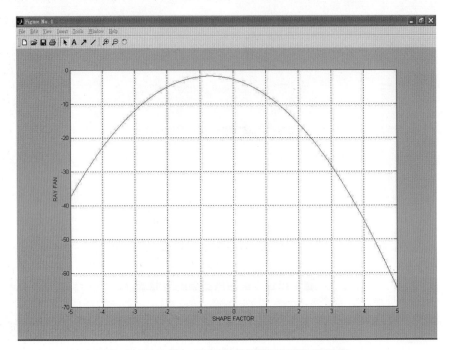

圖 4.14◇　第一片透鏡的形狀因子與光扇圖

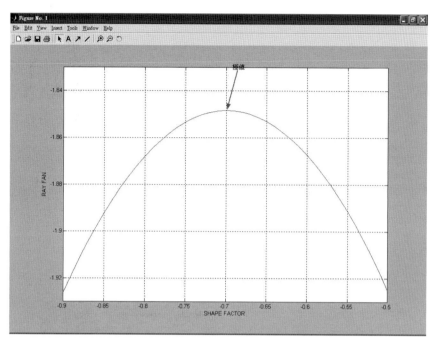

圖 4.15✿　第一片透鏡的形狀因子與光扇圖的縮小圖

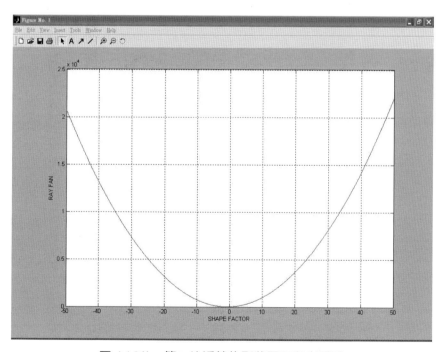

圖 4.16✿　第二片透鏡的形狀因子與光扇圖

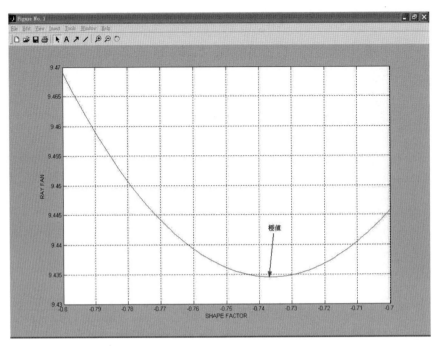

圖 4.17 ✿　第二片透鏡的形狀因子與光扇圖的縮小圖

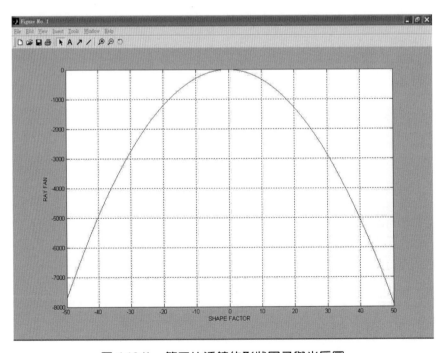

圖 4.18 ✿　第三片透鏡的形狀因子與光扇圖

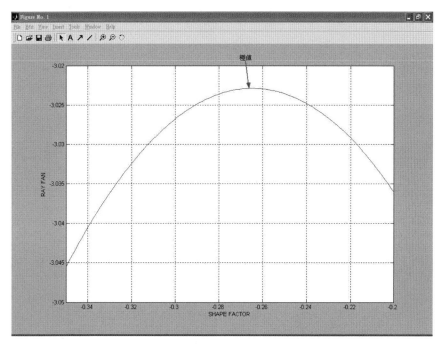

圖 4.19✿ 第三片透鏡的形狀因子與光扇圖的縮小圖

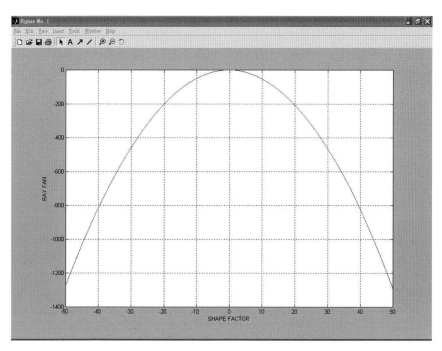

圖 4.20✿ 第四片透鏡的形狀因子與光扇圖

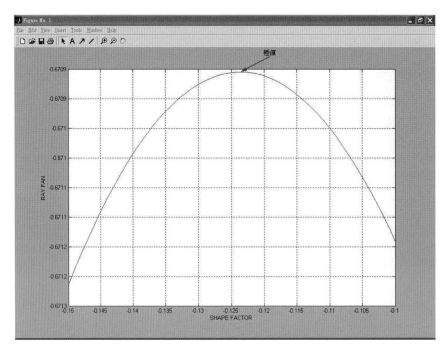

圖 4.21✿　第四片透鏡的形狀因子與光扇圖的縮小圖

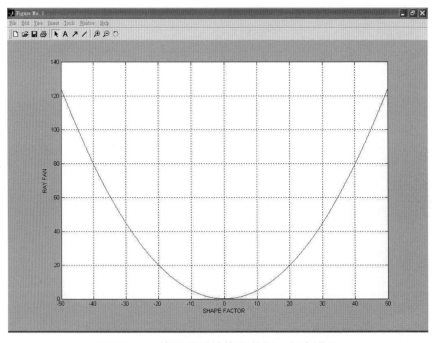

圖 4.22✿　第五片透鏡的形狀因子與光扇圖

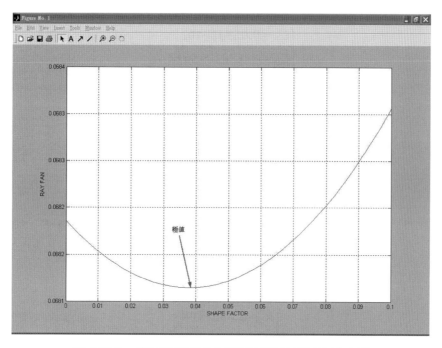

圖 4.23 ✿ 第五片透鏡的形狀因子與光扇圖的縮小圖

　　經由上列的形狀因子與光扇值的關係圖形，我們令光扇值為零時可以求得形
狀因子的值如下：

$$\begin{cases} X_1 = -0.7 \\ X_2 = -0.73 \\ X_3 = -0.27 \\ X_4 = -0.12 \\ X_5 = 0.038 \end{cases}$$

　　由上列的形狀因子值與前面所求得每一片透鏡折射力的值，可以聯立推導出
每一片透鏡的面一片曲率半徑：

$$\begin{cases} C_1 = 0.053420402 \\ C_2 = -0.302715612 \\ C_3 = 0.5198700006 \\ C_4 = 0.655737704 \\ C_5 = -0.7831143282 \\ C_6 = 0.353611111 \\ C_7 = -0.32721085532 \end{cases}$$

$$\begin{cases} R_1 = 18.71943981 \\ R_2 = -3.30343 \\ R_3 = 1.9235578 \\ R_4 = 1.525 \\ R_5 = -1.276953 \\ R_6 = 2.8323708 \\ R_7 = -3.0561333 \end{cases}$$

　　將計算取得的每一面曲率半徑鍵入 ZEMAX 的 LENS DATA EDITOR，且給予每一面 0.1mm 的透鏡厚度和所設定的玻璃材料，從 ZEMAX 分析軟體可以得到本產品相關的光學特性。

4.5 ｜ 特性分析

　　由上一節所做的一系列初階值計算所取得的參數值，在鍵入 ZEMAX 的 LENS DATA EDITOR 後的圖形如下：

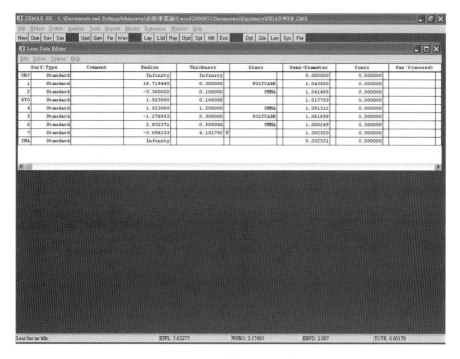

圖 4.24✿　初階模型的透鏡參數表

　　由 ZEMAX 軟體來分析所建構的初步光學系統所呈現的光學特性的好壞，
在開始做光學特性的分析之前，下圖所建立的初步光學系統的架構如下圖：

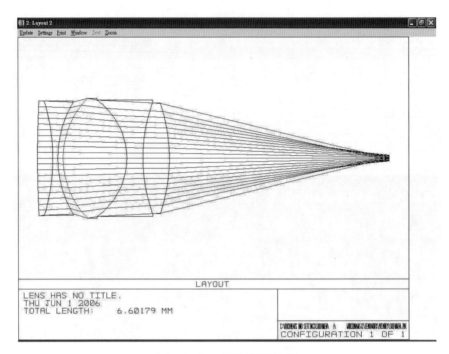

圖 4.25✿ 初階模型結構

　　上圖為二維的結構圖，所呈現的是當視角為零度時光現在每一片透鏡所呈現的追跡路徑。接著由 ZEMAX 軟體進行焦平面位置的優化後，可以得到光斑圖、光扇圖與 Chromatic Focal Shift 的圖如下：

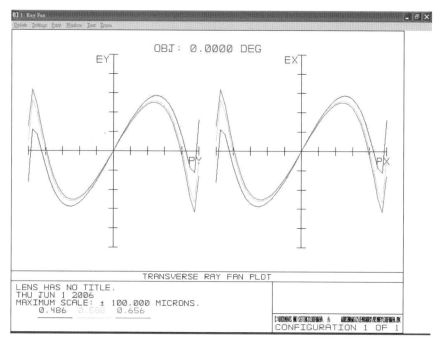

圖 4.26✿ 光扇圖

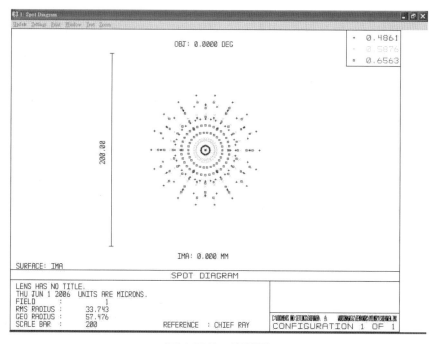

圖 4.27✿ 光斑圖

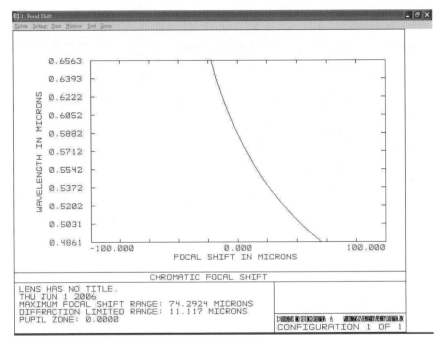

圖 4.28✿　**Chromatic Focal Shift**

因為本節所做的是近軸初階值計算，所以在光學特性的分析上只存在球差與縱向色差，因此在初階模型的光學特性分析只有上列的項目。

4.6 │ 結果

我們利用光扇理論來控制初階與賽德像差，並且建構五百萬畫素手機鏡頭的初階模型，從上圖的光學特性圖表中可以發現此初階模型呈現出不錯的光學特性，尤其在光扇圖來看，在出光瞳位置為 1 或-1 時有著向光扇值為零的收斂趨勢，和我們當初在作初階模型計算時所希望能達到的預期目標是一樣的。

第 5 章

優化

前一章節在訂定詳細的設計規格後，再利用光扇理論建構初階光學系統的模型，以其在後續的鏡頭優化過程能站在一個擁有不錯光學特性的初階模型進而發展出符合規格的產品；而本章節主要琢磨於鏡頭的發展過程。

5.1 ｜ 初階鏡頭模型的優化

我們在前一章節初階模型的建構，在計算像差的過程中作了許多參數的設定，減少了許多的變數條件來進行像差的修正，而犧牲了這麼多的條件主要的目的在於減少計算上的繁瑣與困難度，但當完成初階模型的建構後，在後續的優化中就應該對初階模型建構時所設定的參數設定為後續優化的變數條件。

從前一章節可以看到所建立的初階模型是屬於兩群且分別為兩片膠合與三片膠合的鏡頭，第一步便要先裂解兩群的膠合透鏡且進行波函數的優化，從下圖可以看到優化後初階模型在視場為零時光線追跡下所呈現的結構圖：

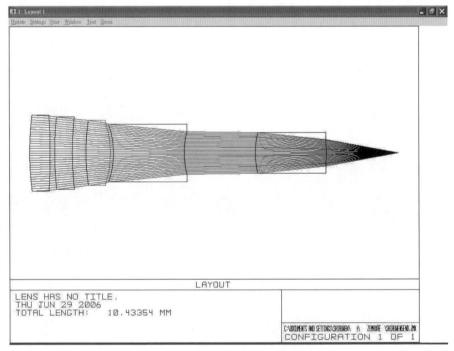

圖 5.1 ✿　裂解後的初階模型圖

　　從上圖可以看到初階模型進行膠合透鏡的裂解優化後，各片透鏡的結構還算合理；接著從下列的數張圖行來分析裂解後模型的光學特性，其中包含了MTF、光斑、光扇、縱向像差和色散像差：

(1)MTF：

　　由下圖可以看到視場為零時的調制函數（MTF）的曲線為一線性直線，且和繞射極限的曲線接近重疊，因此在調制函數（MTF）所表現出來的光學特性代表目前優化後的模型在視場為零時，所表現出來的影像品質不錯。

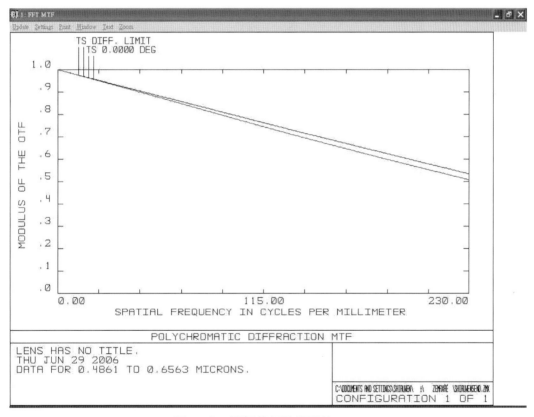

圖 5.2 ☼　裂解後初階模型的 MTF

(2)光斑：

　　光斑圖主要顯示出在像平面上光線聚焦的光點大小，而光點的大小會影響著鏡頭的解析度的大小，因此在作設計時會希望光斑的直徑越小越好，如此才能把感測器解析度發揮的淋漓盡致。

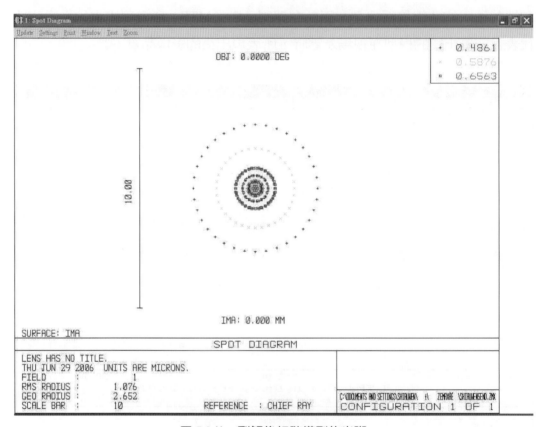

圖 5.3☼　裂解後初階模型的光斑

(3)光扇：

　　從下面的光扇圖可以看到當出光瞳接近 1 或-1 時，光扇值有往零收斂的跡象，並且此光扇值最大的值僅有 3 微米尺度，相當的微小，由此可以預知目前在視場為零時所表現出的像差值非常微小，因此對影響品質的影響不大。

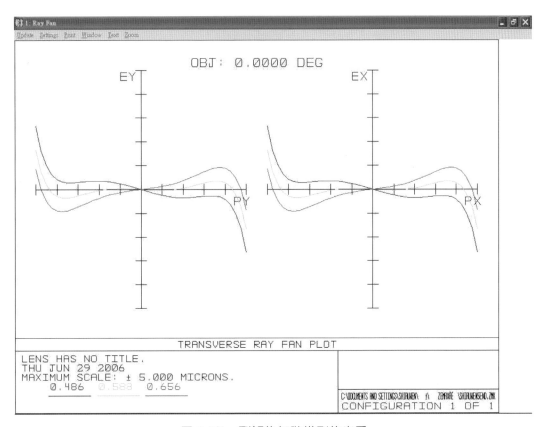

圖 5.4❁　裂解後初階模型的光扇

(4)縱向像差：

　　縱向像差在視場為零時，主要表現出球面像差的特性，由下圖可以發現最大
尺度為 20 微米，非常微小。

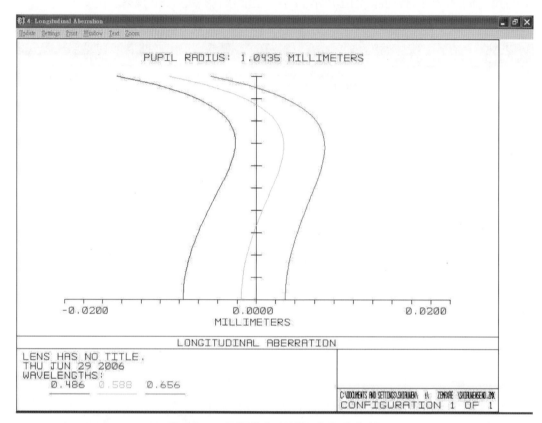

圖 5.5☼　裂解後初階模型的縱向像差

(5)色散像差：

在第二章的理論部分，有提到了色散像差的光學特性，主要是因為在不同的光波長在相同的光學材料裡，所表現出的折射力（POWER）不同，造成在向平面的像差出現，而由裂解後的初階模型可以發現不同波長的可見光，在像空間的聚焦點位置最大的距離僅有 10 微米左右，此光學特性仍屬不錯的表現。

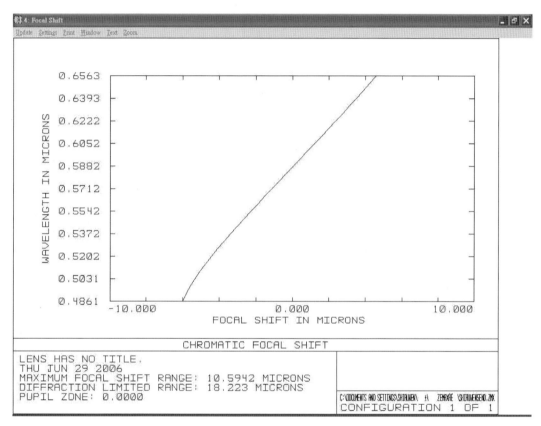

圖 5.6 ✿ 裂解後初階模型的色散像差

在前一章節所訂定的產品規格中有提到，此產品的視場為 1 時所代表的視角為全角 64 度，因此我們接下來要把裂解優化後的初階模型進行全視角的鏡頭優化；下列將把優化後的全視角的初階模型與其光學特性進行討論：

(1)全視角初階模型：

　　當視場為零的初階模型優化完成後，接著便是把視場一步一步的加大至視場為 1 的全視場角，並且進行模型的優化，所得到的全視角初階模型如下頁的圖 5.7 所示；

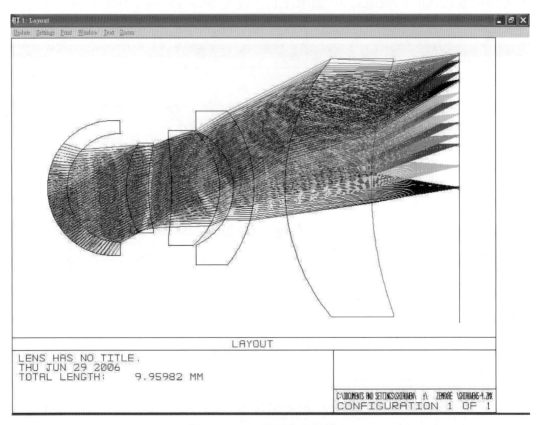

圖 5.7✿　全視場的初階模型

(2)調制函數（MTF）：

　　下圖為全視場角進行波前像差優化後的調制函數，從途中可以發現在接近空間頻率 115 時，調制函數值快速的下降，但調制函數的曲線大致呈現線性特色並沒有太多的連波出現，因此我們可以瞭解在低頻的時厚的影像品質還不算太糟太在高頻時像差將嚴重影響了影像品質。

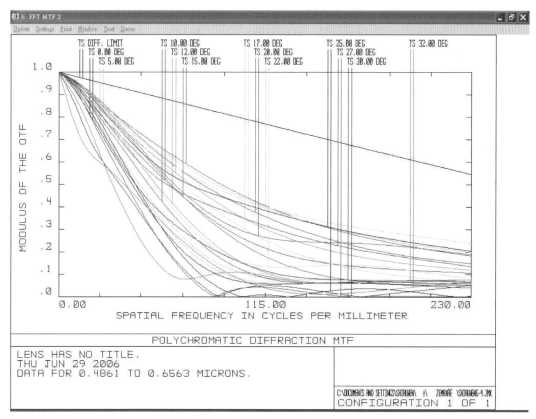

圖 5.8◌　全視場的初階模型調制函數

(3)光扇：

　　從光扇圖可以看到大多數視角存在的像差大多是球面像差與慧差，且在視場為零與 1 時，在出光瞳位置為 1 或−1時，存在著較大的光扇值，因此在這部分後續的優化步驟中需要詳加的注意。

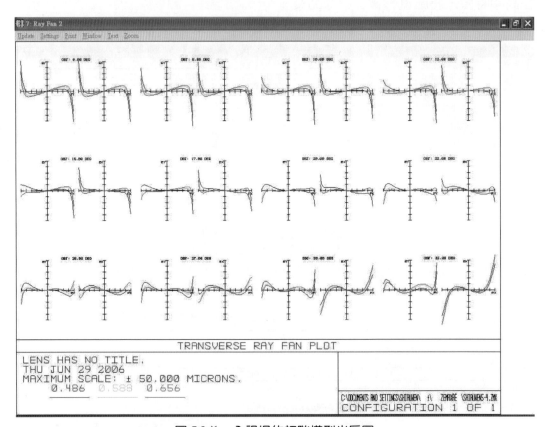

圖 5.9　全視場的初階模型光扇圖

(4)光斑：

下列的光斑圖可以發現當視角加大時，各式各樣的像差便開始出現了，很明顯的加大視角後從光斑圖至少可以發現慧差、畸變與像散等像差的現象。

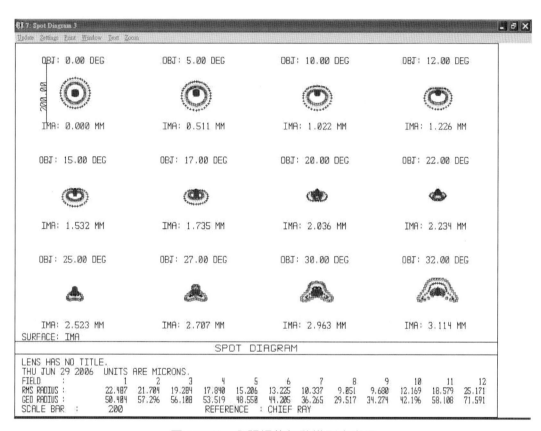

圖 5.10✿　全視場的初階模型光斑圖

(5)縱向像差：

　　從下圖的縱向像差可以發現當視場接近 1 時，聚焦點位置突然的遽增，如此在視場值接近 1 時會有不好的影像品質，故在後續的優化中可以詳加注意。

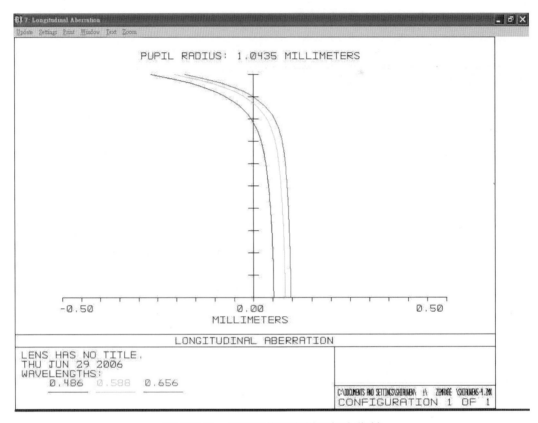

圖 5.11 ✿　全視場的初階模型縱向像差

(6)場曲與畸變：

　　下圖為全視角模型的場曲與畸變之光學特性，而場曲又分為縱軸剖面（T）與橫軸剖面（S），由下圖可以發現在橫軸剖面（S）的像差比縱軸剖面嚴重許多；另外，在畸變的部分仍然有待修正，我們從圖 5.13 可以看到像平面上目前畸變像差所呈現出來酒桶的形狀，影像嚴重扭曲。

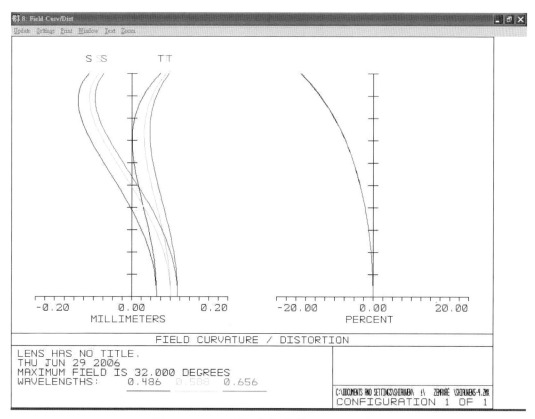

圖 5.12 ◊　全視場的初階模型場曲與畸變

(7)畸變：

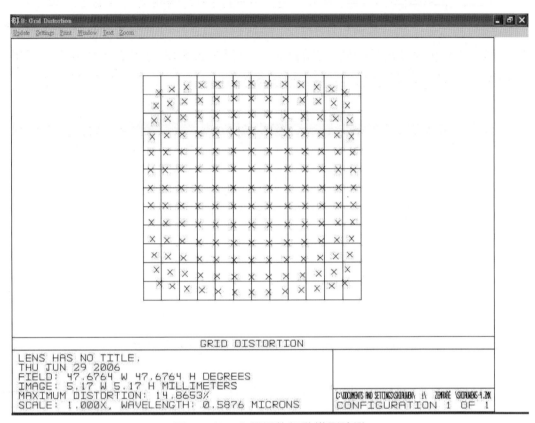

圖 5.13 ⚙ 全視場的初階模型畸變

　　接下來便是選取特定區面為非球面，進行球面像差的修正，而修正完後的光學特性如下圖所列：

(1)非球面的初階模型：

在這一步驟中，我們在第一、二、三、五、七與第九面改為非球面，進行球面像差的修正，其模型與透鏡資料表如下；

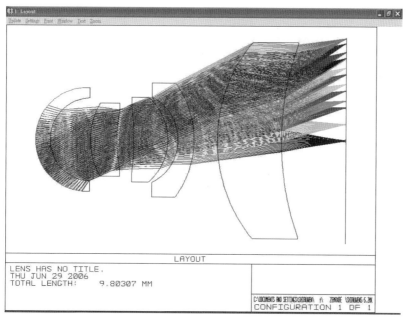

圖 5.14✿　非球面初階模型與透鏡資料表

(2)調制函數（MTF）：

　　由下圖可以發現除了視場接近 1 時，仍然和前面的初階模型一樣在高頻的時候，調制函數值快速的降為零外，在視場較小時的調制函數曲線皆已經有所提升了，此代表在視場較小的影像品質有所改善。

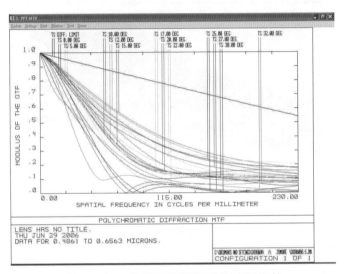

圖 5.15✿　非球面初階模型的調制函數

(3)光扇：

　　此時光扇值和前一步驟的光扇值大小差不多沒有大幅度的改善。

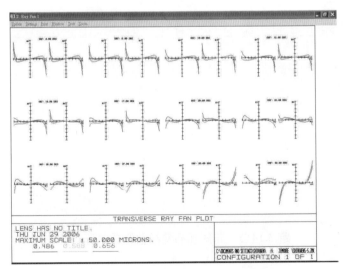

圖 5.16✿　非球面初階模型的光扇圖

(4)光斑：經由球面像差的修正後，此時的光斑直徑大小已有所改善，但仍然離我們的目標有所差距。

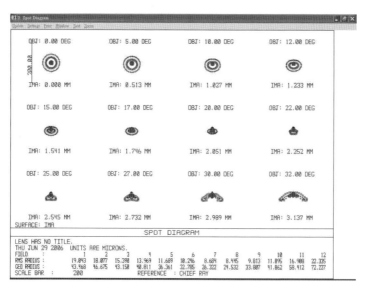

圖 5.17 ✿ 非球面初階模型的光斑圖

(5)縱向像差：此時縱向像差和前一步驟縱向像差的最大尺度大小沒有大幅度的改善。

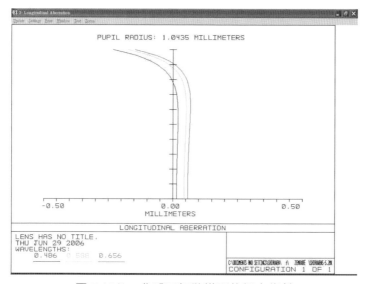

圖 5.18 ✿ 非球面初階模型的縱向像差

(6)場曲與畸變：

　　此時的場曲與畸變已經有所改善，尤其在縱向剖面（T）的場曲與橫向剖面
（S）的場曲與出光瞳的位置差異不算大，而下圖的畸變仍然為酒桶狀。

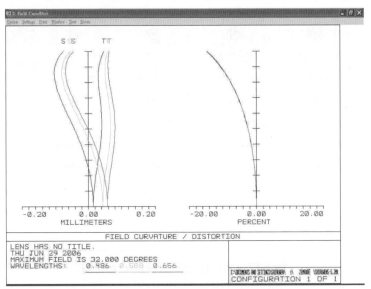

圖 5.19☼　非球面初階模型的場曲與畸變

(7)畸變：

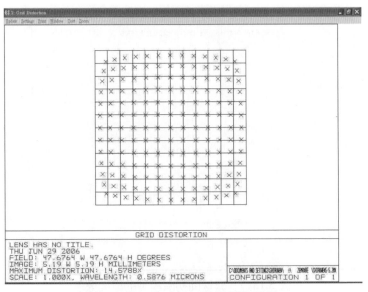

圖 5.20☼　非球面初階模型的畸變

5.2 | 最終模型的結果與分析

優化完五片透鏡的初階模型後，我們可發現無論在解析度、影像品質都還沒達到產品的規格，因此在像平面前再加一片聚碳酸酯（Polycarb）的透鏡，使在解析度與影像品質的提升上能有所幫助；使用聚碳酸酯（Polycarb）是因為此材料的折射率和聚甲基丙烯酸甲酯（PMMA）比較起來較大，因此再修正像差上會有比較好的效果。

(1)最終模型：

從圖 5.21 的光學系統可以發現每片透鏡的直徑大小差異不會很大，並且在像平面入射光線的入射角蠻平緩的，在後面的光學特性探討中可以看到在像平面的入射角最大約為 20 度左右而已；另外在像平面前加了一片紅外光濾波片，目的在消除紅外光對感測器影像品質的訊號干擾。

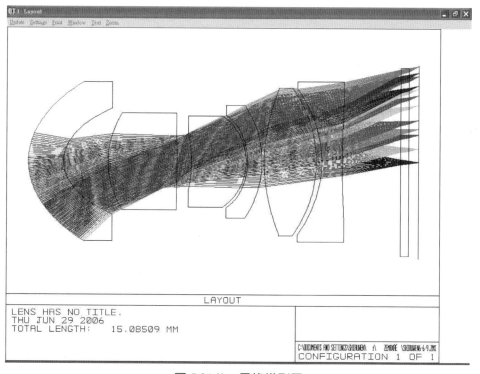

圖 5.21 ☼ 最終模型圖

(2)調制函數（MTF）：

從圖 5.23 的調制函數曲線可以看到幾乎在所有的視角，呈現出的調制函數曲線都趨近於線性且在高頻部分的調制函數也落在 0.3 附近，因此除了在全視場（半角 32 度）時，低頻處有小幅度掉下的現像外；因此在加了一片聚碳酸酯（Polycarb）在影像品質的提升有不錯的效果。

Lens Data Editor

Edit Solves Options Help

	Surf:Type	Comment	Radius	Thickness	Glass	Semi-Diameter	Conic	Par 0(unused)
OBJ	Standard		Infinity	Infinity		Infinity	0.000000	
1	Even Asphere		2.426859 V	1.372267 V	POLYCARB	3.209122	-0.715864 V	
2	Even Asphere		1.315847 V	1.750409 V		2.145834	-0.740692 V	
3	Even Asphere		3.196572 V	3.441062 V	PMMA	2.058857	-2.313763 V	
STO	Standard		-16.531196 V	0.428895 V		0.949274	0.000000	
5	Even Asphere		-5.134833 V	2.160223 V	PMMA	1.049733	2.042194 V	
6	Standard		-2.098707 V	0.095630 V		1.735175	0.000000	
7	Even Asphere		-2.612124 V	0.502014 V	POLYCARB	1.764409	0.729258 V	
8	Standard		-3.906913 V	0.002624 V		2.154983	0.000000	
9	Even Asphere		6.508115 V	1.994338 V	PMMA	2.766283	-2.116206 V	
10	Standard		-4.644075 V	0.192139 V		2.837727	0.000000	
11	Even Asphere		-4.248236 V	0.758390 V	POLYCARB	2.806770	-0.772926 V	
12	Even Asphere		26.468309 V	2.251714 V		3.087307	-1.999741 V	
13	Standard		Infinity	0.300000	BK7	3.564706	0.000000	
14	Standard		Infinity	0.321006 V		3.606868	0.000000	
IMA	Standard		Infinity			3.678098	0.000000	

圖 5.22☼ 最終模型圖之透鏡資料表

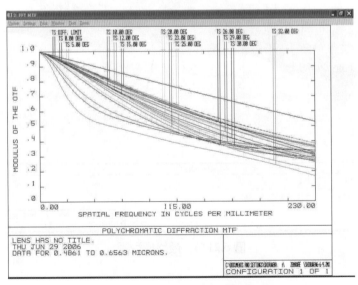

圖 5.23☼ 最終模型的調制函數

(3)光扇：

　　從圖 5.24 光扇圖可以發現在視場角為零或很小時，有還算不錯的像差特性，但是在視角為 64 度（半角 32 度）有較差的像差產生，但這些像差都還在能接受的範圍內。

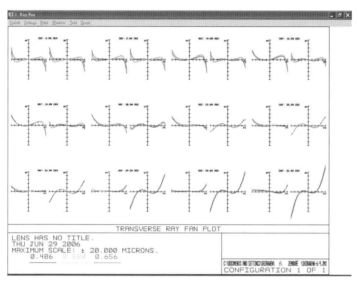

圖 5.24✿　最終模型的光扇圖

(4)光斑：

　　從圖 5.25 的光斑圖可發現，除了在視角為 64 度（半角 32 度）時光斑直徑太大外，其餘的直徑大小約在 4 微米左右，與我們解析度的需求大致接近，雖然從光斑圖可以發現存在許多像差，但其直徑已合乎需求，因此像差對解析度的影響就不太苛求了。

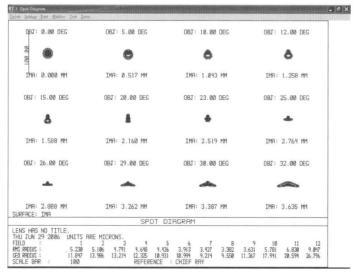

圖 5.25✿　最終模型的光斑圖

(5)縱向像差：

　　圖 5.26 的縱向像差和初階模型時比較起來，其最大尺度已經縮小了，換句話說此時的縱向像差對影像品質的影響度已不是那麼顯著了。

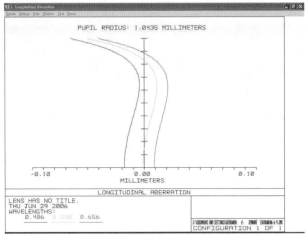

圖 5.26☼　最終模型的縱向像差

(6)場曲與畸變：

　　圖 5.27 所顯示的場曲與畸變的最大尺度和初階模型比較起來已經小許多了；另外，畸變在像平面邊緣的畸變也已經降到零了，整體而言在場曲與畸變的像差修正已經優化到不錯的特性。

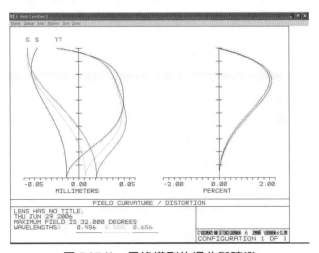

圖 5.27☼　最終模型的場曲與畸變

(7)畸變：

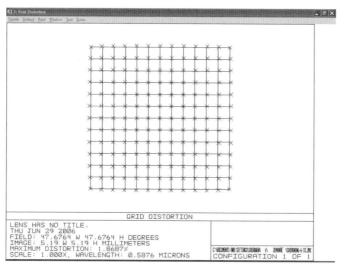

圖 5.28☆ 最終模型的畸變

(8)相對照度：

　　這裡所說的相對照度指的是在像平面上邊端與像平面中心的照度比值，我們在第四章的規格處有提到期望相對照度比值能大於 50%，我們從圖 5.29 可以瞭解目前所做的設計符合所訂定的規格。

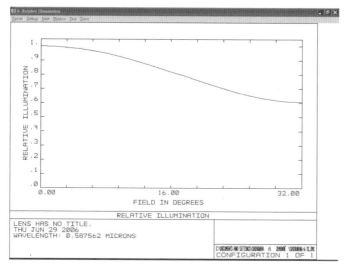

圖 5.29☆ 像平面的相對照度

(9)像平面的入射角：

從圖 5.30 的 merit function 裡可以發現在像平面的入射角度大約在 20 度左右，符合我們規格的要求。

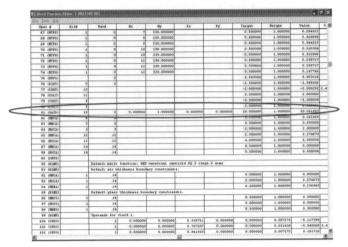

圖 **5.30** ☼ 像平面的入射角

(10)色散像差：

由圖 5.31 的色散像差無論在像平面的色散像差或是在縱軸的色散像差都有著不錯的色散像差特性。

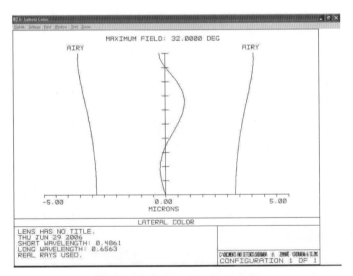

圖 **5.31** ☼ **Lateral chromatic**

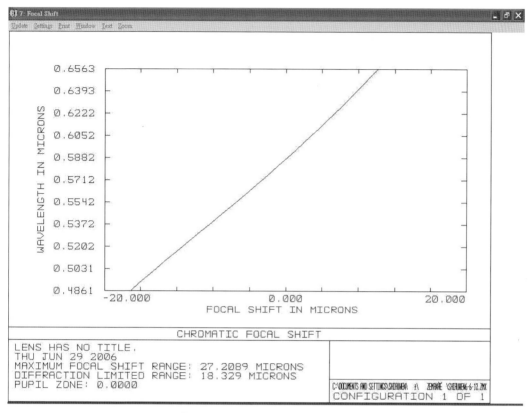

圖 5.32☼　**Focal shift chromatic**

5.3 ｜討論

　　從前一章節的初階模型開始一步一步的進行裂解優化，並在優化的過程中從
光學特性圖可以發現在優化的過程中光斑大小與形狀及調制函數曲線等的變化，
在最後的結果中可以發現除了鏡頭的總長度沒達到規格的要求外，其他的光學特
性都有不錯的結果，表示在前一章節所使用光扇理論所建構的初階模型還算合
理，因此在後續的鏡頭優化中大致的透鏡形狀沒有大幅度的改變，因此在初階模
型建構時，使用光學理論去控制像差的特性而建構出的初階模型，擁有不錯的光
學特性且在後續的優化過程中遇到的瓶頸將減少許多。

　　但在鏡頭總長度卻遠遠超出規格的目標值，並且在全視角時的影像品質不良等現象，是急需解決與改善的難題；因此為了能有效的修補或降低在全視角時的像差現象，可以從下列數項進行鏡頭結構的優化修正：

（一）把目前近似高氏鏡頭結構分成六片三群的結構，因為在修正像差品質上三群的結構相較於兩群式的結構有不錯的能力。

（二）把第一片與第二片透鏡的材料調換，因為 PMMA 和 Polycarb 比較起來屬於高阿貝數的材料，如此對像差的修正會有不錯的效果。

（三）改從三群式結構的鏡頭後，把光圈設在第二群後面，如此能有效的壓縮整個鏡頭結構的長度。

參考文獻

[1] VIRENDRA N. MAHSJAN, "Optical Imaging AND Aberration Part I Ray Geometrical Optics," SPIE PRESS, 2002

[2] Warren J. Smith, "Modern Optical Engineering," SPIE PRESS, 2000

[3] http://grus.berkeley.edu/~jrg/Aberrations/node9.html

[4] Joseph M. Geary, "Introduction To Lens Design," Center for Apllide Optics University of Alabama in Huntsville

[5] http://www.astrosurf.com/luxorion/report-aberrations2.htm

[6] http://en.wikipedia.org/wiki/Image:Lens_triplet.svg

[7] 米本和也，「CCD/CMOS 影像感測器之基礎與應用」全華科技圖書股份有限公司

[8] 張智星，「Matlab 程式設計與應用」，清蔚科技股份有限公司，2002

[9] 張榮森，「幾何光學上課講義」，國立中央大學光電科學研究所

[10] Robert E. Fisher,Biliana Tadic-Galeb, "Modern Optical design," The McGraw-Hill Companies, 2001

[11] W. T. Welford, "Aberrations of the Symmetrical Optical System," department of physics, Imperial College of Science and Technology, University of London,1981

[12] 2002 ZEMAX 使用手冊

[13] Wolf, "Principles of Optics" 2002

附 件

Design of Double Cassegrain Reflective Mirrors for Optical System of IR Cameras

Rong Seng CHANG, Sha-Wei WANG[1*], and Pai-Hung CHIEN[2]

Department of Optics and Photonics, National Central University, 300 Chung-Da Rd., Chung-Li 32001, Taiwan
[1]*Department of Optometry, Jen-Teh Junior College of Medicine, Nursing and Management, Hou-Long, Miaoli 356, Taiwan*
[2]*Research and Development Division, Pegatron Corporation, Taiwan*

(Received July 13, 2008; Accepted December 5, 2008)

IR optical systems such as Petzval doublet refractive lenses or Cassegrain reflective mirrors are either expensive or poor in image quality. Taking advantage of the low cost of reflective mirrors, here we present an optical design of Double Cassegrain reflective mirrors consisting of two sets of Cassegrain reflectors facing each other symmetrically. This symmetry also cancels many aberrations besides the chromatic aberration-free nature of reflective mirrors. Design results show that this system is better than Cassegrain reflectors in aberration correction and image resolution, but cheaper than Petzval doublet refractive lenses systems in price. IR cameras with this optical system could be widely used for body temperature measurement and security check. © 2009 The Optical Society of Japan

Keywords: Petzval doublet, Cassegrain, double Cassegrain, IR camera

1. Introduction

The refractive type IR optical system having IR optical materials with higher index of refraction (2–4), for example, silicon, germanium (Ge), etc. makes aberration correction easier, but they are costly. For example, a doublet for 8–14 μm made of Ge and zinc sulfide with f number 2.0 and effective focal length 100 mm could cost tens of thousands US dollars. Other drawbacks are manufacturing difficulties, higher thermal effect (dn/dt) and higher reflection rate.[1] Reflective type IR systems are lower in price but poorer in aberration correction capability.[2]

Taking advantage of the low cost of reflective mirrors, here we present a new optical design of double Cassegrain reflective mirrors consisting of two sets of Cassegrain reflectors facing each other symmetrically as shown in Fig. 1. This symmetry cancels many aberrations such as distortion, coma and lateral color.[3] Two more mirrors make this system better than Cassegrain reflectors in aberration correction ability. A small piece of a 1 mm Ge field flattener (corrector) inserted in front of a window of detectors further corrects the astigmatism, field curvature and coma, and produces little chromatic aberration.

In order to compare the optical performances of different types of IR optical systems for this study, Petzval doublet refractive lenses, Cassegrain reflectors and our double Cassegrain reflective mirrors were all designed under the same conditions. Design results show that this system is better than Cassegrain reflectors in aberration correction and image resolution, while being less than half the price of Petzval doublet refractive lenses. IR cameras with this optical system could be widely used for body temperature measurement and security check indoors at near range.

This paper is based on a conference paper of the same title presented in ODF'08, the 6th International Conference on Optics-photonics Design and Fabrication.

*E-mail address: sha.wei@msa.hinet.net

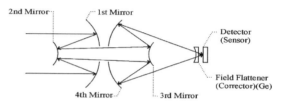

Fig. 1. Schematic diagram of double Cassegrain reflective mirrors.

2. Design

2.1 Design specifications

Assume that all three types of optical systems mentioned above are designed for an $11 \times 11 \, mm^2$ focal plane array IR charged couple device (CCD) available commercially, to form an IR camera. The specifications (specs.) of detectors are: resolution 220×220, pixel size $50 \times 50 \, \mu m^2$, and spectral range 8–14 μm with a 1 mm Ge window. The following are basic requirements for this IR camera. Object size: disc with diameter 240 mm (260 mm in our optical design considering the tolerance of manufacturing); object distance: 1 m (1000 mm). It is measured to the vertex of the secondary mirror for Cassegrain and double Cassegrain type optical systems; Lens sizes and weights: (open).

Our design specs. as design goals and criteria to judge the success of final design results are all shown in Table 1. Part of these specs. are determined through calculations according to the above basic requirements. Another part of them is determined or estimated based on practical experience. The designing tool is Zemax optical design software (Serial No. 25334).[4]

2.2 Design results

The optical layout of Petzval doublet refractive lenses is shown in Fig. 2. Only the second surface of the first lens is chosen as aspherical because of a smaller relative f number

439

Table 1. Design specifications and final design results.

Item	Design specs	Petzval doublet	Cassegrain	Double Cassegrain
Effective diameter	1st plane/2nd plane (Open)	69.2/97; mm	62.6/25.73; mm	70.8/81.0; mm
EFL	About 64.8 mm	62.485 mm	51.528 mm	46.575 mm
FOV in diagnol	about 13.7° (Full angle)	10.4° × 10.4° × 14.8° ($H \times V \times D$)	10.4° × 10.4° × 14.72° ($H \times V \times D$)	8.72° × 8.72° × 11.45° ($H \times V \times D$)
Exit pupil position	(Open)	−207.4 (to the left of the incidental plane of detector)	−21.686 (to the left of the incidental plane of detector)	−9.788 (to the left of the incidental plane of detector)
Exit pupil diameter	(Open)	226.8 mm	20.69 mm	11.05 mm
Image circle diameter	About 16.4 mm	16.4 mm	16.41 mm	16.45 mm
R.I.	≧60%	99% (min. 1.0F)	≧83.9% (min. 1.0F)	≧40.3% (min. 0.3F)
Obscuration	(Open)		16.89%	(Not considered)
Effective Fno	About 0.9	0.9	0.9 (Fno 0.82)	2.33 (Fno 0.66)
RMS Spot size	(all) ≦100 μm	≦127.5 μm	≦1058 μm	≦30.5 μm
5 lp/mm MTF	(all) ≧40%	≧59.4%	≧0%	≧42%
10 lp/mm MTF	(all) ≧20%	≧32.0%	≧0%	≧6.9%
Optical distortion	(Open)	−0.67% (max. 1.0F)	−3.2% (max. 1.0F)	4.2% (max. 1.0F)
TV Distortion	Absolute: ≦2%	(−0.17%)	−0.68%	2.4%
Lens length	(Open)	62.67 mm	18.832 mm (distance between 2 mirrors)	66.106 mm (distance between 2nd and 3rd mirrors)
BFL (including 1 mm Ge window)	(Open)	62.355 mm	16.212 mm from 2nd mirror to incidental plane of detector	139.34 mm from 4th mirror to incidental plane of detector
Total track	(Open)	125.025 mm	18.832 mm (Distance between vertices of 2 mirrors since the detector is between them)	174.268 mm (From vertex of 2nd mirror to incidental plane of detector including Ge flattener)
DOF	≧40 mm	65 mm	350 mm (for 0.4/lp)	130 mm

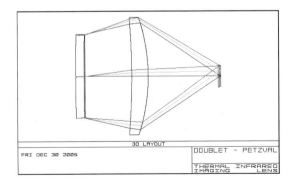

Fig. 2. (Color online) Optical layout of Petzval doublet refractive lenses.

(Fno). It need not be aspherical for the other surfaces because the astigmatism and the distortion are not large. Vignetting is shown in Table 2.

The optical layout of Cassegrain reflectors is shown in Fig. 3. The two mirrors are both aspherical. Vignetting and relative illumination (R.I.) are shown in Table 3.

As for our double Cassegrain reflective mirrors, a schematic diagram is shown in Fig. 1, and the optical layout in Fig. 4. All four mirrors are aspherical. Vignetting and R.I. are shown in Table 4. The other optical performances are shown in Figs. 5–18.

All the final design results for the above three types of optical system are listed in Table 1 together with design specs. Column 3, 4, and 5 of Table 1 are the final design results for Petzval doublet refractive lenses, Cassegrain reflective mirrors and double Cassegrain reflective mirrors, respectively.

Table 2. Vignetting of Petzval doublet refractive lenses (unit: %).

	Axial	0.3F	0.5F	0.7F	0.9F	1.0F
Vig.-Y	0.01	0.13	0.21	0.29	0.85	1.25
Vig.-X	0.01	0.01	0.01	0.01	0.02	0.02

- Vig.-Y is the Vignetting in Y direction.
- Vig.-X is the Vignetting in X direction.
- The six fields at Y axis are 0, 30, 50, 70, 90, and 100% field respectively.
- The 100% field (1.0F) is equivalent to (a) image height (or radius of image): 8.2 mm, (b) half FOV (Diagonal): 7.36°, (c) object height (or radius of target): 130 mm.

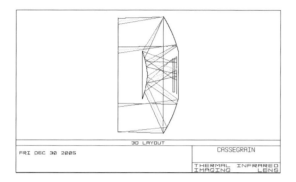

FRI DEC 30 2005 — 3D LAYOUT — CASSEGRAIN — THERMAL INFRARED IMAGING LENS

Fig. 3. (Color online) Optical layout of Cassegrain reflectors.

Table 3. Vignetting and R.I. at different Half FOV (θ) of Cassegrain reflectors (unit: %).

	Axial	0.3F	0.5F	0.7F	0.9F	1.0F
θ (°)	0	2.21	3.69	5.16	6.63	7.36
Vig.-Y	0	1.14	2.25	3.39	4.56	5.17
Vig.-X	0	0	0.02	0.05	0.07	0.10
V	17.16	19.86	23.08	25.72	27.21	28.25
R.I.	100	96.5	92.1	88.2	85.5	83.8

- V is the Vignetting at area of entrance pupil.

3. Discussion

3.1 Effective focal length

The effective focal length (EFL) of Cassegrain reflectors does not meet the design specs. because paraxial rays pass through the aspherical zone rather than the vertices of the mirrors because of central obscuration. But this does not influence the results of other items of design. For the double Cassegrain reflective mirrors, the EFL also does not meet the design specs. because paraxial rays pass through the limited aspherical circular zone rather than the vertices of the mirrors because of central obscuration (see Fig. 16). This also does not influence the results of other items of design, however.

3.2 Field of view

Both the field of view (FOV) of Cassegrain reflectors and double Cassegrain reflective mirrors do not meet

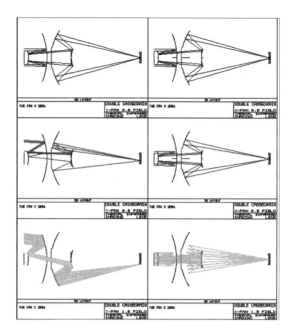

Fig. 4. (Color online) Optical layouts of double Cassegrain reflective mirrors.

Table 4. Vignetting and R.I. at different Half FOV (θ) of double Cassegrain reflective mirrors (unit: %).

	Axial	0.3F	0.5F	0.7F	0.9F	1.0F
θ (°)		1.33	2.66	4.32	5.30	5.72
Vig.-Y	62.49	85.80	75.64	86.23	75.33	77.23
Vig.-X	62.49	63.52	62.12	60.07	58.42	63.99
V	92.01	96.78	94.50	94.80	90.91*	92.47
R.I.	100	40.8	68.5	64.3	111.8*	92.4

*Zemax appears errors since R.I.$_{0.9F}$ is larger than axial R.I. (= 100) and $V_{0.9F}$ is smaller than V_c.

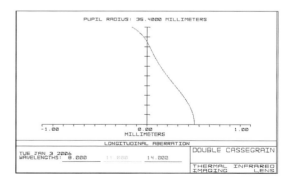

PUPIL RADIUS: 35.4000 MILLIMETERS — LONGITUDINAL ABERRATION — TUE JAN 3 2006 WAVELENGTHS: 8.000 11.000 14.000 — DOUBLE CASSEGRAIN — THERMAL INFRARED IMAGING LENS

Fig. 5. (Color online) Longitudinal aberration or spherical aberration of double Cassegrain reflective mirrors.

the design specs. for the same reasons mentioned in §3.1. Again, this does not influence the results of other items of design.

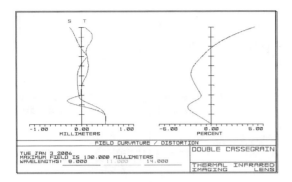

Fig. 6. (Color online) Field curvatures, astigmatism/distortion of double Cassegrain reflective mirrors.

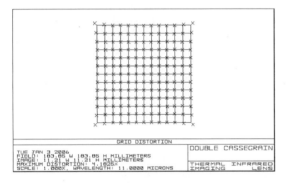

Fig. 7. Grid distortions of double Cassegrain reflective mirrors.

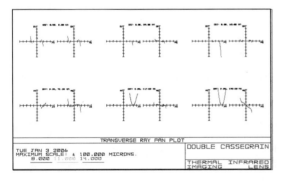

Fig. 8. (Color online) Coma of double Cassegrain reflective mirrors.

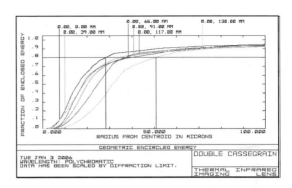

Fig. 9. (Color online) Encircled energies of double Cassegrain reflective mirrors.

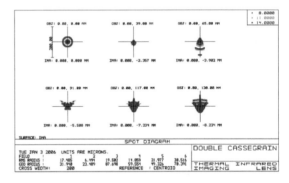

Fig. 10. (Color online) Spot diagrams of double Cassegrain reflective mirrors.

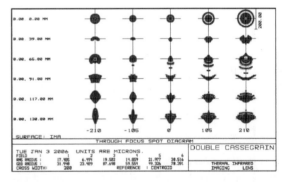

Fig. 11. (Color online) Through focus spot diagram of double Cassegrain reflective mirrors.

3.3 Vignetting

Reflective type optical systems always perform more poorly than the refractive type in vignetting because of central obscuration. The unique geometric structure of double Cassegrain reflective mirrors is the major reason they have the poorest vignetting performance. It is notable that their vignetting which influences the image property is sensitive to the variation of object distance and object height especially at $0.3F$ ($1.0F$ equals half of the FOV). The vignetting over the whole FOV is larger than 90%, even the axial vignetting is as high as 92% (see Table 4). This causes

a high effective f number (Fno) of 2.33 even though the Fno is only 0.66. It is not easy to decrease the vignetting or increase the input light of double Cassegrain reflective mirrors simply by adjusting the radius of each mirror (aperture).

3.4 R.I.

R.I. is a datum calculated from vignetting. So the performance of an optical system in R.I. is positively related to its performance in vignetting. This explains why the

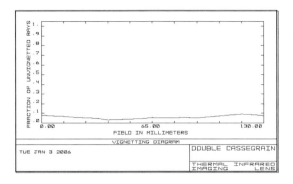

Fig. 12. (Color online) Vignetting of double Cassegrain reflective mirrors.

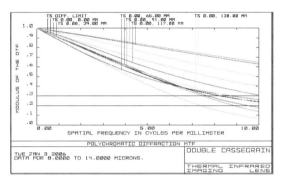

Fig. 13. (Color online) MTF vs frequency of double Cassegrain reflective mirrors.

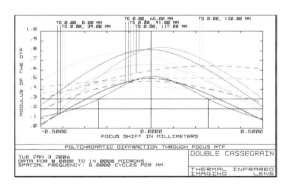

Fig. 14. (Color online) Through focus MTF or MTF vs optical axis of double Cassegrain reflective mirrors.

performance in R.I. for the double Cassegrain reflective mirrors is also poorer than that of others.

3.5 Effective Fno

Effective Fno can be calculated using either the diameter of obscuration and entrance pupil, or central vignetting. It is also related to the performance in vignetting and R.I. of an optical system. Obviously the effective Fno of the double Cassegrain reflective mirrors is higher than that of the other two optical systems even though the Fno is very low (0.66).

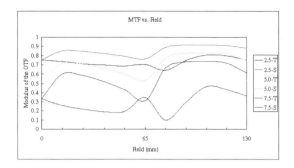

Fig. 15. (Color online) MTF vs Field of double Cassegrain reflective mirrors.

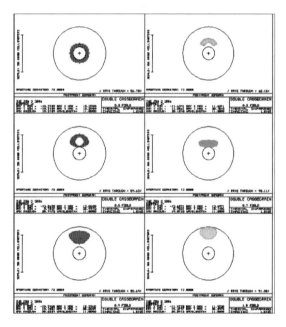

Fig. 16. (Color online) Entrance pupil distributions vs FOV at entrance pupil plane (first mirror, aperture) of double Cassegrain reflective mirrors.

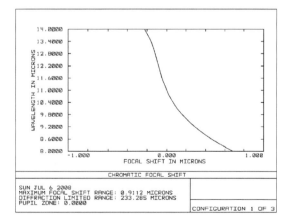

Fig. 17. Chromatic focal shifts of double Cassegrain reflective mirrors.

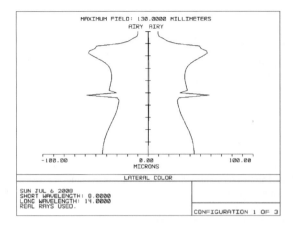

Fig. 18. Lateral colors of double Cassegrain reflective mirrors.

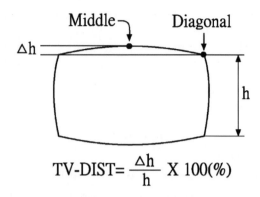

$$TV\text{-}DIST = \frac{\Delta h}{h} \times 100(\%)$$

Fig. 19. Definition of TV distortion.

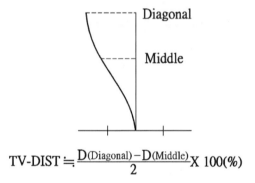

$$TV\text{-}DIST \fallingdotseq \frac{D(\text{Diagonal}) - D(\text{Middle})}{2} \times 100(\%)$$

Fig. 20. Relationship between TV distortion and optical distortion (D).

This is because of the larger central obscuration due to their complex geometric structure. The effective Fno of double Cassegrain reflective mirrors is calculated from central vignetting via software because the on-axis obscuration is too complicated to be determined. It is not only caused by central entrance pupil (including second and third mirrors) but also in large part by peripheral entrance pupil (see Fig. 16).

3.6 Root mean square spot size

Root mean square (RMS) spot size (radius) of double Cassegrain reflective mirrors is 7–31 µm (see Figs. 10 and 11), the best among the three types of optical systems. This is because of larger obscuration which increases the possibility of coma correction (see Fig. 8). Additionally, the field flattener (corrector) inserted in front of the window of detectors further corrects the astigmatism, field curvature and coma, but produces minor axial chromatic aberration (see Fig. 17) as well as nearly zero lateral chromatic aberration (see Fig. 18). RMS spot size of Petzval doublet is about 57–128 µm, over the design specs. RMS spot size of Cassegrain reflectors is about 818–1058 µm, too much over the detector pixel size (50 µm) to be used.

3.7 Modulation transfer function

The modulation transfer function (MTF) of Petzval doublet is the best among the three types of optical system. Double Cassegrain reflective mirrors perform better than Cassegrain reflectors in MTF because of larger obscuration which increases the possibility of coma correction. But it is necessary to improve the lower and sensitive MTF in the tangential direction near 0.35F and 0.6F.

3.8 Optical distortion and television distortion

Optical distortion and television (TV) distortion of double Cassegrain reflective mirrors are a little bit poorer than that of the other two optical systems but this does not matter. Optical distortion is a function of FOV calculated via Zemax. TV distortion is another way to express distortion as defined in Fig. 19, which shows that the image of a rectangle

is distorted to a barrel (Δh is negative). TV distortion may also be estimated from the data of optical distortion via the formula shown in Fig. 20.

3.9 Lens length

Shorter lens length means there is less space occupied by the optical system and is usually considered a merit. The lens length of Cassegrain reflectors is significantly short, and that of double Cassegrain reflective mirrors is longer than that of the other two, but not too long.

3.10 Back focal length and total track

By their definitions, both back focal length (BFL) and total track determine the position of IR detectors relative to the optical system. Usually the total track of a Cassegrain reflecting system is short to allow space for adding a cooler or other peripheral elements. This type of optical system has been used in some kinds of IR seeker, but for our Cassegrain reflectors in this article, the total track is larger than BFL. There is not enough space for a dewar (or bottle) or cold shield for cooling since the detectors are between two mirrors, this limits the possibility of the system for practical use. As for our double Cassegrain reflective mirrors, IR detectors are approximately 108 mm (difference between total track and lens length) behind the third surface. There is enough space for locating necessary cooling or peripheral elements.

3.11　Depth of field

Depth of field (DOF) determines the ease of operation of an IR system. The 65 mm (970–1035 mm) DOF of Petzval doublet is too short, limited by design specs. such as EFL and Fno. The 350 mm DOF of Cassegrain reflectors is the longest one but for reference only since only depth of field at 0.4 lp/mm is given. The 130 mm DOF of our double Cassegrain reflective mirrors is fair and adequate for practical use.

4.　Conclusions

The double Cassegrain reflective mirrors we present here have excellent performance in image spot size and better MTF than traditional Cassegrain reflectors. Fair DOF and adequate lens length, BFL and total track make them suitable for practical use. Their price could be less than half of the Petzval doublet refractive lenses. Although their drawbacks are higher effective Fno and poorer performance in vignetting and R.I. due to their large central obscuration caused by a complex geometric structure, the problem of lower input IR light intensity can be solved by using more sensitive (higher D^*) IR detectors. Hence double Cassegrain reflective mirrors are suitable as the optical system of IR cameras for indoor use at short range and fixed distance, such as body temperature measurement or security check.

Acknowledgment

This work was supported by a grant (95WFAD700610) from National Science Council, Executive Yuan, R.O.C. (Taiwan).

References

1) W. L. Wolfe: in *The Infrared Handbook*, ed. W. L. Wolfe and G. J. Zissis (ERIM, Ann Arbor, MI, 1978) pp. 45–76.
2) R. T. Jones: J. Opt. Soc. Am. **44** (1954) 630.
3) W. J. Smith: *Modern Optical Engineering* (McGraw-Hill, New York, 1990) p. 333.
4) *Zemax Optical Design Program User's Guide* (version 10.0, Focus Software, Inc., 2001).

FOCAL LENGTH MEASUREMENT BY THE ANALYSIS OF MOIRÉ FRINGES USING THE WAVELET TRANSFORMATION

Ching-Huang Lin, Chien-Yue Chen, Jin-Yi Sheu, Ping-Lin Fan, and Rong-Seng Chang*

ABSTRACT

A novel method, where moiré patterns, produced by the images of reference gratings, and a CCD pixel array are used to measure the focal length of a lens is presented. The tested lens could magnify the images of straight-line gratings onto the CCD camera. The positions of the lens being tested were moved so as to arrange that the pitch values between the reference grating images and the lattices of the CCD camera were similar. This generates moiré fringe images. Due to the structure of the lens system, it is always hard to identify the pitch value of the CCD lattice gratings accurately or what would be the distance between the gratings and the CCD arrays where moiré fringe images formed. Our method, in which micro-stages were used to precisely measure the displacement of the tested lens, and a one dimensional wavelet transform algorithm was applied to estimate the pitch values of the moiré patterns, could avoid these obstacles. Compared to those systems also based on moiré effects but using coherent light sources, our optical setup is less expensive, easier to implement and has an acceptable accuracy.

Key Words: wavelet, moiré, CCD, focal length.

I. INTRODUCTION

The moiré effect is composed of fringe patterns formed by the superposition of two grid structures with similar periods (Oster, 1965; Reid, 1981). Such effects can happen with common objects as the overlapping folds of a lace curtain, nets, or the noise in TV pictures, when the patterns captured have a similar period to that of the monitor.

A number of techniques based on interferometry or diffraction to measure the focal length of a lens have been studied, such as nodal slides, image magnification (Reid, 1981), moiré deflectometry (MD) (Glatt and Kafri, 1987; Keren *et al.*, 1988) and Talbot interferometry (TI) (Nakano and Murata, 1985; Bernado and Soares, 1988). Recently, Nicola *et al.* (1996) and Angelis *et al.* (1998) proposed some alternative moiré methods for measuring the focal lengths of lenses, but these methods are either expensive or complex in arrangement.

The wavelet transform (WT) has been found to be applicable to different tasks, such as pattern recognition, image compression, fractal aggregates and sound analysis (Daubechies, 1990). The WT is an important linear time-frequency (space-frequency) representation, which can represent a signal by its localization in the time, space, and frequency planes (Mallat, 1989; Weaver *et al.*, 1991).

In this paper, we propose a new approach based on the moiré effect and the WT to measure the focal length of a lens. We found that if a group of parallel-striped reference gratings were magnified to an appropriate image size by a CCD camera's array, a moiré image pattern could be obtained due to the overlapping of the grating images in the CCD pixel array. Since the pitch values measured from the moiré pattern images were used to determine the focal length

*Corresponding author. (Tel: 886-3-422-7151 # 5286; Fax: 886-2-2873-9373; Email: rschang@ios.ncu.edu.tw)

C. H. Lin is with the Department of Electrical Engineering, Hua Hsia Institute of Technology, Taipei, Taiwan 235, R.O.C

C. Y. Chen and R. S. Chang are with the Institute of Optical Sciences, National Central University, Chungli, Taiwan 320, R.O.C

J. Y. Shen is with the Kwang Wu Institute of Technology, Taipei, Taiwan 112, R.O.C

P. L. Fan is with the Graduate School of Toy and Game Design, National Taipei Teachers College, Taipei, Taiwan 106, R.O.C.

of the testing lens, the accuracy was mainly dependent on how precisely the value of the pitch of the moiré pattern could be estimated. A one dimensional WT technique was used with the fringe number counting procedure to obtain satisfactory results.

The moiré and the wavelet transform theories are described in Section II. In Section III, the experimental methods and results are presented. A discussion and conclusions are in Section IV.

II. PRINCIPLE

Actually, the moiré effect is a very common phenomenon; when two periodic patterns are superimposed, a moiré pattern will be formed. Although moiré patterns can be observed when two periodic objects of any shape with a nearly similar period are superpositioned, the most commonly used objects are linear transmission gratings with equal opaque and transparent regions called "Ronchi" gratings. It is convenient to use a mathematical equation to indicate the fringe position. The equation used to represent a group of horizontal strip gratings of pitch p along the y axis is

$$y = kp \tag{1}$$

where k is zero or an integer number.

A moiré pattern can be formed by the superposition of two line gratings, supposing that the two groups of parallel gratings (p_1 and p_2) have slightly different pitches; they can be expressed as:

$$x = np_1 \tag{2}$$

$$x = mp_2 \tag{3}$$

where n, m are zero or an integer number. The two gratings are superimposed to yield

$$\kappa = x(1/p_1 - 1/p_2), \quad \kappa = n - m \tag{4}$$

which is the beat phenomenon of a moiré effect for $p_1 \neq p_2$. A moiré pattern in the direction of the original grating would have a pitch value p, given by

$$1/p = 1/p_2 - 1/p_1 \tag{5}$$

The WT of a signal $f(x)$ is defined as

$$W_f(a, b) = <f, h_{a,b}> = \int f(x) \frac{1}{\sqrt{a}} h(\frac{x-b}{a}) dx \tag{6}$$

When the signal is sampled on a regular grid, Eq. (6) can be rewritten as

$$W_f(a, b) = <f, h_{a,b}> = \sum_{i=1}^{n} f(i) h_{a,b}(i) \tag{7}$$

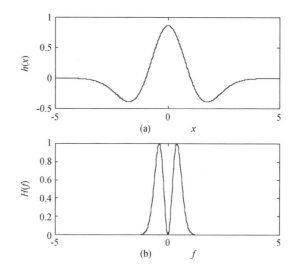

Fig. 1　(a) The Mexican-hat wavelet $h(x)$; (b) the Fourier spectrum $H(f)$ of $h(x)$.

The parameters a and b are called the dilation (scale) and shift (translation) parameters, respectively; h is the mother wavelet function. This transformation can be expressed mathematically as a correlation between the input function and a continuous set of scaled wavelet mother functions. As the dilation factor a increases (decreases), the low-frequency (high-frequency) features are displayed.

We chose the Mexican hat wavelet just because it can be localized optimally in the space and spatial-frequency domains. D. Gabor was the first person to introduce the Mexican hat wavelet, which is the second derivative of the Gaussian function:

$$h(t) = (1 - t^2)\exp(-\frac{t^2}{2}) \tag{8}$$

It is even and real valued. The Fourier transform of the Mexican hat wavelet is

$$H(f) = 4\pi^2 f^2 \exp(-2\pi f^2) \tag{9}$$

which is also even and real valued, as shown in Fig. 1.

A moiré pattern can be obtained by superimposing two parallel gratings. In order to get better moiré pattern images, the period difference of these two parallel gratings must be small. If we consider a group of reference gratings set at some distance, s, from the testing lens, the moiré pattern can be built by the superposition of the CCD pixel array and the imaged gratings.

The pitch value of the moiré pattern can be obtained from the pitch value of the CCD pixel array and the imaged gratings using Eq. (5). Because of the structure of the camera, it is hard to accurately

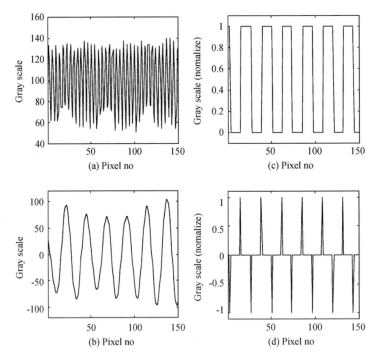

Fig. 2　(a) The original one-dimensional data; (b) the data estimated from Fig. 2 (a) by the WT; (c) the estimated data for Fig. 2 (b) by a threshold; (d) the derivatives from data of Fig. 2(c).

determine the pitch value of the CCD sensor gratings or the distance between the gratings and the CCD arrays where the moiré fringe images would be formed. By adjusting the position of the lens, the pitch of the imaged grating is changed simply because of the magnification of the lens system; the pitch value p_1 of the CCD pixel array remains constant. The pitch value of the imaged gratings on the CCD camera would be altered M times, given by

$$p_2 = Mg \tag{10}$$

where M is the magnification factor of the whole system; g is the pitch value of the reference gratings.

For a thin lens model, the measured distance s of the grating from the lens can be obtained by Gaussian optics (Kingslake, 1965). It can be expressed as

$$s = f(\frac{1}{M} + 1) \tag{11}$$

where f is the focal length of the lens.

By substituting Eq. (10) into Eq. (11), we obtain

$$s = f(\frac{g}{p_2} + 1) \tag{12}$$

With Eq. (5) and Eq. (12), the distance of the grating from the tested lens becomes

$$s = \frac{f}{p}g + K \tag{13.a}$$

and

$$K = \frac{f(p_1 + g)}{p_1} \tag{13.b}$$

To find the absolute values of s might be difficult, but we can precisely measure the traveling distance of the reference gratings via computer-controlled micro-stages. We recorded two clear moiré images at distances, s_0 and s; the displacement $\Delta s = s - s_0$ can then be read accurately from the micro-stages. The focal length of the lens can now be determined from

$$f = \frac{\Delta s p_0 p}{g(p_0 - p)}, \quad \Delta s = s - s_0 \tag{14}$$

where s and s_0 are two different distances from the grating to the tested lens; p and p_0 are the pitch values of the two moiré pattern images corresponding to the distance s and s_0, respectively.

The moiré pattern image processing by the WT can be described as follows. The fringe patterns were digitized with an 8-bit gray scale, corresponding to 256 levels. A one-dimensional WT algorithm was applied to any specified row of the moiré images to obtain the periodic signals. For example, in Fig. 2(a)

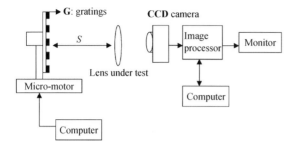

Fig. 3 The experimental setup

Table 1 A summary of the experimental results

Nominal focal length (mm)	Estimated focal length (mm)	$\delta f/f$
18	17.95	0.0028
35	34.71	0.0082
70	69.69	0.0044

a one-dimensional intensity distribution of the 20th row of the moiré pattern, denoted by $f(x)$ is shown. By substituting $f(x)$ into Eq. (6) and choosing a suitable dilation parameter a, we obtain a periodic signal $W_f(x)$, which is given in Fig. 2(b). A new wave form $w(x)$ may be obtained by the threshold of $W_f(x)$ in Fig. 2(b) as follows:

$$w(x) = \begin{cases} 1 & \text{if } mean(W_f(x)) \geq 0 \\ 0 & \text{if } mean(W_f(x)) < 0 \end{cases} \qquad (15)$$

as shown in Fig. 2(c). This can be used to determine the average pitch value of the moiré pattern images. Fig. 2(d) is the derivatives from $w(x)$ in Fig. 2(c). We could use these results to count the number of fringes.

III. EXPERIMENTS AND RESULTS

Figure 3 shows the experimental setup with the reference gratings (Edmund Scientific Co.), a CCD camera (Cohu, Inc.), a micro-stage controlled by a micro-motor, a lens to be tested and the personal computer employed. The pitch value of the reference gratings was 300 line/in and the focal lengths of the tested lens were 18 mm, 35 mm and 70 mm (Edmund Industrial Optics). An automatic iris was used for stable lighting conditions for the CCD camera. The image sensor of the CCD is a rectangular matrix array with a resolution of 768(H)*494(V), and dimensions of 8.4 μm * 9.5 μm pixels.

The reference gratings were mounted on a micro-motor to adjust the distance S between the grating and the tested lens. The moiré images obtained with the pitch of the CCD array and the pitch of the imaged grating were digitized and stored in the computer. The pitch of the moiré pattern image is mainly dependent on the increment ΔS of the distance between the reference gratings and the tested lens.

To measure the focal length of the lens, the raw data of the moiré pattern was then evaluated with the WT algorithm, to filter out any random noise. This gives the number of fringes of the moiré pattern and

the average pitch of the moiré image. From Eq. (6), the average pitch of the moiré pattern can be computed, by the WT method (given a suitable parameter $a=1.1$). By using Eq. (14), the focal length of the lens can be estimated (given the increment ΔS and the pitch of the reference grating $g=8.5$ μm). The results are summarized in Table 1.

The frequency spectra of both the noisy raw data of the moiré pattern and the Mexican hat wavelet, for different dilations a, are depicted in Fig. 4. Notice that in Fig. 4(a), the band-pass filter, which is the spectrum of the Mexican hat wavelet, blocks the high-frequency range, which is the random noise spectrum. This spectrum is far beyond the cut-off window of the band-pass filter. The random noise spectrum is broadly spread; it has less influence on the wavelet transform, allowing the WT method to estimate the focal length of the lens accurately. In contrast to Fig. 4(a), the frequency filtering window of Figs. 4(b)-(d) covers the dominant noise frequency range, which may produce numerical errors. In this paper, all results were calculated using the wavelet toolbox of MATLAB, Version 5.2.0 (MATLAB, 1997).

IV. DISCUSSION AND CONCLUSIONS

In this paper, a new approach, based on the moiré theory and the wavelet transform is proposed, for measuring the focal length of a lens. The use of Eq. 14 allows the problem of determining the pitch value of the CCD or the distance between the reference gratings and tested lens to be avoided. Thus the traveling distance of the reference grating, the pitch value of the reference gratings and the pitch value of the moiré fringe patterns are the only three parameters required to determine the focal length of the lens. The pitch value of the original gratings and the traveling distance of the reference gratings can be ascertained with high precision from experimental devices. The pitch value of reference grating is chosen with the constraint that the image of the grating should have a close pitch with the CCD pixel array to ensure the images of moiré being clear. Since more accurate pitch values can be determined from the moiré fringe patterns, there is less error in determining the focal length of the lens; the one-dimensional wavelet transform algorithm was applied to the moiré

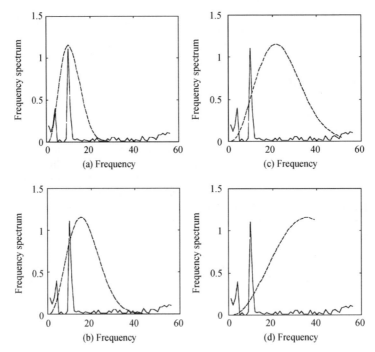

Fig. 4   The spectrum of a noisy signal (——) and the Mexican hat wavelet (- - -) for the dilation factors: (a) a=1.1; (b) a=0.7; (c) a=0.5; and (d) a=0.3.

images to obtain better pitch values.

The reason for using the wavelet transform rather than the Fourier transform was just because random noise has infinite extensions in space, and the wavelet transform can localize the signal in both the space and frequency domains, to avoid errors introduced by high frequency components, which the Fourier transform can not avoid. By varying the dilation parameter, this method evaluates focal length of a lens with a suitable filter (suitable dilation factor a), to obtain a unique value of the average pitch of the moiré image. The result is therefore immune to the noise and the focal length of the lens can be accurately estimated.

This moiré technology, which is based on the beat phenomenon, and which uses the wavelet transform, is much less expensive and far simpler than other methods based on electronic and optical techniques. Most other methods require complex constructions (for example a transmitting and receiving system) and a precisely aligned lens system. The system described above is a good technique for measuring the focal length of a lens.

ACKNOWLEDGMENTS

This work has been funded by the National Science Council, Taiwan, R.O.C. under grant numbers NSC88-2215-E-008-008 and NSC89-2215-E-008-010, and by the Kwang Wu Institute of Technology.

NOMENCLATURE

a	dilation factor
b	shift factor
f	focal length
M	magnification
p, g	pitch width of the grating
WT	wavelet transform
x	transverse coordinate
y	vertical coordinate

REFERENCES

Bernardo, L. M., and Soares, O. D., 1988, "Evaluation of the Focal Distance of a Lens by Talbot Interferometry," *Applied Optics*, Vol. 27, No. 2, pp. 296-301.

Daubechies, I., 1990, "The Wavelet Transform, Time-Frequency Localization and Signal Analysis," *IEEE Transactions on Information Theory*, Vol. 36, No. 5, pp. 961-1005.

De Angelis, M., De Nicoal, S., Ferraro, P., Finizio, A., and Pierattini, G., 1998, "Analysis of Moiré Fringes for Measuring the Focal Length of Lenses," *Optics and Lasers in Engineering*, Vol. 30, Nos. 3-4, pp. 279-286.

Glatt, I., and Kafri, O., 1987, "Determination of the

Focal Length of Non-paraxial Lenses by Moiré Deflectometry," *Applied Optics*, Vol. 26, No. 3, pp.2507-2508.

Keren, E., Kreske, K. M., and Kafri, O., 1988, "Universal Method for Determining the Focal Length of Optical Systems by Moiré Deflectometry," *Applied Optics*, Vol. 27, No. 8, pp. 1383-1385.

Kingslake, R., 1965, *Applied Optics and Optical Engineering*, Vol. 1, Academic Press, New York, USA, pp. 208-226.

Mallat, S. G., 1989, "A Theory for Multiresolution Signal Decomposition: The Wavelet Representation," *IEEE Transactions on Pattern Analysis and Machine Intelligence*, Vol.11, No. 7, pp. 674-693.

MATLAB, 1997, *MATLAB Tool Box*, The Math Works, Inc., Natick, MA, USA.

Nakano, Y., and Murata, K., 1985, "Talbot Interferometry for Measuring the Focal Length of a Lens," *Applied Optics*, Vol. 24, No. 19, pp. 3162-3166.

Nicoal, S. De, Ferraro, P., Finizio, A., and Pierattini, G., 1996, "Reflective Grating Interferometer for Measuring the Focal Length of a Lens by Digital Moiré Effect," *Optical Communication*, Vol. 132, Nos. 5-6, pp. 432-436.

Oster, G., 1965, "Optical Art," *Applied Optics*, Vol. 4, No. 11, pp. 1359-1369.

Reid, G. T., 1984, " Moire Fringes in Metrology," *Optics and Lasers in Engineering*, Vol. 5, No. 2, pp. 63-93.

Weaver, J. B., Xu, Y., Healy, D. M., and Cromwell, L. D., 1991, "Filtering Noise from Images with Wavelet Transforms," *Magnetic Resonance in Medicine*, Vol. 21, No. 2, pp. 288-295.

Manuscript Received: Dec. 02, 2003
Revision Received: Mar. 26, 2004
and Accepted: May 24, 2004

索 引

國家圖書館出版品預行編目資料

幾何光學：光學原理與設計應用／張榮森著.
一初版.一臺北市：五南，　2011.04
　面；　公分.
I S B N: 978-957-11-6282-9（平裝）
1.幾何光學
336.6　　　　　　　　　　　　100006718

5DD6

幾何光學－光學原理與設計應用
Geometrical Optics and Lens design

作　　者 － 張榮森

發 行 人 － 楊榮川

總 編 輯 － 龐君豪

主　　編 － 穆文娟

責任編輯 － 楊景涵

文字編輯 － 洪卿舜

出 版 者 － 五南圖書出版股份有限公司

地　　址：106 台北市大安區和平東路二段 339 號 4 樓

電　　話：(02)2705-5066　傳　　真：(02)2706-6100

網　　址：http://www.wunan.com.tw

電子郵件：wunan@wunan.com.tw

劃撥帳號：01068953

戶　　名：五南圖書出版股份有限公司

台中市駐區辦公室／台中市中區中山路 6 號

電　　話：(04)2223-0891　傳　　真：(04)2223-3549

高雄市駐區辦公室／高雄市新興區中山一路 290 號

電　　話：(07)2358-702　傳　　真：(07)2350-236

法律顧問　元貞聯合法律事務所　張澤平律師

出版日期　2011 年 4 月初版一刷

定　　價　新臺幣 680 元